美国著名奥数教练蒂图·安德雷斯库系列丛书(第二辑)

105个代数问题：

来自AwesomeMath夏季课程

105 Algebra Problems：from the AwesomeMath Summer Program

[美] 蒂图·安德雷斯库(Titu Andreescu) 著

余应龙 译

哈尔滨工业大学出版社
HARBIN INSTITUTE OF TECHNOLOGY PRESS

U0223478

黑版贸审字 08－2017－031 号

内 容 简 介

本书从解题的视角来举例说明初等代数中的基本策略和技巧,书中涵盖了初等代数的众多经典论题,包括配方和二次方程、因式分解和代数恒等式、构造线性组合、不动点和单调性、地板函数、利用对称性等内容. 为了让读者能够对每章中讨论的策略和技巧进行实践,除例题之外,作者精选了 105 个问题,包括 52 个入门问题和 53 个提高问题,给出了所有这些问题的解答,并对不同的方法进行了比较.

本书适用于数学竞赛的教师及学生使用.

图书在版编目(CIP)数据

105 个代数问题:来自 AwesomeMath 夏季课程/(美)蒂图·安德雷斯库(Titu Andreescu)著,余应龙译. —哈尔滨:哈尔滨工业大学出版社,2019.2(2025.3 重印)

书名原文:105 Algebra Problems:from the AwesomeMath Summer Program
ISBN 978－7－5603－7796－4

Ⅰ.①1… Ⅱ.①蒂…②余… Ⅲ.①初等代数
Ⅳ.①O122

中国版本图书馆 CIP 数据核字(2018)第 267120 号

策划编辑　刘培杰　张永芹
责任编辑　张永芹　张永文
封面设计　孙茵艾
出版发行　哈尔滨工业大学出版社
社　　址　哈尔滨市南岗区复华四道街 10 号　邮编 150006
传　　真　0451－86414749
网　　址　http://hitpress.hit.edu.cn
印　　刷　哈尔滨市颉升高印刷有限公司
开　　本　787mm×1092mm　1/16　印张 12.25　字数 220 千字
版　　次　2019 年 2 月第 1 版　2025 年 3 月第 5 次印刷
书　　号　ISBN 978－7－5603－7796－4
定　　价　58.00 元

序　言

　　写这本书的主要目的是从解题的角度为初等代数的一些重要的章节提供一本入门书.在培训准备参加各种数学竞赛和考试的学生时,我观察到他们对于一些基本的代数技巧并不擅长.因为代数技巧不仅对代数本身至关重要,而且还涉及数学中的其他许多领域,缺乏这些知识会严重阻碍学生的发展.基于上述考量,我在这本入门书里采用了既简单,又具有挑战性的一些例题,并将此应用于各种不同类型的有意义的问题,目的是用来阐明一些重要的策略和技巧.本书是一系列此类书籍中的第一本.

　　考虑到本书的结构,一些有特色的内容是初等的,但也是经典的,包括分解因式、代数恒等式、不等式、代数方程和方程组.大体上避开了像复数、指数、对数等更进一步的概念,以及其他一些内容.但是有些问题由复数的性质构成,这些问题既具有挑战性,也使读者开阔了数学的眼界.每一章都关注一些特殊的方法和策略,并提供一定数量的有关例题,逐步加深复杂性和难度.为了帮助读者验证是否掌握理论部分的内容,在本书后面的一些章节中,收集了52道入门题和53道提高题.所有这些问题都有解答,其中有些问题采用多种解法,这些解法后面还提出了为何这样解的依据.

　　让我们共享这些问题吧!

译　者　序

本书共分两部分,前一部分展示了初等数学中常用的方法,用较高的观点分析各种类型的例题的解法;后一部分收集了美国数学夏令营的许多集训题,并给出详尽的解答.

全书内容广泛,题型新颖、丰富,解答深入浅出,推理严密,方法各异.本人译完全书后,真有大开眼界之感.深感该书不失为一本优秀的著作,值得我国数学竞赛辅导教师、数学爱好者和对数学竞赛有兴趣的学生学习和参考.

读者在阅读后一部分的问题时,请先不看解答,仔细审题,独立思考一下,然后对照解答,这将会有更大的收获.

为保持原著的风格,有些数学名称仍采用原著的提法,如韦达(Vieta)关系式、韦达公式,我国教材和一般书籍中的提法是韦达定理.

考虑到读者查阅的方便,对一些人们熟知的外国人名采用中文译名,如牛顿(Newton)、韦达、柯西(Cauchy)、拉格朗日(Lagrange)等,其余人名均保留英文译名,如Hölder,Schwarz,Hermite等.

对刘培杰先生提供英文原著表示衷心感谢.对于译作中出现的疏漏和不足,希望读者不吝指正.

此外,对原著中的个别印刷错误做了更正.

余应龙

目　　录

第1章 配方和二次方程

容易验证恒等式 $(a+b)^2 = a^2 + 2ab + b^2$ 成立(只要把 $(a+b)^2$ 看作 $(a+b)(a+b)$, 将等式的左边展开即可). 实际上, 问题并没有那么简单, 在大多数情况下恰恰需要我们做的是相反的事情: 将给定一个二次式表示为平方和的形式(几个平方的一个线性组合). 这种想法十分简单: 确定表达式中的一个变量, 譬如说 x, 变为某实系数 a,b,c (可能是另一些实数的复杂表达式)的关于 x 的二次三项式 $ax^2 + bx + c$. 于是我们进行配方

$$ax^2 + bx + c = a(x^2 + \frac{b}{a}x + \frac{c}{a}) = a\left[(x+\frac{b}{2a})^2 - \frac{b^2}{4a^2} + \frac{c}{a}\right] = a(x+\frac{b}{2a})^2 - \frac{\Delta}{4a}$$

这里 $\Delta = b^2 - 4ac$ 是二次三项式 $ax^2 + bx + c$ 的判别式. 由于所有的 x 都出现在 $a(x+\frac{b}{2a})^2$ 中, 所以这样就可以消去其他处的变量 x, 但是 $-\frac{\Delta}{4a}$ 本身也许是(也许不是)不同变量的某个二次式, 所以我们能够以同样的理由将它写成平方和的形式.

特别地, 前面的讨论还可以应用于二次方程

$$ax^2 + bx + c = 0$$

这里 a,b,c 是给定的实数, a 是非零实数(如果 $a=0$, 那么就得到线性方程), 在配方过程中, 应该写成

$$(x+\frac{b}{2a})^2 - \frac{\Delta}{4a}$$

的形式.

如果该方程有实数解, 那么左边必须是非负的(因为左边是实数的平方), 于是右边也是非负的, 这就意味着 $\Delta \geq 0$. 在这种情况下, 我们可以利用求平方根的方法解该方程了. 最后得到该方程的解为

$$x_1 = \frac{-b+\sqrt{\Delta}}{2a}, x_2 = \frac{-b-\sqrt{\Delta}}{2a}$$

当且仅当 $\Delta = 0$ 时, 这两个根相等. 这样我们可以将上面的讨论做以下总结:

定理 1.1 设 a,b,c 是实数, $a \neq 0$, 再设 $\Delta = b^2 - 4ac$, 那么二次方程

$$ax^2 + bx + c = 0$$

(1)当 $\Delta < 0$ 时, 方程没有实数根.

（2）当 $\Delta = 0$ 时，方程恰有一个实数根．

（3）当 $\Delta > 0$ 时，方程有两个实数根．

注意到上面的讨论也给出解二次不等式，或证明二次不等式的很好的方法：

由于

$$ax^2 + bx + c = a\left[\left(x + \frac{b}{2a}\right)^2 + \frac{-\Delta}{4a^2}\right]$$

所以可以看出当 $\Delta \leqslant 0$ 时，表达式 $ax^2 + bx + c$ 的符号不变（与 a 同号）．另一方面，如果 $\Delta > 0$，并且 $x_1 < x_2$ 是方程 $ax^2 + bx + c = 0$ 的实数解，那么不等式 $ax^2 + bx + c \leqslant 0$ 等价于 $a(x - x_1)(x - x_2) \leqslant 0$．如果 $a > 0$，等价于 $x \in [x_1, x_2]$．如果 $a < 0$，等价于 $x \notin (x_1, x_2)$．为了总结方便，假定 $a > 0$，于是：

（1）如果 $\Delta = b^2 - 4ac < 0$，那么对一切实数 x，有 $ax^2 + bx + c > 0$．

（2）如果 $\Delta = 0$，那么对一切实数 x，有 $ax^2 + bx + c \geqslant 0$，当且仅当 $x = -\dfrac{b}{2a}$ 时，等号成立．

（3）如果 $\Delta > 0$，那么方程有两个实数根，设 $x_1 < x_2$，当且仅当 $x \in (x_1, x_2)$ 时，$ax^2 + bx + c < 0$．

这一系列的讨论基于以下重要事实（这是分析中的一般定理的特殊情况）：

定理 1.2 设 $f(x) = ax^2 + bx + c$ 是一个二次多项式，再设 $u \leqslant v$ 是实数，且有 $f(u)f(v) < 0$，那么方程 $f(x) = 0$ 至少有一个解属于 (u, v)．

证明 因为 $f(x)$ 在 u, v 之间改变符号，其判别式 $\Delta = b^2 - 4ac$ 必为正，于是方程 $f(x) = 0$ 有两个不同的解 $x_1 < x_2$．如果这两个解都不属于 (u, v)，那么由前面的讨论表明 $f(u), f(v) > 0$，或者 $f(u), f(v) < 0$（由 a 的符号而定）．但是这与假定 $f(u)$ 和 $f(v)$ 异号矛盾．

实际上，上面的定理对于任何多项式函数（更一般地说，对于连续函数）都成立，但是证明已超出本书的范围．关于二次方程的另一个很重要的结果是：

定理 1.3 （二次方程的韦达关系）设 a, b, c 是实数，$a \neq 0$，x_1, x_2 是方程 $ax^2 + bx + c = 0$ 的两根，则

$$x_1 + x_2 = -\frac{b}{a}, \quad x_1 x_2 = \frac{c}{a}$$

证明 由于方程 $ax^2 + bx + c = 0$ 有两根 x_1, x_2，所以必有多项式的等式

$$ax^2 + bx + c = a(x - x_1)(x - x_2) = ax^2 - a(x_1 + x_2)x + ax_1 x_2$$

比较对应项的系数相等，得到

$$x_1 + x_2 = -\frac{b}{a}, \quad x_1 x_2 = \frac{c}{a}$$

这就是我们要证明的．

要指出的是,上面的证明对于复数根、重根也成立,证明也相同.

现在是该实践的时候了:我们将会看到上面一些理论是怎样应用于实际的.

例 1.1 解方程

$$\frac{(2x-1)^2}{2} + \frac{(3x-1)^2}{3} + \frac{(6x-1)^2}{6} = 1 \tag{1}$$

解 将方程(1)中的各项展开,然后按照降幂排列得到以下一些等价的方程

$$2x^2 - 2x + \frac{1}{2} + 3x^2 - 2x + \frac{1}{3} + 6x^2 - 2x + \frac{1}{6} = 1$$

$$11x^2 - 6x = 0 \ \text{或} \ x(11x-6) = 0$$

于是,解出 $x = 0$ 或 $x = \frac{6}{11}$.

例 1.2 已知方程

$$\frac{1}{x-1} - \frac{1}{nx} + \frac{1}{x+1} = 0$$

有实数解,求整数 n 的最大值.

解 将方程变形为

$$\frac{1}{x-1} + \frac{1}{x+1} = \frac{1}{nx}$$

于是 $\frac{2x}{x^2-1} = \frac{1}{nx}$,$2nx^2 = x^2 - 1$,$(-2n+1)x^2 = 1$. 因为 $x^2 \geq 0$ 对一切实数 x 都成立,所以 $-2n+1 > 0$,于是 $n \leq 0$. 但是 $n \neq 0$,否则 $\frac{1}{nx}$ 无意义,所以 n 的最大值至多是 -1. 而且 $n = -1$ 的确给出实数解 $x = \frac{1}{\sqrt{3}}$ 和 $x = -\frac{1}{\sqrt{3}}$,所以答案是 $n = -1$.

例 1.3 解方程组

$$\begin{cases} x - y = 3 \\ x^2 + (x+1)^2 = y^2 + (y+1)^2 + (y+2)^2 \end{cases}$$

解 利用这样一个事实,即第一个方程很简单,且有表达式 $x = y + 3$,于是将它代入第二个方程,得到

$$(y+3)^2 + (y+4)^2 = y^2 + (y+1)^2 + (y+2)^2$$

展开后,合并同类项,得到等价的方程

$$2y^2 + 14y + 25 = 3y^2 + 6y + 5 \ \text{或} \ y^2 - 8y - 20 = 0$$

解这个方程得到 $y = -2, 10$,由于 $x = y + 3$,所以得到解:$(x,y) = (1, -2)$ 和 $(13, 10)$.

例 1.4 求值

$$\frac{1}{\sqrt{x + 2\sqrt{x-1}}} + \frac{1}{\sqrt{x - 2\sqrt{x-1}}}$$

其中 $1 \leqslant x < 2$.

解 首先将每个分式化简，将分母配方，得到

$$x + 2\sqrt{x-1} = x - 1 + 2\sqrt{x-1} + 1 = (\sqrt{x-1} + 1)^2$$

和

$$x - 2\sqrt{x-1} = x - 1 - 2\sqrt{x-1} + 1 = (\sqrt{x-1} - 1)^2$$

于是，注意到 $\sqrt{a^2} = |a|$ 和 $\sqrt{x-1} - 1 < 0$ 这一事实（由于 $x < 2$），得

$$\frac{1}{\sqrt{x + 2\sqrt{x-1}}} + \frac{1}{\sqrt{x - 2\sqrt{x-1}}} = \frac{1}{1 + \sqrt{x-1}} + \frac{1}{1 - \sqrt{x-1}}$$

$$= \frac{2}{(1 + \sqrt{x-1})(1 - \sqrt{x-1})}$$

$$= \frac{2}{1 - (x-1)} = \frac{2}{2-x}$$

例 1.5 解方程组

$$\begin{cases} x + \dfrac{1}{y} = -1 \\ y + \dfrac{1}{z} = \dfrac{1}{2} \\ z + \dfrac{1}{x} = 2 \end{cases}$$

解 思路很简单：一切方程都用同一个变量表示，即第一个方程中的 x 可以用 y 表示，得到 $x = -1 - \dfrac{1}{y}$. 由第二个方程得到

$$z = \frac{2}{1 - 2y}$$

把这两个式子代入最后一个方程，得到

$$\frac{2}{1 - 2y} - \frac{y}{1 + y} = 2$$

对所得方程去分母，化简后，得 $y + 2y^2 = 0$.

注意到 $y \neq 0$，否则 $\dfrac{1}{y}$ 无意义. 最后得到 $y = -\dfrac{1}{2}$. 回到 $x = -1 - \dfrac{1}{y}$，$z = \dfrac{2}{1 - 2y}$，得 $x = z = 1$，于是该方程组有唯一解 $(x, y, z) = (1, -\dfrac{1}{2}, 1)$.

例 1.6 解方程

$$\frac{1}{3x-1} + \frac{1}{4x-1} + \frac{1}{7x-1} = 1$$

解 如果我们想去分母，那么就会变得很复杂，于是把原方程改写为

$$\frac{1}{3x-1}+\frac{1}{4x-1}=1-\frac{1}{7x-1}$$

或者等价于

$$\frac{4x-1+3x-1}{(3x-1)(4x-1)}=\frac{7x-1-1}{7x-1}$$

注意到公因式 $7x-2$ 已经给我们一个解：$x=\frac{2}{7}$. 假定 $x\neq\frac{2}{7}$ 是另一个解，那么两边除以 $7x-2$，得

$$\frac{1}{(3x-1)(4x-1)}=\frac{1}{7x-1}或者 12x^2-7x+1=7x-1$$

可进一步化简为：$6x^2-7x+1=0$. 解这个二次方程，得到该方程的另两个解：$x=1,\frac{1}{6}$. 于是本方程有三个解：$\frac{2}{7},1,\frac{1}{6}$.

例 1.7　求一切正实数对 (a,b)，使

$$4a+9b=\frac{9}{a}+\frac{4}{b}=12$$

解　将第二个方程改写为

$$\frac{9b+4a}{ab}=12$$

由于已知分子等于 12，于是 $ab=1$，即 $b=\frac{1}{a}$.

将 b 的这个值代入方程 $4a+9b=12$，得 $4a+\frac{9}{a}=12$. 去分母后，得到二次方程 $4a^2-12a+9=0$，该方程有唯一解 $a=\frac{3}{2}$. 回到原方程组，得到 $b=\frac{2}{3}$.

例 1.8　如果 a 是实数，且 $a-\frac{1}{a}=1$，求 $a^4+\frac{1}{a^4}$ 的值.

解　容易看出，这道例题不应该解方程 $a-\frac{1}{a}=1$，再将所得的值去计算 $a^4+\frac{1}{a^4}$（当然经过一连串复杂的计算是可以得到所需要的结果的，但是这并非是一种漂亮的方法）. 将给出的关系式 $a-\frac{1}{a}=1$ 的两边平方，得到

$$a^2+\frac{1}{a^2}-2=1$$

即 $a^2+\frac{1}{a^2}=3$.

接着所要做的就是重复上述过程，将最后一个关系式再平方，得到

$$a^4 + \frac{1}{a^4} + 2 = 9$$

于是

$$a^4 + \frac{1}{a^4} = 9 - 2 = 7$$

例 1.9　解方程

$$x^4 - 97x^3 + 2\ 012x^2 - 97x + 1 = 0$$

解　关键在于该方程是对称的. 两边除以 x^2, 得到等价的方程

$$x^2 - 97x + 2\ 012 - \frac{97}{x} + \frac{1}{x^2} = 0$$

设 $x + \frac{1}{x} = y$, 则 $x^2 + \frac{1}{x^2} + 2 = y^2$, 于是将上述方程转化为二次方程

$$y^2 - 97y + 2\ 010 = 0 \ 或 (y - 30)(y - 67) = 0$$

于是 $y = 30$ 或 $y = 67$. 回到 $y = x + \frac{1}{x}$, 于是得到二次方程 $x^2 - xy + 1 = 0$. 解这两个方程: $x^2 - 67x + 1 = 0$ 和 $x^2 - 30x + 1 = 0$, 得到解

$$x = \frac{67 \pm \sqrt{4\ 485}}{2} 和 \ x = 15 \pm \sqrt{224}$$

例 1.10　设 a, b, c 是实数, 且 $a \geqslant b \geqslant c$. 求证

$$a^2 + ac + c^2 \geqslant 3b(a - b + c)$$

证明　将不等式改写为

$$3b^2 - 3b(a + c) + a^2 + ac + c^2 \geqslant 0$$

这是一个关于 b 的二次不等式, 其判别式是

$$\Delta = 9(a + c)^2 - 12(a^2 + ac + c^2) = -3(a^2 - 2ac + c^2) = -3(a - c)^2 \leqslant 0$$

于是多项式 $3x^2 - 3x(a + c) + a^2 + ac + c^2$ 只取非负值 (其首项系数 3 是正数). 特别是它在 b 处的值非负, 就得到结果.

我们也可以试着配方, 将不等式改写为

$$12b^2 - 12b(a + c) + 4(a^2 + ac + c^2) \geqslant 0$$

于是

$$3[2b - (a + c)]^2 + (a - c)^2 \geqslant 0$$

例 1.11　求证: 对一切 $x, y \in \mathbf{R}$, 有 $3(x + y + 1)^2 + 1 \geqslant 3xy$.

证明　设 $x + y = a, xy = b$, 于是只需证明 $3(a + 1)^2 + 1 \geqslant 3b$. 而方程 $t^2 - at + b = 0$ 有实数解 x, y, 于是判别式非负, 即 $a^2 \geqslant 4b$ (当然, 因为该不等式等价于 $(x - y)^2 \geqslant 0$, 所以也可给出直接的证明). 于是 $b \leqslant \frac{a^2}{4}$, 且只要证明

$$3(a+1)^2 + 1 \geqslant \frac{3a^2}{4}$$

两边乘以 4,并展开 $(a+1)^2$,整理后将不等式化为

$$9a^2 + 24a + 16 \geqslant 0$$

等价于 $(3a+4)^2 \geqslant 0$,证毕.

注意,进行配方可以得到另一种解法

$$3(x + \frac{1}{2}y + 1)^2 + (\frac{3}{2}y + 1)^2 \geqslant 0$$

例 1.12　求一切实数对 (x, y),使

$$4x^2 + 9y^2 + 1 = 12(x + y - 1) \tag{1}$$

解　先将方程(1)改写为以下形式

$$4x^2 - 12x + 9y^2 - 12y + 13 = 0$$

然后配方,得到

$$(2x - 3)^2 + (3y - 2)^2 = 0$$

因为当且仅当每个平方都等于 0 时,平方和才等于 0,所以 $2x - 3 = 0$,且 $3y - 2 = 0$,有唯一解 $x = \frac{3}{2}, y = \frac{2}{3}$.

例 1.13　求证:如果 $a \geqslant b > 0$,那么

$$\frac{(a-b)^2}{8a} \leqslant \frac{a+b}{2} - \sqrt{ab} \leqslant \frac{(a-b)^2}{8b}$$

证明　配方后得到

$$\frac{a+b}{2} - \sqrt{ab} = \frac{a - 2\sqrt{ab} + b}{2} = \frac{(\sqrt{a} - \sqrt{b})^2}{2}$$

另一方面,$a - b = (\sqrt{a})^2 - (\sqrt{b})^2 = (\sqrt{a} - \sqrt{b})(\sqrt{a} + \sqrt{b})$.

两边除以 $(\sqrt{a} - \sqrt{b})^2$,于是归结为证明不等式

$$\frac{(\sqrt{a} + \sqrt{b})^2}{8a} \leqslant \frac{1}{2} \leqslant \frac{(\sqrt{a} + \sqrt{b})^2}{8b}$$

左边的不等式(乘以 $8a$ 后取平方根)等价于

$$\sqrt{a} + \sqrt{b} \leqslant 2\sqrt{a}$$

这直接可从 $a \geqslant b$ 得到. 右边的不等式可类似进行.

例 1.14　化简表达式:$\dfrac{4}{4x^2 + 12x + 9} - \dfrac{12}{6x^2 + 5x - 6} + \dfrac{9}{9x^2 - 12x + 4}$.

解　显然不该通分! 否则就会带来可怕的结果,于是解决该题的机会接近于零. 稍微分析以下该和式中各项的情况,特别要注意的是分母. 每一个分母都是 x 的二次多项式,所以自然想到是否能分解因式. 当然,乘积的和并不是明显的,但是可以指望分母有

公因式. 解二次方程 $4x^2+12x+9=0,6x^2+5x-6=0$ 和 $9x^2-12x+4=0$，或者配方，得到

$$4x^2+12x+9=(2x+3)^2$$
$$6x^2+5x-6=(2x+3)(3x-2)$$
$$9x^2-12x+4=(3x-2)^2$$

原来并没有公因式，但是设 $a=2x+3,b=3x-2$ 后，形式就很漂亮了，于是原式简化为

$$\frac{4}{a^2}-\frac{12}{ab}+\frac{9}{b^2}=\frac{4b^2-12ab+9a^2}{(ab)^2}$$

容易看出分子是一个平方式 $(2b-3a)^2$.

由于

$$2b-3a=2(3x-2)-3(2x+3)=-13$$

得到等式

$$\frac{4}{4x^2+12x+9}-\frac{12}{6x^2+5x-6}+\frac{9}{9x^2-12x+4}=(\frac{13}{6x^2+5x-6})^2$$

例 1.15 求以下方程的实数解

$$x^4+16x-12=0$$

解 设法找出 a,b,c，使方程的左边能写成 $(x^2+a)^2-(bx+c)^2$ 的形式. 如果能找到这样的 a,b,c，那么原方程就化为 $x^2+a=bx+c$ 和 $x^2+a+bx+c=0$.

恒等式 $x^4+16x-12=(x^2+a)^2-(bx+c)^2$ 等价于一连串等式

$$2a=b^2,16=-2bc,a^2-c^2=-12$$

于是 $a=\dfrac{b^2}{2},c=-\dfrac{8}{b}$，然后代入最后一式，得到

$$\frac{b^4}{4}-\frac{64}{b^2}=-12$$

设 $b^2=4d$，则方程变为 $4d^2-\dfrac{16}{d}=-12$，容易看出根 $d=1$. 于是可取 $b=2$，则

$$a=\frac{b^2}{2}=2,c=-\frac{8}{b}=-4$$

现在解方程 $x^2+2=2x-4$ 和 $x^2+2=-2x+4$. 因为第一个方程可化为 $(x-1)^2+5=0$，所以没有实数解，第二个方程可化为 $(x+1)^2=3$，于是解为

$$x_1=-1+\sqrt{3},x_2=-1-\sqrt{3}$$

例 1.16 已知方程 $x^4-4x=1$ 有两个实数根，求这两个实数根的积.

解 为了将方程的左边配方，所以两边加上 $2x^2+1$，得到等价的方程

$$(x^2+1)^2=2x^2+4x+2=2(x+1)^2$$

这等价于 $x^2+1=\sqrt{2}(x+1)$ 或 $x^2+1=-\sqrt{2}(x+1)$. 第一个方程是 $x^2-\sqrt{2}x+1-$

$\sqrt{2}=0$,判别式 $\Delta=4\sqrt{2}-2>0$,所以有两个解 x_1,x_2. 根据韦达公式:$x_1x_2=1-\sqrt{2}$. 因为已知原方程只有两个实数根,这两个根必定就是我们求出的 x_1 和 x_2. 显然容易检验方程 $x^2+1=-\sqrt{2}(x+1)$ 没有实数根,因为其判别式为负. 于是本题的结果就是 $1-\sqrt{2}$.

我们也可以这样解该方程:求 a,b,c,对一切 x 有

$$x^4-4x-1=(x^2+a)^2-(bx+c)^2 \tag{1}$$

方程(1)等价于

$$2a=b^2,bc=2,a^2-c^2=-1$$

将 $a=\dfrac{b^2}{2},c=\dfrac{2}{b}$ 代入最后的方程,得到

$$\frac{b^4}{4}-\frac{4}{b^2}=-1$$

设 $b^2=4d$,则得到三次方程 $4d^3+d-1=0$,看出根 $d=\dfrac{1}{2}$. 于是 $b^2=2$,可取 $b=\sqrt{2}$,于是 $a=1,c=\sqrt{2}$. 因此,原方程就归结为解方程 $x^2+1=\sqrt{2}x+\sqrt{2}$ 和 $x^2+1=-\sqrt{2}x-\sqrt{2}$. 像上面那样,得到实数根的积等于 $1-\sqrt{2}$.

例 1.17　求下面方程的实数解

$$(x+1)(x+2)(x+3)(x+4)=360$$

解　如果展开乘积,那么方程就超出范围了,所以必定存在某些技巧. 我们尝试着确定左边的乘积配成两对因式. 如果把前两个因式组成一对,后两个因式组成一对,就得到方程 $(x^2+3x+2)(x^2+7x+12)=360$,但这并不简单. 如果把第一个因式和第三个因式配成一对,那也不简单,如果把第一个因式和第四个因式配成一对,那么就得到方程

$$(x^2+5x+4)(x^2+5x+6)=360$$

虽然这是关于 x 的四次方程,但是如果设 $y=x^2+5x$,就得到二次方程. 如果解四次方程就很难,但解二次方程就可以直接解了. 这样 $(y+4)(y+6)=360$ 等价于 $y^2+10y-336=0$,其解为 $y=14$ 和 $y=-24$. 接着就要解 $x^2+5x=14$ 和 $x^2+5x=-24$. 第二个方程的判别式为负,所以没有实数解. 另一方面,方程 $x^2+5x=14$ 有解 $x=-7$ 和 $x=2$. 于是,这两个数都是原方程的解.

例 1.18　求所有的 $n>1$,对一切实数 $x_1,x_2,\cdots,x_n$,都有

$$x_1^2+x_2^2+\cdots+x_n^2\geqslant x_n(x_1+x_2+\cdots+x_{n-1})$$

解　将原不等式改写为

$$x_1^2-x_1x_n+x_2^2-x_2x_n+\cdots+x_{n-1}^2-x_{n-1}x_n+x_n^2\geqslant 0$$

配方后得到等价不等式

$$\left(x_1-\frac{x_n}{2}\right)^2+\left(x_2-\frac{x_n}{2}\right)^2+\cdots+\left(x_{n-1}-\frac{x_n}{2}\right)^2-\frac{n-1}{4}x_n^2+x_n^2\geqslant 0$$

即

$$\left(x_1 - \frac{x_n}{2}\right)^2 + \left(x_2 - \frac{x_n}{2}\right)^2 + \cdots + \left(x_{n-1} - \frac{x_n}{2}\right)^2 \geqslant \frac{n-5}{4}x_n^2$$

如果 $n \leqslant 5$,那么右边非正,左边非负,不等式成立. 另一方面,如果 $n > 5$,那么可选 $x_1 = \frac{x_n}{2}, x_2 = \frac{x_n}{2}, \cdots, x_{n-1} = \frac{x_n}{2}, x_n = 1$,此时不等式不再成立. 于是,答案是 $n = 2, 3, 4, 5$.

第 2 章　因式分解和代数恒等式

有些经典的代数恒等式几乎在所有的数学分支中都起着至关重要的作用. 在本章中我们将回忆一下这些恒等式, 并给出许多用于代数表达式进行因式分解的例子.

能识别对(某些复杂的)代数表达式进行因式分解是基本的, 因为因式分解在解方程、解方程组、证明不等式时经常起着重要的作用.

最基本的恒等式是

$$a^2 - b^2 = (a+b)(a-b)$$

这对一切实数 a, b(实际上要比实数广泛得多, 但是从现在起, 我们只限于实数)都成立, 只要将右边展开, 然后消去 ab 和 $-ab$ 即可. 这虽然很简单, 但是这个恒等式分解或化简某些更为复杂的代数表达式时至关重要. 这也是更一般的, 也有很难的恒等式的一种特殊情况, 就是对 $a^n - b^n$ 进行局部因式分解. 注意到当 $a = b$ 时, $a^n - b^n$ 就等于零, 所以 $a - b$ 必定是一个因式. 实际上, 我们有

$$a^n - b^n = (a-b)(a^{n-1} + a^{n-2}b + \cdots + ab^{n-2} + b^{n-1})$$

对一切实数 a, b 以及所有正整数 n 成立, 展开后消去同类项, 得到

$$(a-b)(a^{n-1} + a^{n-2}b + \cdots + ab^{n-2} + b^{n-1})$$
$$= a(a^{n-1} + a^{n-2}b + \cdots + b^{n-1}) - b(a^{n-1} + \cdots + b^{n-1})$$
$$= a^n + a^{n-1}b + \cdots + ab^n - a^{n-1}b - \cdots - ab^{n-1} - b^n$$
$$= a^n - b^n$$

例如, 当 $n = 3$ 时, 得到很有用的恒等式

$$a^3 - b^3 = (a-b)(a^2 + ab + b^2)$$

当 $n = 4$ 时, 得到

$$a^4 - b^4 = (a-b)(a^3 + a^2b + ab^2 + b^3)$$

有人不禁要问我们是否还要对 $a^2 + ab + b^2$ 和 $a^3 + a^2b + ab^2 + b^3$ 分解因式呢?

$a^2 + ab + b^2$ 不能再分解了, 但 $a^3 + a^2b + ab^2 + b^3$ 是可分解的, 这是因为

$$a^3 + a^2b + ab^2 + b^3 = a^2(a+b) + b^2(a+b) = (a+b)(a^2 + b^2)$$

于是, 得到

$$a^4 - b^4 = (a-b)(a+b)(a^2 + b^2)$$

也可以从两次利用恒等式

$$x^2 - y^2 = (x - y)(x + y)$$

直接得到

$$a^4 - b^4 = (a^2 - b^2)(a^2 + b^2) = (a - b)(a + b)(a^2 + b^2)$$

用类似的方法可得到一些很好用的恒等式

$$a^{2^n} - b^{2^n} = (a - b)(a + b)(a^2 + b^2)(a^4 + b^4) \cdots (a^{2^{n-1}} + b^{2^{n-1}})$$

以及

$$a^{3^n} - b^{3^n} = (a - b)(a^2 + ab + b^2)(a^6 + a^3b^3 + b^6) \cdots (a^{2 \cdot 3^{n-1}} + a^{3^{n-1}}b^{3^{n-1}} + b^{2 \cdot 3^{n-1}})$$

在剖析例题之前，我们还是要坚持这样一个事实：应该知道下列恒等式都是二项公式的特殊情况，但是最重要的是关注一下它们的系数，因为这正是我们在实际中认出的系数（仅仅知道有从给定的二项公式推出的所有的现存的一般公式是不够的，尤为重要的是你要明白在解题时需要用哪一个公式）：对于一切实数 a, b，我们有

$$(a + b)^2 = a^2 + 2ab + b^2$$
$$(a + b)^3 = a^3 + 3a^2b + 3ab^2 + b^3$$
$$(a + b)^4 = a^4 + 4a^3b^2 + 6a^2b^2 + 4ab^3 + b^4$$
$$(a + b)^5 = a^5 + 5a^4b + 10a^3b^2 + 10a^2b^3 + 5ab^4 + b^5$$

注意，我们也可写成

$$(a + b)^3 = a^3 + b^3 + 3ab(a + b)$$
$$(a + b)^5 = a^5 + b^5 + 5ab(a^3 + b^3) + 10a^2b^2(a + b)$$

最后，另一个十分重要的经典公式是

$$(a + b + c)^2 = a^2 + b^2 + c^2 + 2(ab + bc + ca)$$

这一公式是这样来的

$$\begin{aligned}(a + b + c)^2 &= a^2 + 2a(b + c) + (b + c)^2 \\ &= a^2 + 2ab + 2ac + b^2 + 2bc + c^2 \\ &= a^2 + b^2 + c^2 + 2(ab + bc + ca)\end{aligned}$$

现在让我们去看看这些公式在解题时是如何起作用的. 要记住，为了有效地分解因式，必须把常用的一些公式与配方的技巧相结合. 后面我们将看到与技巧相结合的例子，所以在这里我们只给出一个十分有用的例子：Sophie-Germain 的经典恒等式

$$a^4 + 4b^4 = (a^2 - 2ab + 2b^2)(a^2 + 2ab + 2b^2)$$

当然，原则上只要将右边展开就可以检验出该恒等式成立. 但是，我们想象一下，这个问题就是：设法将 $a^4 + 4b^4$ 分解因式. 为解决这一问题，我们从对 $a^4 + 4b^4 = (a^2)^2 + (2b^2)^2$ 配方开始，然后利用平方差公式 $x^2 - y^2 = (x - y)(x + y)$ 进行分解因式

$$\begin{aligned}a^4 + 4b^4 &= (a^2)^2 + 2(a^2)(2b^2) + (2b^2)^2 - 4a^2b^2 \\ &= (a^2 + 2b^2)^2 - (2ab)^2\end{aligned}$$

$$= \left(a^2 - 2ab + 2b^2\right)\left(a^2 + 2ab + 2b^2\right)$$

例 2.1 化简下式

$$\frac{1}{ab} + \frac{1}{a^2 - ab} + \frac{1}{b^2 - ba}$$

解 问题的关键是对分母分解因式:$a^2 - ab = a(a-b)$,$b^2 - ba = b(b-a)$,这样就找到了公分母 $ab(b-a)$(这显然要比将分母直接相乘简单得多). 于是

$$\frac{1}{ab} + \frac{1}{a^2 - ab} + \frac{1}{b^2 - ba} = \frac{(a-b) + b - a}{ab(a-b)} = 0$$

例 2.2 化简

$$\frac{a^2 + 2a - 80}{a^2 - 2a - 120}$$

解 我们对分子和分母分别配方,然后用平方差公式进行分解因式,得到

$$\begin{aligned}
\frac{a^2 + 2a - 80}{a^2 - 2a - 120} &= \frac{a^2 + 2a + 1 - 9^2}{a^2 - 2a + 1 - 11^2} \\
&= \frac{(a+1)^2 - 9^2}{(a-1)^2 - 11^2} \\
&= \frac{(a+10)(a-8)}{(a+10)(a-12)} \\
&= \frac{a-8}{a-12}
\end{aligned}$$

例 2.3 求方程 $x^3 - 3x^2 + 3x + 3 = 0$ 的实数解.

解 我们看出将 $(x-1)^3$ 展开后的连续几项是 $(x-1)^3 = x^3 - 3x^2 + 3x - 1$,所以可将原方程改写为 $(x-1)^3 + 4 = 0$,于是得到唯一解:$x = 1 - \sqrt[3]{4}$.

例 2.4 设 x 是实数,分解因式 $x^4 + x^2 + 1$.

解 从配方开始,像证明 Sophie-Germain 恒等式那样,得

$$x^4 + x^2 + 1 = x^4 + 2x^2 + 1 - x^2 = (x^2 + 1)^2 - x^2$$

接着用公式 $a^2 - b^2 = (a-b)(a+b)$,得到

$$x^4 + x^2 + 1 = (x^2 - x + 1)(x^2 + x + 1)$$

在解上面的例题时,有些不够满意的地方:配方这一最自然的方法应该把 $x^4 + x^2 + 1$ 看作是关于 $t = x^2$ 的二次多项式,然后配方

$$t^2 + t + 1 = (t + \frac{1}{2})^2 + \frac{3}{4}$$

的确我们陷入了僵局,因为形如 $u^2 + \frac{3}{4}$ 的表达式是不能分解的,那么我们如何去寻求配方的好方法呢? 这里有一个相当自然的方法,而且在实践中还不错:求对一切 x,有

$$x^4 + x^2 + 1 = (x^2 + a)^2 - (bx + c)^2$$

的 a, b, c，展开后得

$$x^4 + x^2 + 1 = x^4 + (2a - b^2)x^2 - 2bcx + a^2 - c^2$$

如果要使这一等式对一切实数 x 成立，那么必须有

$$2a - b^2 = 1, \ -2bc = 0, a^2 - c^2 = 1$$

由第二个等式得 $b = 0$ 或 $c = 0$. 如果 $b = 0$，那么由第一个等式得 $a = \dfrac{1}{2}$，于是得到不可

能成立的情况：$c^2 + \dfrac{3}{4} = 0$（这正巧是上面的例子中配方得到的情况！）. 于是 $c = 0$，然后由

最后一个方程得到 $a^2 = 1$. 例如，取 $a = 1$. 第一个方程就变为 $b^2 = 1$，取 $b = 1$，得到

$$x^4 + x^2 + 1 = (x^2 + 1)^2 - x^2$$

我们可以采用平方差公式结束本题.

最后，另一种策略在实践中也很有效（与例 1.9 相仿）：四次多项式 $x^4 + x^2 + 1$ 是对称的，所以可以将它除以 x^2 得

$$\frac{x^4 + x^2 + 1}{x^2} = x^2 + 1 + \frac{1}{x^2}$$

接着设 $t = x + \dfrac{1}{x}$，则 $t^2 = x^2 + 2 + \dfrac{1}{x^2}$，于是 $\dfrac{x^4 + x^2 + 1}{x^2} = t^2 - 1$，容易分解成 $t^2 - 1 = (t - 1) \cdot$

$(t + 1)$. 先回到 t 的定义，再将上式乘以 x^2，就分解完毕

$$x^4 + x^2 + 1 = (x^2 - x + 1)(x^2 + x + 1)$$

继续看这一现象的另一个例子：用常规法配方未必永远是所能做的最佳选择！

例 2.5 分解因式 $(X^4 - 6X^2 + 1)(X^4 - 7X^2 + 1)$.

解 上述表达式已经分解成因式了，所以这是在开玩笑呢，还是有更好的方法要继续分解. 不错，表达式 $X^4 - 6X^2 + 1$ 和 $X^4 - 7X^2 + 1$ 中有一个或者两个都能分解. 果然这两个式子都能分解，配方后利用平方差公式，得到

$$\begin{aligned}
X^4 - 6X^2 + 1 &= X^4 - 2X^2 + 1 - 4X^2 \\
&= (X^2 - 1)^2 - (2X)^2 \\
&= (X^2 - 2X - 1)(X^2 + 2X - 1)
\end{aligned}$$

同样

$$\begin{aligned}
X^4 - 7X^2 + 1 &= X^4 + 2X^2 + 1 - 9X^2 \\
&= (X^2 + 1)^2 - (3X)^2 \\
&= (X^2 - 3X + 1)(X^2 + 3X + 1)
\end{aligned}$$

最后

$$\begin{aligned}
&(X^4 - 6X^2 + 1)(X^4 - 7X^2 + 1) \\
&= (X^2 - 2X - 1)(X^2 + 2X - 1)(X^2 - 3X + 1)(X^2 + 3X + 1)
\end{aligned}$$

如何寻求上面那种配方的方法呢? 像上面那样,求 a,b,c 使得

$$X^4 - 7X^2 + 1 = (X^2 + a)^2 - (bX + c)^2$$

比较两边的系数,得到 $c = 0, 2a - b^2 = -7, a^2 = 1$. 特别地,取 $a = 1$ 或 $a = -1$. 如果 $a = 1$,那么 $b^2 = 9$,这很好,因为我们可以得到 $b = 3$. 如果 $a = -1$,那么 $b^2 = 5$,这并不是那么好!

像上面的例子那样,我们也可以用对称四次多项式的方法

$$\frac{X^4 - 6X^2 + 1}{X^2} = X^2 - 6 + \frac{1}{X^2}$$

但是如果设 $t = X + \dfrac{1}{X}$,就会得到 $t^2 - 8$,这分解出来不太好(因为要分解的话,就是 $t^2 - 8 = (t - 2\sqrt{2})(t + 2\sqrt{2})$,但是这并不漂亮……). 然而设 $t = X - \dfrac{1}{X}$,于是

$$X^2 - 6 + \frac{1}{X^2} = t^2 + 2 - 6 = t^2 - 4 = (t - 2)(t + 2)$$

分解因式完成了. 另外,对于 $X^4 - 7X^2 + 1$ 就不再赘述了(因为此时设 $t = X + \dfrac{1}{X}$ 有效).

例 2.6　证明:对于一切实数 a,b,c,有

$$\left(\frac{2a + 2b - c}{3}\right)^2 + \left(\frac{2b + 2c - a}{3}\right)^2 + \left(\frac{2c + 2a - b}{3}\right)^2 = a^2 + b^2 + c^2$$

证明　利用公式 $(x + y + z)^2 = x^2 + y^2 + z^2 + 2(xy + yz + zx)$ 将左边展开

$$\frac{4a^2 + 4b^2 + c^2 + 8ab - 4ac - 4bc}{9} + \frac{4b^2 + 4c^2 + a^2 + 8bc - 4ab - 4ac}{9} +$$

$$\frac{4c^2 + 4a^2 + b^2 + 8ac - 4bc - 4ab}{9}$$

$$= \frac{9a^2 + 9b^2 + 9c^2}{9} = a^2 + b^2 + c^2$$

可能有人会问能否避免上述繁复的运算. 很幸运,答案是肯定的. 设 $S = a + b + c$,那么 $2a + 2b - c = 2S - 3c$,于是

$$\left(\frac{2a + 2b - c}{3}\right)^2 = \frac{(2S - 3c)^2}{9} = \frac{4S^2 - 12Sc + 9c^2}{9}$$

另外两项有类似的等式,然后相加,得到

$$\left(\frac{2a + 2b - c}{3}\right)^2 + \left(\frac{2b + 2c - a}{3}\right)^2 + \left(\frac{2c + 2a - b}{3}\right)^2$$

$$= \frac{12S^2 - 12S(a + b + c) + 9(a^2 + b^2 + c^2)}{9}$$

$$= a^2 + b^2 + c^2$$

这是因为 $S(a+b+c)=S^2$.

例 2.7 设 m,n 是正整数,证明

$$(m^3-3mn^2)^2+(3m^2n-n^3)^2$$

是完全立方.

解 利用公式 $(a+b)^2=a^2+2ab+b^2$ 展开后整理,希望能配成完全立方

$$(m^3-3mn^2)^2+(3m^2n-n^3)^2=m^6-6m^4n^2+9m^2n^4+9m^4n^2-6m^2n^4+n^6$$
$$=m^6+3m^4n^2+3m^2n^4+n^6$$
$$=(m^2+n^2)^3$$

也可以观察到

$$(m^3-3mn^2)^2=m^2(m^2-3n^2)^2 \text{ 和} (3m^2n-n^3)^2=n^2(3m^2-n^2)^2$$

于是,真正要考虑的是 $x=m^2,y=n^2$. 这就使上面的运算简便一些,可以看出最后一步是 $(m^2+n^2)^3=(x+y)^3$.

例 2.8 求方程

$$\frac{x^3-3x+2}{x^2-3x+2}=y$$

的整数解.

解 因为当 $x=1$ 时,x^3-3x+2 和 x^2-3x+2 都等于 0,所以左边很简单,这令人十分高兴. 所以分子和分母都除以 $x-1$,有

$$x^3-3x+2=x^3-x-2(x-1)$$
$$=x(x-1)(x+1)-2(x-1)$$
$$=(x^2+x-2)(x-1)$$
$$=(x-1)^2(x+2)$$

和

$$x^2-3x+2=(x-1)(x-2)$$

于是,等式的左边等于 $\dfrac{(x+2)(x-1)}{x-2}$,我们将此式化简,得

$$\frac{(x+2)(x-1)}{x-2}=\frac{x^2+x-2}{x-2}=\frac{x^2-2x+3(x-2)+4}{x-2}=x+3+\frac{4}{x-2}$$

因此,我们必须找到一切整数 x,y,使

$$x+3+\frac{4}{x-2}=y$$

因为 $x+3$ 和 y 是整数,所以 $\dfrac{4}{x-2}$ 也是整数. 于是 $x-2$ 必须是 4 的约数,即 $x-2\in \{-4,-2,-1,1,2,4\}$. 注意到原分式的分母是 x^2-3x+2,所以 $x\neq1,2$. 于是 $x\in\{-2,$

$0,3,6\}$. 对于 x 的每一个值, 计算 $y = x + 3 + \dfrac{4}{x-2}$, 由此得到

$$(x,y) = \{(3,10),(4,9),(0,1),(6,10),(-2,0)\}$$

例 2.9　化简表达式

$$\frac{x^2 + 4y^2 - z^2 + 4xy}{x^2 - 4y^2 - z^2 + 4yz}$$

解　分别处理分子和分母. 整理分子各项, 把含有 x 和 y 的所有的项放在一起

$$x^2 + 4y^2 - z^2 + 4xy = x^2 + 4y^2 + 4xy - z^2$$

容易看出 $x^2 + 4y^2 + 4xy$ 就是 $(x+2y)^2$. 利用平方差公式, 得到

$$x^2 + 4y^2 - z^2 + 4xy = (x+2y)^2 - z^2 = (x+2y-z)(x+2y+z)$$

类似地处理分母

$$x^2 - 4y^2 - z^2 + 4yz = x^2 - (2y-z)^2 = (x+2y-z)(x-2y+z)$$

于是

$$\frac{x^2 + 4y^2 - z^2 + 4xy}{x^2 - 4y^2 - z^2 + 4yz} = \frac{(x+2y+z)(x+2y-z)}{(x-2y+z)(x+2y-z)} = \frac{x+2y+z}{x-2y+z}$$

例 2.10　求方程组

$$\begin{cases} x + y = 2z \\ x^3 + y^3 = 2z^3 \end{cases}$$

的实数解.

解　这里的关键在于恒等式 $x^3 + y^3 = (x+y)(x^2 - xy + y^2)$.

将这两个方程与该恒等式相结合, 得到

$$2z^3 = 2z(x^2 - xy + y^2)$$

首先, 假定 $z = 0$, 那么这两个方程都变为 $x + y = 0$. 于是, 得到一系列解 $(x, -x, 0)$, $x \in \mathbf{R}$.

假定 $z \neq 0$, 那么由上面的关系式可知

$$x^2 - xy + y^2 = z^2$$

可改写为

$$x^2 - xy + y^2 = (x+y)^2 - 3xy = 4z^2 - 3xy$$

比较这两个关系式, 得到 $xy = z^2$, 于是

$$x^2 - xy + y^2 = z^2 = xy$$

从而 $(x-y)^2 = 0$.

最后, 得到 $x = y$. 于是, $x = y = z$, 这样就得到第二组解 (x, x, x), $x \in \mathbf{R}$.

例 2.11 求方程组

$$\begin{cases} x + y = xy - 5 \\ y + z = yz - 7 \\ z + x = zx - 11 \end{cases}$$

的实数解.

解 能使问题很快解决的关键恒等式是

$$xy - x - y + 1 = (x-1)(y-1)$$

这使得我们能将原方程组改写为

$$\begin{cases} (x-1)(y-1) = 6 \\ (y-1)(z-1) = 8 \\ (z-1)(x-1) = 12 \end{cases}$$

强烈建议换元：$a = x - 1, b = y - 1, c = z - 1$. 于是

$$ab = 6, bc = 8, ca = 12$$

将这三个方程相乘，得到

$$(abc)^2 = 6 \times 8 \times 12 = 4 \times 12^2$$

于是 $abc = \pm 24$. 如果 $abc = 24$，那么回到方程组 $ab = 6, bc = 8, ca = 12$ 得到 $a = \dfrac{abc}{bc} = \dfrac{24}{8} = 3$，类似地，得到 $b = 2, c = 4$. 如果 $abc = -24$，那么 $a = -3, b = -2, c = -4$. 最后回到 $a = x - 1, b = y - 1, c = z - 1$，得到两组解 $(x, y, z) = (4, 3, 5)$ 和 $(x, y, z) = (-2, -1, -3)$.

例 2.12 设 a, b, c, d 是实数，且

$$a + b + 2ab = 3, b + c + 2bc = 4, c + d + 2cd = 5$$

求 $d + a + 2da$ 的值.

解 用简单的方法对每个方程的左边适当分解因式. 基本公式是

$$1 + 2(x + y + 2xy) = 1 + 2x + 2y + 4xy = (1 + 2x)(1 + 2y)$$

于是各方程可改写为

$$(1 + 2a)(1 + 2b) = 7, (1 + 2b)(1 + 2c) = 9, (1 + 2c)(1 + 2d) = -9$$

设 $x = 2a + 1, y = 2b + 1, z = 2c + 1, t = 2d + 1$，则 $xy = 7, yz = 9, zt = -9$.

我们需要的是求

$$d + a + 2da = \frac{xt - 1}{2}$$

有 $y = \dfrac{7}{x}$，那么 $z = \dfrac{9}{y} = \dfrac{9x}{7}$，$\dfrac{9x}{7} \cdot t = -9$，于是 $xt = -7, d + a + 2da = -4$.

例 2.13 求方程组

$$\begin{cases} x - y - z = 40 \\ x^2 - y^2 - z^2 = 2\ 012 \end{cases}$$

的正整数解.

解 将 $x = y + z + 40$ 代入第二个方程,得到

$$(y + z + 40)^2 - y^2 - z^2 = 2\ 012$$

将第一项展开后化简,得到等价的方程

$$2yz + 80y + 80z = 412 \text{ 或 } yz + 40y + 40z = 206$$

该式可分解为: $(y + 40)(z + 40) = 1\ 806$.

于是,我们需要知道 1 806 的约数,对 1 806 分解素因数,得到

$$1\ 806 = 2 \times 3 \times 7 \times 43 = 42 \times 43$$

由于 $y + 40$ 和 $z + 40$ 都大于 40(因为已知 $y > 0, z > 0$),所以它们的积是 42×43,于是必有 $(y, z) = (2, 3)$ 或 $(3, 2)$.

因为

$$x = y + z + 40 = 5 + 40 = 45$$

所以得到的解是 $(x, y, z) = (45, 2, 3)$ 或 $(45, 3, 2)$.

例 2.14 分解因式 $x^4 + 2x^3 + 2x^2 + 2x + 1$.

解法 1 处理多项式 $p(x) = x^4 + 2x^3 + 2x^2 + 2x + 1$ 的最简单的途径是注意到它是一个对称多项式. 于是,首先除以 x^2,得

$$\frac{p(x)}{x^2} = x^2 + 2x + 2 + \frac{2}{x} + \frac{1}{x^2} = x^2 + \frac{1}{x^2} + 2\left(x + \frac{1}{x}\right) + 2 \qquad (1)$$

设 $t = x + \dfrac{1}{x}$,则 $x^2 + \dfrac{1}{x^2} = t^2 - 2$,于是式(1)化简为

$$t^2 - 2 + 2t + 2 = t^2 + 2t = t(t + 2)$$

推得

$$p(x) = x^2 t(t + 2) = (x^2 + 1)(x^2 + 2x + 1) = (x^2 + 1)(x + 1)^2$$

解法 2 恒等式

$$u^2 + 2u + 1 = (u + 1)^2$$

表明在 $2x^2$ 中取出一个 x^2,得

$$x^4 + 2x^3 + 2x^2 + 2x + 1 = x^4 + 2x^3 + x^2 + x^2 + 2x + 1$$

我们容易看出 $x^4 + 2x^3 + x^2$ 是 $(x^2 + x)^2$(如果你喜欢的话,可将 x^2 提取出来,把 $(x + 1)^2$ 作为另一个因式),于是

$$\begin{aligned} x^4 + 2x^3 + 2x^2 + 2x + 1 &= (x^2 + x)^2 + (x + 1)^2 \\ &= x^2(x + 1)^2 + (x + 1)^2 \end{aligned}$$

$$= (x^2 + 1)(x + 1)^2$$

这就是所要的结果.

解法 3 利用公式

$$(a + b + c)^2 = a^2 + b^2 + c^2 + 2(ab + bc + ca)$$

其中有许多项的系数等于 2. 仔细观察上面的恒等式和表达式 $E = x^4 + 2x^3 + 2x^2 + 2x + 1$, 可以看出 $(x^2 + x + 1)^2$ 与上面的恒等式关系密切，有

$$(x^2 + x + 1)^2 = x^4 + 2x^3 + 3x^2 + 2x + 1 = E + x^2$$

于是

$$E = (x^2 + x + 1)^2 - x^2 = (x^2 + x + 1 - x)(x^2 + x + 1 + x) = (x^2 + 1)(x + 1)^2$$

例 2.15 （1）分解因式 $x^5 + x + 1$；

（2）分解素因数 100 011.

解 （1）我们通过加、减 x^2，得到

$$x^5 + x + 1 = x^5 - x^2 + x^2 + x + 1 = x^2(x^3 - 1) + x^2 + x + 1$$

利用 $x^3 - 1$ 是 $x^2 + x + 1$ 的倍数，于是

$$x^2(x^3 - 1) + x^2 + x + 1 = (x^2 + x + 1)[x^2(x - 1) + 1] = (x^2 + x + 1)(x^3 - x^2 + 1)$$

结果是

$$x^5 + x + 1 = (x^2 + x + 1)(x^3 - x^2 + 1)$$

（2）在（1）中取 $x = 10$，得到

$$100\ 011 = (1\ 000 - 100 + 1)(100 + 10 + 1) = 901 \times 111 = 3 \times 17 \times 37 \times 53$$

例 2.16 求方程

$$\frac{1}{x + 1} + \frac{1}{x^2 - x} + \frac{1}{x^3 - x} = 1$$

的实数解.

解 先求公分母，为此将分母分解因式

$$x^2 - x = x(x - 1), \quad x^3 - x = x(x^2 - 1) = x(x - 1)(x + 1)$$

于是 $x(x - 1)(x + 1)$ 是公分母，第一个分式的分子和分母都乘以 $x(x - 1)$，第二个分式的分子和分母都乘以 $x + 1$，得方程

$$\frac{x(x - 1) + x + 1 + 1}{x^3 - x} = 1$$

于是

$$x^3 - x^2 - x - 2 = 0$$

我们不知如何求解了！是的，我们要求的是整数解. 这些解在 2 和 -2 的约数中，尝试后得到 $x = 2$. 为了得到因式 $x - 2$，将三次方程改写为

$$x^3 - 2x^2 + x^2 - 2x + x - 2 = 0 \text{ 或 } (x - 2)(x^2 + x + 1) = 0$$

方程 $x^2 + x + 1 = 0$ 无实数解,因为其判别式为负. 于是原方程的唯一解是 $x = 2$(容易检验 $x + 1 \neq 0, x^2 \neq x, x^3 \neq x$,所以 $x = 2$ 的确是解).

例 2.17　设 a, b, c 是实数,且 $ab + bc + ca = 1$. 证明

$$\frac{a}{a^2 + 1} + \frac{b}{b^2 + 1} + \frac{c}{c^2 + 1} = \frac{2}{(a+b)(b+c)(c+a)}$$

证明　关键是将每个分母中的 1 换成 $ab + bc + ca$. 为什么这么做呢? 这是因为分母可以分解因式了

$$a^2 + (ab + bc + ca) = a^2 + ab + bc + ca = a(a+b) + c(a+b) = (a+b)(a+c)$$

将变量轮换后,可得到类似的式子. 于是

$$\begin{aligned}
\frac{a}{a^2 + 1} + \frac{b}{b^2 + 1} + \frac{c}{c^2 + 1} &= \frac{a}{(a+b)(a+c)} + \frac{b}{(b+a)(b+c)} + \frac{c}{(c+a)(c+b)} \\
&= \frac{a(b+c) + b(c+a) + c(a+b)}{(c+a)(c+b)(a+b)} \\
&= \frac{2}{(a+b)(b+c)(c+a)}
\end{aligned}$$

最后一个等式是又一次利用已知条件得到的.

例 2.18　如果设 a, b, c, d 是实数,且 $a^2 + b^2 + c^2 + d^2 \leqslant 1$,求

$$(a+b)^4 + (a+c)^4 + (a+d)^4 + (b+c)^4 + (b+d)^4 + (c+d)^4$$

的最大值.

解　该题很具有挑战性. 我们尝试在表达式中加一些额外的项,变为 a, b, c, d 的偶次多项式,即只包含 a^2, b^2, c^2, d^2 的多项式. 关键在于

$$\begin{aligned}
(a+b)^4 + (a-b)^4 &= a^4 + 4a^3b + 6a^2b^2 + 4ab^3 + b^4 + a^4 - 4a^3b + 6a^2b^2 - 4ab^3 + b^4 \\
&= 2(a^4 + b^4 + 6a^2b^2)
\end{aligned}$$

是 a, b 的偶次多项式. 由于原多项式的对称性,所以

$$\begin{aligned}
&(a+b)^4 + (a+c)^4 + (a+d)^4 + (b+c)^4 + (b+d)^4 + (c+d)^4 + (a-b)^4 + \\
&(a-c)^4 + (a-d)^4 + (b-c)^4 + (b-d)^4 + (c-d)^4 \\
&= 6(a^4 + b^4 + c^4 + d^4) + 12(a^2b^2 + b^2c^2 + c^2d^2 + d^2a^2 + a^2c^2 + b^2d^2)
\end{aligned}$$

我们看出上面的最后一个表达式相当于

$$(x + y + z + t)^2 = x^2 + y^2 + z^2 + t^2 + 2(xy + yz + zt + tx + xz + yt)$$

于是它等于 $6(a^2 + b^2 + c^2 + d^2)^2 \leqslant 6$. 所以

$$(a+b)^4 + (a+c)^4 + (a+d)^4 + (b+c)^4 + (b+d)^4 + (c+d)^4 \leqslant 6$$

当 $a = b = c = d$,且 $a^2 + b^2 + c^2 + d^2 = 1$ 时,即当 $a = b = c = d = \pm\dfrac{1}{2}$ 时,等号成立,所以答案是 6.

第 3 章　分解含有 $a-b, b-c, c-a$ 的表达式

三个数 $a-b, b-c$ 和 $c-a$ 的基本性质是它们之和是 0
$$(a-b)+(b-c)+(c-a)=a-b+b-c+c-a=0$$
反之亦然:如果 x, y, z 三数之和为 0,那么我们能够找到实数 a, b, c 使得 $x=a-b, y=b-c, z=c-a$. 实际上,我们可取 $a=0, b=-x, c=z$. 注意实数 a, b, c 并不唯一,因为我们可以把同一个数加到这三个数中的每一个上,所得到的三数组满足像 (a, b, c) 同样的关系. 我们经常会遇到形如
$$(a-b)P(a, b, c)+(b-c)Q(a, b, c)+(c-a)R(a, b, c)$$
的多项式,其中 P, Q, R 是多项式(甚至是有理式),把 $c-a$ 表示为 $-[(a-b)+(b-c)]$ 进行因式分解是很有效的方法,然后按 $a-b$ 和 $b-c$ 将一些项拆开. 通过下面一些例子读者可以相信,这确实是一种用途很广的工具.

例 3.1　分解因式:$a^2(b-c)+b^2(c-a)+c^2(a-b)$,并求
$$a^2 b+b^2 c+c^2 a=ab^2+bc^2+ca^2$$
成立的充要条件.

解　把 $c-a$ 换成 $-[(a-b)+(b-c)]$,得到
$$a^2(b-c)+b^2(c-a)+c^2(a-b)$$
$$=a^2(b-c)-b^2(a-b)-b^2(b-c)+c^2(a-b)$$
$$=(a^2-b^2)(b-c)-(b^2-c^2)(a-b)$$

现在变得容易了,因为出现了能很容易分解因式的式子 a^2-b^2 和 b^2-c^2,所以
$$a^2(b-c)+b^2(c-a)+c^2(a-b)$$
$$=(a-b)(b-c)(a+b)-(b-c)(a-b)(b+c)$$
$$=(a-b)(b-c)(a+b-b-c)$$
$$=(a-b)(b-c)(a-c)$$
即
$$a^2(b-c)+b^2(c-a)+c^2(a-b)=-(a-b)(b-c)(c-a)$$
特别地,当且仅当 a, b, c 中有两个相等时,有
$$a^2 b+b^2 c+c^2 a=ab^2+bc^2+ca^2$$

例 3.2　分解因式：$a^4(b-c) + b^4(c-a) + c^4(a-b)$，并求使

$$a^4(b-c) + b^4(c-a) + c^4(a-b) = 0$$

成立的所有实数 a, b, c.

解　把 $a-b$ 换成 $a-c-(b-c)$，得到

$$a^4(b-c) + b^4(c-a) + c^4(a-b)$$

$$= (b-c)(a^4 - c^4) + (c-a)(b^4 - c^4)$$

$$= (b-c)(a-c)(a^3 + a^2c + ac^2 + c^3) + (b-c)(c-a)(b^3 + b^2c + bc^2 + c^3)$$

$$= (b-c)(c-a)(b^3 + b^2c + bc^2 + c^3 - a^3 - a^2c - ac^2 - c^3)$$

注意到当 $a=b$ 时，$b^3 + b^2c + bc^2 + c^3 - a^3 - a^2c - ac^2 - c^3 = 0$，所以 $a-b$ 必整除它，有

$$b^3 + b^2c + bc^2 + c^3 - a^3 - a^2c - ac^2 - c^3$$

$$= b^3 - a^3 + (b^2 - a^2)c + (b-a)c^2$$

$$= (b-a)[b^2 + ab + a^2 + (b+a)c + c^2]$$

$$= (b-a)(a^2 + b^2 + c^2 + ab + bc + ca)$$

于是

$$a^4(b-c) + b^4(c-a) + c^4(a-b)$$

$$= -(a-b)(b-c)(c-a)(a^2 + b^2 + c^2 + ab + bc + ca)$$

为了回答第二个问题，我们利用已经建立的结论，并把条件写成

$$(a-b)(b-c)(c-a)(a^2 + b^2 + c^2 + ab + bc + ca) = 0 \tag{1}$$

当且仅当 a, b, c 中有两个相等，或 $a^2 + b^2 + c^2 + ab + bc + ca = 0$ 时，式（1）成立.

将 $a^2 + b^2 + c^2 + ab + bc + ca = 0$ 的两边乘以 2，得到

$$(a+b)^2 + (b+c)^2 + (c+a)^2 = 0$$

只能 $a+b = b+c = c+a = 0$，由此得 $a = b = c = 0$.

所以当且仅当 a, b, c 中有两个相等时，有

$$a^4(b-c) + b^4(c-a) + c^4(a-b) = 0$$

例 3.3　分解因式

$$(a-b)(a^2 + b^2 - c^2)c^2 + (b-c)(b^2 + c^2 - a^2)a^2 + (c-a)(c^2 + a^2 - b^2)b^2$$

解　设 $s = a^2 + b^2 + c^2$，于是原式等于

$$(a-b)(s - 2c^2)c^2 + (b-c)(s - 2a^2)a^2 + (c-a)(s - 2b^2)b^2$$

$$= s[a^2(b-c) + b^2(c-a) + c^2(a-b)] - 2[a^4(b-c) + b^4(c-a) + c^4(a-b)]$$

利用上面的两个结论，得

$$(a-b)(a^2 + b^2 - c^2)c^2 + (b-c)(b^2 + c^2 - a^2)a^2 + (c-a)(c^2 + a^2 - b^2)b^2$$

$$= -(a-b)(b-c)(c-a)(a^2 + b^2 + c^2) + 2(a-b)(b-c)(c-a) \cdot$$

$$(a^2 + b^2 + c^2 + ab + bc + ca)$$

$$= (a-b)(b-c)(c-a)(a^2+b^2+c^2+2ab+2bc+2ca)$$
$$= (a-b)(b-c)(c-a)(a+b+c)^2$$

评注 对于没有想到设 $s=a^2+b^2+c^2$,以及没有把问题归结为上面的两个结论的读者来说,我们给出另一种直接处理这个问题的方法. 先把 $c-a$ 换成 $-(a-b)-(b-c)$,于是,原式变为

$$(a-b)[(a^2+b^2-c^2)c^2-(c^2+a^2-b^2)b^2]+(b-c)[(b^2+c^2-a^2)a^2-(c^2+a^2-b^2)b^2] \quad (1)$$

下面分别处理式(1)中方括号内的多项式,有

$$(a^2+b^2-c^2)c^2-(c^2+a^2-b^2)b^2$$
$$= a^2c^2+b^2c^2-c^4-b^2c^2-a^2b^2+b^4$$
$$= a^2c^2-c^4-a^2b^2+b^4$$
$$= a^2(c^2-b^2)-(c^2-b^2)(c^2+b^2)$$
$$= (c^2-b^2)(a^2-b^2-c^2)$$

类似地,得到

$$(b^2+c^2-a^2)a^2-(c^2+a^2-b^2)b^2=(a^2-b^2)(c^2-a^2-b^2)$$

于是

$$(a-b)(a^2+b^2-c^2)c^2+(b-c)(b^2+c^2-a^2)a^2+(c-a)(c^2+a^2-b^2)b^2$$
$$= (a-b)(c^2-b^2)(a^2-b^2-c^2)+(b-c)(a^2-b^2)(c^2-a^2-b^2)$$
$$= (a-b)(b-c)[-(b+c)(a^2-b^2-c^2)+(a+b)(c^2-a^2-b^2)]$$

现在处理式(1)方括号中的项

$$-(b+c)(a^2-b^2-c^2)+(a+b)(c^2-a^2-b^2)$$
$$= (b+c)(a^2+b^2+c^2-2a^2)-(a+b)(a^2+b^2+c^2-2c^2)$$
$$= (a^2+b^2+c^2)(c-a)-2a^2(b+c)+2c^2(a+b)$$

最后

$$2c^2(a+b)-2a^2(b+c)$$
$$= 2c^2a+2c^2b-2a^2b-2a^2c$$
$$= 2ac(c-a)+2b(c-a)(c+a)$$
$$= 2(c-a)(ab+bc+ca) \quad (2)$$

把式(2)代入前面的表达式中,得到

$$(a-b)(a^2+b^2-c^2)c^2+(b-c)(b^2+c^2-a^2)a^2+(c-a)(c^2+a^2-b^2)b^2$$
$$= (a-b)(b-c)(c-a)(a^2+b^2+c^2+2ab+2bc+2ca)$$
$$= (a-b)(b-c)(c-a)(a+b+c)^2$$

例 3.4 证明:对于一切实数 a,b,c,有 $(a+b)(b+c)(c+a) \neq 0$,则

$$\frac{a-b}{a+b}+\frac{b-c}{b+c}+\frac{c-a}{c+a}=-\frac{a-b}{a+b} \cdot \frac{b-c}{b+c} \cdot \frac{c-a}{c+a}$$

证明　把 $c-a$ 换成 $-[(a-b)+(b-c)]$，得到

$$\frac{a-b}{a+b}+\frac{b-c}{b+c}+\frac{c-a}{c+a}=(a-b)(\frac{1}{a+b}-\frac{1}{c+a})+(b-c)(\frac{1}{b+c}-\frac{1}{c+a})$$

$$=(a-b)\frac{c-b}{(a+b)(a+c)}+(b-c)\frac{a-b}{(b+c)(c+a)}$$

$$=\frac{(a-b)(b-c)}{a+c}(\frac{1}{b+c}-\frac{1}{a+b})$$

$$=\frac{(a-b)(b-c)}{a+c}\cdot\frac{a-c}{(a+b)(b+c)}$$

$$=-\frac{a-b}{a+b}\cdot\frac{b-c}{b+c}\cdot\frac{c-a}{c+a}$$

例 3.5　证明：对所有两两不等的实数 a,b,c，有

$$\frac{a+b}{a-b}\cdot\frac{a+c}{a-c}+\frac{b+c}{b-c}\cdot\frac{b+a}{b-a}+\frac{c+a}{c-a}\cdot\frac{c+b}{c-b}=1 \tag{1}$$

证明　证该题的最直接的方法是将上题中的恒等式除以右边（实际上当 $(a+b)(b+c)\cdot(c+a)\neq0$ 时可以这样处理，但是如果 $a+b=0$，那么证明就相当容易了）.现在不用上面的结论来证明，将式(1)变形为

$$\frac{a+b}{a-b}\cdot\frac{a+c}{a-c}+\frac{b+c}{b-c}\cdot\frac{b+a}{b-a}+\frac{c+a}{c-a}\cdot\frac{c+b}{c-b}$$

$$=-\frac{(a+b)(a+c)(b-c)+(b+c)(b+a)(c-a)+(c+a)(c+b)(a-b)}{(a-b)(b-c)(c-a)}$$

接着，设 $s=ab+bc+ca$，再处理分子

$$(a+b)(a+c)(b-c)+(b+a)(b+c)(c-a)+(c+a)(c+b)(a-b)$$

$$=(a^2+s)(b-c)+(b^2+s)(c-a)+(c^2+s)(a-b)$$

$$=s(b-c+c-a+a-b)+a^2(b-c)+b^2(c-a)+c^2(a-b)$$

$$=-(a-b)(b-c)(c-a)$$

最后一步是例 3.1 的结果.于是

$$\frac{a+b}{a-b}\cdot\frac{a+c}{a-c}+\frac{b+c}{b-c}\cdot\frac{b+a}{b-a}+\frac{c+a}{c-a}\cdot\frac{c+b}{c-b}$$

$$=\frac{(a-b)(b-c)(c-a)}{(a-b)(b-c)(c-a)}=1$$

例 3.6　证明：对所有两两不等的实数 a,b,c，有

$$\frac{bc}{(a-b)(a-c)}+\frac{ca}{(b-c)(b-a)}+\frac{ab}{(c-a)(c-b)}=1$$

证明　原式的左边等于

$$-\frac{bc(b-c)+ca(c-a)+ab(a-b)}{(a-b)(b-c)(c-a)}$$

但是

$$bc(b-c)+ca(c-a)+ab(a-b)=b^2c-bc^2+c^2a-ca^2+a^2b-ab^2$$
$$=a^2(b-c)+b^2(c-a)+c^2(a-b)$$
$$=-(a-b)(b-c)(c-a)$$

最后一步是例 3.1 的结果. 于是

$$\frac{bc}{(a-b)(a-c)}+\frac{ca}{(b-c)(b-a)}+\frac{ab}{(c-a)(c-b)}$$
$$=\frac{(a-b)(b-c)(c-a)}{(a-b)(b-c)(c-a)}=1$$

例 3.7 证明：对所有两两不等的实数 a,b,c，有

$$\frac{a^2}{(b-c)^2}+\frac{b^2}{(c-a)^2}+\frac{c^2}{(a-b)^2}\geqslant 2$$

证明 利用上面例子的结论，有

$$\frac{a^2}{(b-c)^2}+\frac{b^2}{(c-a)^2}+\frac{c^2}{(a-b)}$$
$$=\left(\frac{a}{b-c}+\frac{b}{c-a}+\frac{c}{a-b}\right)^2+2\left[\frac{bc}{(a-b)(a-c)}+\frac{ca}{(b-c)(b-a)}+\frac{ab}{(c-a)(c-b)}\right]$$
$$=\left(\frac{a}{b-c}+\frac{b}{c-a}+\frac{c}{a-b}\right)^2+2\geqslant 2$$

这就是要证明的.

例 3.8 证明：对所有两两不等的实数 a,b,c，有

$$\frac{a-b}{1+ab}+\frac{b-c}{1+bc}+\frac{c-a}{1+ca}\neq 0$$

证明 把 $c-a$ 换成 $-[(a-b)+(b-c)]$，左边得到一个很好的因式

$$\frac{a-b}{1+ab}+\frac{b-c}{1+bc}+\frac{c-a}{1+ca}=(a-b)\left(\frac{1}{1+ab}-\frac{1}{1+ca}\right)+(b-c)\left(\frac{1}{1+bc}-\frac{1}{1+ca}\right)$$
$$=(a-b)\frac{a(c-b)}{(1+ab)(1+ca)}+(b-c)\frac{c(a-b)}{(1+bc)(1+ca)}$$
$$=\frac{(a-b)(b-c)}{(1+ab)(1+bc)(1+ca)}[c(1+ab)-a(1+bc)]$$
$$=\frac{(a-b)(b-c)(c-a)}{(1+ab)(1+bc)(1+ca)}$$

因为已知 $(a-b)(b-c)(c-a)\neq 0$，所以结果很清楚了.

例 3.9 证明：对所有两两不等的实数 a,b,c，有

$$(a-b)^5+(b-c)^5+(c-a)^5$$
$$=5(a-b)(b-c)(c-a)(a^2+b^2+c^2-ab-bc-ca)$$

证法 1　设

$$x = a-b, y = b-c, z = c-a$$

则 $x+y+z=0$,且

$$a^2 + b^2 + c^2 - ab - bc - ca = \frac{(a-b)^2 + (b-c)^2 + (c-a)^2}{2}$$

$$= \frac{x^2 + y^2 + z^2}{2}$$

于是只需证明

$$x^5 + y^5 + z^5 = \frac{5}{2} xyz(x^2 + y^2 + z^2)$$

把 z 换成 $-x-y$,然后展开

$$\begin{aligned}
x^5 + y^5 + z^5 &= x^5 + y^5 - (x+y)^5 \\
&= (x+y)\left[x^4 - x^3 y + x^2 y^2 - xy^3 + y^4 - (x+y)^4\right] \\
&= (x+y)\left(-x^3 y + x^2 y^2 - xy^3 - 4x^3 y - 6x^2 y^2 - 4xy^3\right) \\
&= -5(x+y)\left(x^3 y + xy^3 + x^2 y^2\right) \\
&= 5zxy\left(x^2 + y^2 + xy\right)
\end{aligned}$$

另一方面

$$\begin{aligned}
\frac{5}{2} xyz(x^2 + y^2 + z^2) &= \frac{5}{2} xyz\left[x^2 + y^2 + (x+y)^2\right] \\
&= 5xyz\left(x^2 + xy + y^2\right)
\end{aligned}$$

比较这两个式子,就得到所求的结果.

证法 2　利用对称性:设 $S = xy + yz + zx, P = xyz$,则

$$(t-x)(t-y)(t-z) = t^3 + St - P$$

对所有实数 t 成立,特别是因为 x, y, z 是方程 $t^3 + St - P = 0$ 的所有根,所以也是方程 $t^5 + St^3 - Pt^2 = 0$ 的根. 把这两个方程联立起来就得到 x, y, z 是方程 $t^5 + S(P - St) - Pt^2 = 0$ 的根. 将这三个关系式相加,得到

$$x^5 + y^5 + z^5 + S\left[3P - S(x+y+z)\right] - P(x^2 + y^2 + z^2) = 0$$

因为 $x+y+z=0$,所以

$$x^5 + y^5 + z^5 + 3SP - P(x^2 + y^2 + z^2) = 0$$

或

$$x^5 + y^5 + z^5 + 3SP = P(x^2 + y^2 + z^2)$$

由此,只要证明

$$x^2 + y^2 + z^2 - 3(xy + yz + zx) = \frac{5}{2}(x^2 + y^2 + z^2)$$

这等价于

$$x^2 + y^2 + z^2 + 2(xy + yz + zx) = 0$$

这就是关系式 $(x + y + z)^2 = 0$.

例 3.10 设正实数 a, b, c 满足 $\dfrac{a(b-c)}{b+c} + \dfrac{b(c-a)}{c+a} + \dfrac{c(a-b)}{a+b} = 0$.

证明:$(a - b)(b - c)(c - a) = 0$.

证明 把 $c - a$ 换成 $c - b + b - a$,则原式可改写为

$$\left(\frac{a}{b+c} - \frac{b}{c+a}\right)(b-c) + \left(\frac{c}{a+b} - \frac{b}{c+a}\right)(a-b) = 0$$

接着,观察到

$$\frac{a}{b+c} - \frac{b}{c+a} = \frac{ac + a^2 - b^2 - bc}{(b+c)(c+a)} = \frac{(a-b)(a+b+c)}{(b+c)(c+a)}$$

对 $\dfrac{c}{a+b} - \dfrac{b}{c+a}$ 同样处理,得到等价的关系式

$$(a+b+c) \cdot \frac{(a-b)(b-c)}{(b+c)(c+a)} + (a+b+c) \cdot \frac{(a-b)(b-c)}{(a+b)(a+c)} = 0$$

假定 $(a-b)(b-c)(c-a) \neq 0$,两边除以 $(a+b+c)(a-b)(a-c)$(因为 a, b, c 都是正数,所以 $a + b + c \neq 0$),得到

$$\frac{1}{(b+c)(c+a)} = \frac{1}{(a+b)(a+c)}$$

容易看出,它等价于 $a = c$,这就是结果.

例 3.11 证明:对所有两两不等的实数 a, b, c,有

$$a^2 \frac{(a+b)(a+c)}{(a-b)(a-c)} + b^2 \frac{(b+c)(b+a)}{(b-c)(b-a)} + c^2 \frac{(c+a)(c+b)}{(c-a)(c-b)} = (a+b+c)^2$$

证明 左边等于

$$-\frac{a^2(a+b)(a+c)(b-c) + b^2(b+c)(b+a)(c-a) + c^2(c+a)(c+b)(a-b)}{(a-b)(b-c)(c-a)}$$

另一方面,设 $s = ab + bc + ca$,得

$$a^2(a+b)(a+c)(b-c) + b^2(b+c)(b+a)(c-a) + c^2(c+a)(c+b)(a-b)$$
$$= a^2(a^2 + s)(b-c) + b^2(b^2 + s)(c-a) + c^2(c^2 + s)(a-b)$$
$$= a^4(b-c) + b^4(c-a) + c^4(a-b) + s[a^2(b-c) + b^2(c-a) + c^2(a-b)]$$

结合例 3.1 和例 3.2 就容易得到结果了.

例 3.12 证明:对一切正实数 a, b, c,有

$$\frac{a^2(b+c)}{b^2 + c^2} + \frac{b^2(c+a)}{c^2 + a^2} + \frac{c^2(a+b)}{a^2 + b^2} \geq a + b + c$$

证明 本题相当难. 不等式左右两边的差是

$$\frac{a^2(b+c)}{b^2+c^2}-a+\frac{b^2(c+a)}{c^2+a^2}-b+\frac{c^2(a+b)}{a^2+b^2}-c$$

$$=a\cdot\frac{ab+ac-b^2-c^2}{b^2+c^2}+b\cdot\frac{bc+ab-c^2-a^2}{c^2+a^2}+c\cdot\frac{ca+bc-a^2-b^2}{a^2+b^2}$$

$$=\frac{ab(a-b)+ac(a-c)}{b^2+c^2}+\frac{bc(b-c)+ab(b-a)}{c^2+a^2}+\frac{ca(c-a)+bc(c-b)}{a^2+b^2}$$

$$=ab(a-b)\left(\frac{1}{b^2+c^2}-\frac{1}{c^2+a^2}\right)+bc(b-c)\left(\frac{1}{c^2+a^2}-\frac{1}{a^2+b^2}\right)+ca(c-a)\left(\frac{1}{a^2+b^2}-\frac{1}{b^2+c^2}\right)$$

只要证明上面的和式中的每一项都非负即可

$$ab(a-b)\left(\frac{1}{b^2+c^2}-\frac{1}{c^2+a^2}\right)=\frac{ab(a-b)(a^2-b^2)}{(b^2+c^2)(c^2+a^2)}=\frac{ab(a-b)^2(a+b)}{(b^2+c^2)(c^2+a^2)}\geqslant0$$

对其余两项也是同样的情况,结论得证.

第 4 章 $a^3 + b^3 + c^3 - 3abc$ 的因式分解

恒等式

$$a^3 + b^3 + c^3 - 3abc = (a + b + c)(a^2 + b^2 + c^2 - ab - bc - ca)$$

是一个十分有用的恒等式.

证明 非常简单:只要将恒等式的右边展开,然后化简即可. 如果写成以下等式

$$a^2 + b^2 + c^2 - ab - bc - ca = \frac{(a-b)^2 + (b-c)^2 + (c-a)^2}{2}$$

那么可见它对一切实数 a, b, c 都是非负的,当且仅当 $a = b = c$ 时,它等于 0,于是当且仅当 $a = b = c$ 或 $a + b + c = 0$ 时,有

$$a^3 + b^3 + c^3 = 3abc$$

下面我们来看应用代数恒等式的一些例子.

例 4.1 证明:对于所有实数 a, b, c 都有

$$(a-b)^3 + (b-c)^3 + (c-a)^3 = 3(a-b)(b-c)(c-a)$$

证明 显然这里真正起作用的不是 a, b, c,而是 $a-b, b-c, c-a$ 这三个数,于是设 $x = a - b, y = b - c, z = c - a$,只要证明

$$x^3 + y^3 + z^3 = 3xyz$$

利用恒等式

$$x^3 + y^3 + z^3 - 3xyz = (x + y + z)(x^2 + y^2 + z^2 - xy - yz - zx)$$

因为 $x + y + z = a - b + b - c + c - a = 0$,所以问题解决.

例 4.2 设 a, b, c 是实数,且 $(a-b)^2 + (b-c)^2 + (c-a)^2 = 6$,证明

$$a^3 + b^3 + c^3 = 3(a + b + c + abc)$$

证明 将需要证明的等式改写为

$$a^3 + b^3 + c^3 - 3abc = 3(a + b + c)$$

左边分解因式为

$$(a + b + c)(a^2 + b^2 + c^2 - ab - bc - ca)$$

$$= (a + b + c)\frac{(a-b)^2 + (b-c)^2 + (c-a)^2}{2}$$

$$= 3(a + b + c)$$

最后一步是由已知条件得到的.

例 4.3　设 a,b,c 是实数,且 $a+b+c=1$,证明

$$a^3 + b^3 + c^3 - 1 = 3(abc - ab - bc - ca)$$

证明　将原式改写为：$a^3 + b^3 + c^3 - 3abc = 1 - 3(ab + bc + ca)$.

左边因式分解为

$$(a+b+c)(a^2 + b^2 + c^2 - ab - bc - ca)$$
$$= a^2 + b^2 + c^2 - ab - bc - ca$$

这是因为 $a+b+c=1$,于是只要证明

$$a^2 + b^2 + c^2 - ab - bc - ca = 1 - 3(ab + bc + ca)$$

即 $a^2 + b^2 + c^2 + 2ab + 2bc + 2ca = 1$,容易看出,这就是 $(a+b+c)^2 = 1$.

例 4.4　设 a,b,c 是实数,且 $(-\dfrac{a}{2} + \dfrac{b}{3} + \dfrac{c}{6})^3 + (\dfrac{a}{3} + \dfrac{b}{6} - \dfrac{c}{2})^3 + (\dfrac{a}{6} - \dfrac{b}{2} + \dfrac{c}{3})^3 = \dfrac{1}{8}$,证明：$(a - 3b + 2c)(2a + b - 3c)(-3a + 2b + c) = 9$.

证明　已知条件和结论都很复杂,所以先将已知条件改写得简单些,通分后得到等价的等式

$$(\dfrac{-3a + 2b + c}{6})^3 + (\dfrac{2a + b - 3c}{6})^3 + (\dfrac{a - 3b + 2c}{6})^3 = \dfrac{1}{8}$$

或

$$(-3a + 2b + c)^3 + (2a + b - 3c)^3 + (a - 3b + 2c)^3 = 27$$

我们观察,发现上式中各项都只与变量

$$x = -3a + 2b + c, y = 2a + b - 3c, z = a - 3b + 2c$$

有关,所以已知条件可改写为

$$x^3 + y^3 + z^3 = 27$$

于是所求的结论就是 $xyz = 9$. 如果 x,y,z 取任意实数,使 $x^3 + y^3 + z^3 = 27$,$xyz = 9$ 未必成立,所以 x,y,z 还可能要满足进一步的关系. 这个关系式是相当显然的,将前面的关系式相加,得到

$$x + y + z = -3a + 2b + c + 2a + b - 3c + a - 3b + 2c = 0$$

将已知条件和已证明的结论与恒等式

$$x^3 + y^3 + z^3 - 3xyz = (x+y+z)(x^2 + y^2 + z^2 - xy - yz - zx) = 0$$

相结合,就得到 $3xyz = 27$,于是 $xyz = 9$.

例 4.5　求使 $\sqrt[3]{a-b} + \sqrt[3]{b-c} + \sqrt[3]{c-a} = 0$ 成立的一切实数 a,b,c.

解　设 $x = \sqrt[3]{a-b}, y = \sqrt[3]{b-c}, z = \sqrt[3]{c-a}$,则由已知条件,得 $x+y+z=0$. 所以

$$x^3 + y^3 + z^3 - 3xyz = a - b + b - c + c - a = 0$$

于是由恒等式

$$x^3 + y^3 + z^3 - 3xyz = (x + y + z)(x^2 + y^2 + z^2 - xy - yz - zx)$$

得 $3xyz = 0$. 不失一般性，设 $x = 0$，则 $a = b$，所要求的关系式显然都满足. 答案是使 $a = b$，或 $b = c$，或 $c = a$ 成立的所有三数组 (a, b, c).

例 4.6 证明：如果 $a + b + c + d = 0$，那么

$$a^3 + b^3 + c^3 + d^3 = 3(abc + bcd + cda + dab)$$

证明 由已知条件，可得

$$a^3 + b^3 + c^3 - 3abc$$

$$= (a + b + c)(a^2 + b^2 + c^2 - ab - bc - ca)$$

$$= -d(a^2 + b^2 + c^2) + dab + dbc + dca$$

将 a, b, c, d 轮换后，再写三个类似的等式，相加后得

$$3(a^3 + b^3 + c^3 + d^3) - 3(abc + bcd + cda + dab)$$

$$= 3(abc + bcd + cda + dab) - a(b^2 + c^2 + d^2) - b(a^2 + c^2 + d^2) - c(a^2 + b^2 + d^2) -$$

$$d(a^2 + b^2 + c^2)$$

另一方面，有

$$a(b^2 + c^2 + d^2) + b(a^2 + c^2 + d^2) + c(a^2 + b^2 + d^2) + d(a^2 + b^2 + c^2)$$

$$= a^2(b + c + d) + b^2(c + d + a) + c^2(a + b + d) + d^2(a + b + c)$$

$$= -a^3 - b^3 - c^3 - d^3$$

这里第一个等式由重排各项得到，第二个等式由已知 $a + b + c + d = 0$ 得到，于是

$$3(a^3 + b^3 + c^3 + d^3) - 3(abc + bcd + cda + dab)$$

$$= 3(abc + bcd + cda + dab) + (a^3 + b^3 + c^3 + d^3)$$

化简后就得到所求的结果.

例 4.7 设 a, b, c 是不全相等的非零实数，且

$$\frac{1}{a} + \frac{1}{b} + \frac{1}{c} = 1, a^3 + b^3 + c^3 = 3(a^2 + b^2 + c^2)$$

证明：$a + b + c = 3$.

证明 因为第一个关系可写成

$$3abc = 3(ab + bc + ca)$$

所以

$$a^3 + b^3 + c^3 - 3abc = 3(a^2 + b^2 + c^2 - ab - bc - ca)$$

注意到

$$a^2 + b^2 + c^2 - ab - bc - ca = \frac{(a - b)^2 + (b - c)^2 + (c - a)^2}{2} \neq 0$$

就得到结果了.

第 5 章 AM-GM(算术平均—几何平均不等式)和 Hölder 不等式

历史最悠久,但也可能是最重要的 AM-GM 不等式是

$$a + b \geqslant 2\sqrt{ab}$$

这里 a, b 是非负实数. 该不等式等价于 $(\sqrt{a} - \sqrt{b})^2 \geqslant 0$, 因此显然成立. 同样也可看到, 当且仅当 $a = b$ 时, 等号成立. 这一不等式也可写成 $\dfrac{a^2 + b^2}{2} \geqslant ab$, 其优点是对任意实数 a, b 成立(因为它等价于 $(a - b)^2 \geqslant 0$).

现在取四个非负实数 a, b, c, d, 两次用上述不等式, 得到

$$a + b + c + d$$
$$\geqslant 2\sqrt{ab} + 2\sqrt{cd}$$
$$= 2(\sqrt{ab} + \sqrt{cd})$$
$$\geqslant 4\sqrt{\sqrt{ab} \cdot \sqrt{cd}}$$
$$= 4\sqrt[4]{abcd}$$

能否用类似的方法处理三个数呢? 虽然不太行, 但是我们将提供两种方法对三个变量证明类似的不等式. 不用上述方法, 设 a, b, c 是三个非负实数, 恒等式

$$a + b + c - \sqrt[3]{abc} = (\sqrt[3]{a} + \sqrt[3]{b} + \sqrt[3]{c})\frac{(\sqrt[3]{a} - \sqrt[3]{b})^2 + (\sqrt[3]{b} - \sqrt[3]{c})^2 + (\sqrt[3]{c} - \sqrt[3]{a})^2}{2}$$

是对经典的恒等式

$$x^3 + y^3 + z^3 - 3xyz = (x + y + z)\frac{(x - y)^2 + (y - z)^2 + (z - x)^2}{2}$$

实施变换 $x = \sqrt[3]{a}, y = \sqrt[3]{b}, z = \sqrt[3]{c}$ 得到的. 上述关系式显然表明

$$a + b + c \geqslant \sqrt[3]{abc}$$

现在转向第二种方法(这个神奇的想法来自 Cauchy):用已经证过的不等式

$$a + b + c + d \geqslant 4\sqrt[4]{abcd}$$

并取 $d = \dfrac{a+b+c}{3}$，得

$$\frac{4}{3}(a+b+c) \geq 4\sqrt[4]{abc \cdot \frac{a+b+c}{3}}$$

两边除以 4，再四次方，最后除以 $a+b+c$，得

$$(a+b+c)^3 \geq 27abc$$

这等价于

$$a+b+c \geq 3\sqrt[3]{abc}$$

我们模仿这一结论，推广到一般情况，证明这个是非常重要的.

定理 5.1 （AM-GM 不等式）对所有非负实数 $x_1, x_2, \cdots, x_n$，有

$$\frac{x_1 + x_2 + \cdots + x_n}{n} \geq \sqrt[n]{x_1 x_2 \cdots x_n}$$

即若干个非负实数的几何平均数不超过算术平均数.

证明 首先设 $x_1, x_2, \cdots, x_{2^k}$ 为非负实数，$k \geq 1$. 对 k 用数学归纳法证明

$$x_1 + x_2 + \cdots + x_{2^k} \geq 2^k \cdot \sqrt[2^k]{x_1 x_2 \cdots x_{2^k}}$$

当 $k=1$ 时，已经证明了. 现在要从 k 到 $k+1$，只要用两次归纳假定

$$x_1 + x_2 + \cdots + x_{2^k} + \cdots + x_{2^{k+1}}$$

$$\geq 2^k \cdot \sqrt[2^k]{x_1 x_2 \cdots x_{2^k}} + 2^k \cdot \sqrt[2^k]{x_{2^k+1} x_{2^k+2} \cdots x_{2^{k+1}}}$$

$$\geq 2^{k+1} \cdot \sqrt[2^{k+1}]{x_1 x_2 \cdots x_{2^{k+1}}}$$

最后一个不等式是将 $k=1$ 时的情况应用于 $\sqrt[2^k]{x_1 x_2 \cdots x_{2^k}}$ 和 $\sqrt[2^k]{x_{2^k+1} x_{2^k+2} \cdots x_{2^{k+1}}}$.

这是一个归纳步骤.

现在设 n 是任意正整数，$x_1, x_2, \cdots, x_n$ 是非负实数，取

$$x_{n+1} = x_{n+2} = \cdots = x_{2^k} = \frac{x_1 + x_2 + \cdots + x_n}{n}$$

由已经证明的不等式，得

$$x_1 + x_2 + \cdots + x_n + (2^k - n)\frac{x_1 + x_2 + \cdots + x_n}{n} \geq 2^k \sqrt[2^k]{x_1 x_2 \cdots x_n \left(\frac{x_1 + x_2 + \cdots + x_n}{n}\right)^{2^k - n}}$$

两边同时除以 $2^k \cdot \dfrac{x_1 + x_2 + \cdots + x_n}{n}$ 后，再将不等式 2^k 次方，这一相当复杂的表达式就变得很简单了

$$1 \geq x_1 x_2 \cdots x_n \cdot \left(\frac{x_1 + x_2 + \cdots + x_n}{n}\right)^{-n}$$

或等价于

$$x_1 + x_2 + \cdots + x_n \geq n\sqrt[n]{x_1 x_2 \cdots x_n}$$

这恰是定理的内容.

还可以证明当且仅当 $x_1 = x_2 = \cdots = x_n$ 时,上式等号成立. 作为较容易的练习留给读者(当然为了证明等号成立的情况还是要回到刚才的证明!).

下面关于 AM-GM 不等式的推论相当重要.

定理 5.2　算术平均 – 几何平均 – 调和平均不等式(AM-GM-HM 不等式)对所有的正实数 $a_1, a_2, \cdots, a_n$,有

$$\frac{a_1 + a_2 + \cdots + a_n}{n} \geqslant \sqrt[n]{a_1 a_2 \cdots a_n} \geqslant \frac{n}{\dfrac{1}{a_1} + \dfrac{1}{a_2} + \cdots + \dfrac{1}{a_n}}$$

证明　左边的不等式就是已经证明了的 AM-GM 不等式,右边的不等式可改写为

$$\frac{1}{a_1} + \frac{1}{a_2} + \cdots + \frac{1}{a_n} \geqslant n \sqrt[n]{\frac{1}{a_1} \cdot \frac{1}{a_2} \cdot \cdots \cdot \frac{1}{a_n}}$$

这也是 AM – GM 不等式的结论,证明完毕.

下面再列举另一个十分有用的不等式来结束理论部分.

定理 5.3　(Hölder 不等式)设 $a_{11}, \cdots, a_{1n}, a_{21}, \cdots, a_{kn}$ 是非负实数,则

$$(a_{11} + a_{12} + \cdots + a_{1n})(a_{21} + a_{22} + \cdots + a_{2n}) \cdots (a_{k1} + a_{k2} + \cdots + a_{kn})$$

$$\geqslant \left(\sqrt[k]{a_{11} a_{21} \cdots a_{k1}} + \cdots + \sqrt[k]{a_{1n} a_{2n} \cdots a_{kn}} \right)^k$$

证明　设

$$S_1 = a_{11} + a_{12} + \cdots + a_{1n}, \cdots, S_k = a_{k1} + a_{k2} + \cdots + a_{kn}$$

取 k 次方根,得到等价的不等式

$$\sqrt[k]{a_{11} a_{21} \cdots a_{k1}} + \cdots + \sqrt[k]{a_{1n} a_{2n} \cdots a_{kn}} \leqslant \sqrt[k]{S_1 S_2 \cdots S_k}$$

两边同时除以 $\sqrt[k]{S_1 S_2 \cdots S_k}$,不等式变为

$$\sqrt[k]{\frac{a_{11} a_{21} \cdots a_{k1}}{S_1 S_2 \cdots S_k}} + \cdots + \sqrt[k]{\frac{a_{1n} a_{2n} \cdots a_{kn}}{S_1 S_2 \cdots S_k}} \leqslant 1$$

由 AM – GM 不等式得到以下不等式

$$\sqrt[k]{\frac{a_{11} a_{21} \cdots a_{k1}}{S_1 S_2 \cdots S_k}} \leqslant \frac{1}{k} \left(\frac{a_{11}}{S_1} + \cdots + \frac{a_{k1}}{S_k} \right), \cdots, \sqrt[k]{\frac{a_{1n} a_{2n} \cdots a_{kn}}{S_1 S_2 \cdots S_k}} \leqslant \frac{1}{k} \left(\frac{a_{1n}}{S_1} + \cdots + \frac{a_{kn}}{S_k} \right)$$

将这 n 个不等式相加就得到所求的结果.

下面我们来看看这些不等式在实践中所起到的作用.

例 5.1　证明:对所有实数 $a \geqslant 0, b \geqslant 0, c \geqslant 0$,有:

$(1)(a+b)(b+c)(c+a) \geqslant 8abc$;

$(2)(a+b)(b+c)(c+a) \geqslant \dfrac{8}{9}(a+b+c)(ab+bc+ca)$;

(3)哪个不等式更强一些?

证明 （1）将以下不等式相乘就很容易得到结果

$$a + b \geqslant 2\sqrt{ab}, b + c \geqslant 2\sqrt{bc}, c + a \geqslant 2\sqrt{ca}$$

（2）设 $S = a + b + c$,则

$$(a + b)(b + c)(c + a) = (S - a)(S - b)(S - c)$$
$$= S^3 - S^2(a + b + c) + S(ab + bc + ca) - abc$$
$$= S(ab + bc + ca) - abc$$

该不等式等价于

$$S(ab + bc + ca) \geqslant 9abc, 或 (a + b + c)\left(\frac{1}{a} + \frac{1}{b} + \frac{1}{c}\right) \geqslant 9$$

但最后一个不等式只是 AM – HM 不等式的另一种形式. 注意,也可以将各项展开可得到等价的不等式

$$a(b - c)^2 + b(c - a)^2 + c(a - b)^2 \geqslant 0$$

这显然成立.

（3）在（2）中证明了 $(a + b + c)\left(\frac{1}{a} + \frac{1}{b} + \frac{1}{c}\right) \geqslant 9$,所以

$$\frac{8}{9}(a + b + c)(ab + bc + ca) \geqslant 8abc$$

于是（2）中的不等式强于（1）中的不等式.

例 5.2 证明:对于所有的 $x > 0, y > 0$,有 $\dfrac{x}{x^4 + y^2} + \dfrac{y}{y^4 + x^2} \leqslant \dfrac{1}{xy}$.

证明 利用 AM-GM 不等式,得到

$$\frac{x}{x^4 + y^2} \leqslant \frac{x}{2x^2 y} = \frac{1}{2xy}$$

同理,得 $\dfrac{y}{y^4 + x^2} \leqslant \dfrac{1}{2xy}$,相加后就得到所需的结果.

例 5.3 设 a 与 b 是正实数,证明

$$\left(\frac{a}{b} + \frac{b}{a}\right)^3 \geqslant 3\left(\frac{a}{b} + \frac{b}{a}\right) + 2$$

证明 看来本题中只有 $x = \dfrac{a}{b} + \dfrac{b}{a}$ 起作用. 由 AM-GM 不等式得 $x \geqslant 2$. 因此只要证明当 $x \geqslant 2$ 时, $x^3 \geqslant 3x + 2$ 即可. 分解因式

$$x^3 - 3x - 2 = x^3 - 4x + x - 2$$
$$= x(x^2 - 4) + x - 2$$
$$= (x - 2)[x(x + 2) + 1]$$
$$= (x - 2)(x + 1)^2 \geqslant 0$$

证毕.

例 5.4　设 a,b,c 是实数,证明

$$\frac{a^2-b^2}{2a^2+1}+\frac{b^2-c^2}{2b^2+1}+\frac{c^2-a^2}{2c^2+1}\leqslant 0$$

证明　显然可换元,设 $x=a^2,y=b^2,z=c^2$,但是实际上设 $x=2a^2+1,y=2b^2+1,z=2c^2+1$ 更好一些. 于是

$$a^2-b^2=\frac{x-y}{2}$$

另两项也是如此. 这样不等式可以写成

$$\frac{x-y}{x}+\frac{y-z}{y}+\frac{z-x}{z}\leqslant 0$$

或

$$\frac{y}{x}+\frac{z}{y}+\frac{x}{z}\geqslant 3$$

显然,利用 AM – GM 不等式可证明这一不等式.

例 5.5　设 a,b,c 是正实数,证明

$$\frac{a^3}{(a+b)^2}+\frac{b^3}{(b+c)^2}+\frac{c^3}{(c+a)^2}\geqslant\frac{a+b+c}{4}$$

证明　用 Hölder 不等式可以得到

$$\left[(a+b)+(b+c)+(c+a)\right]^2\left[\frac{a^3}{(a+b)^2}+\frac{b^3}{(b+c)^2}+\frac{c^3}{(c+a)^2}\right]$$

$$\geqslant\left[\sqrt[3]{(a+b)^2\cdot\frac{a^3}{(a+b)^2}}+\sqrt[3]{(b+c)^2\cdot\frac{b^3}{(b+c)^2}}+\sqrt[3]{(c+a)^2\cdot\frac{c^3}{(c+a)^2}}\right]^3$$

$$=(a+b+c)^3$$

两边除以 $4(a+b+c)^2$ 就得到所需的结果.

例 5.6　设 p,q 是正实数,且 $\frac{1}{p}+\frac{1}{q}=1$,证明

$$\frac{1}{(p-1)(q-1)}-\frac{1}{(p+1)(q+1)}\geqslant\frac{8}{9}$$

证明　换元 $x=\frac{1}{p},y=\frac{1}{q}$,则已知条件就变为 $x+y=1$,且 $x>0,y>0$,只要证明

$$\frac{xy}{(1-x)(1-y)}-\frac{xy}{(1+x)(1+y)}\geqslant\frac{8}{9}$$

因为 $1-x=y,1-y=x$,所以左边的第一项等于 1,于是该不等式等价于

$$\frac{xy}{(1+x)(1+y)}\leqslant\frac{1}{9}$$

这可写成 $1 + x + y + xy \geqslant 9xy$，或 $xy \leqslant \dfrac{1}{4}$.

这可用 AM – GM 不等式以及已知 $x + y = 1$ 推得.

例5.7 如果实数 $a, b, c \in (0, 4)$，证明

$$\frac{1}{a} + \frac{1}{4-b}, \frac{1}{b} + \frac{1}{4-c}, \frac{1}{c} + \frac{1}{4-a}$$

中至少有一个数大于或等于 1.

证明 这类问题通常用反证法比较好. 假定命题不成立，则

$$\frac{1}{a} + \frac{1}{4-b} < 1, \frac{1}{b} + \frac{1}{4-c} < 1, \frac{1}{c} + \frac{1}{4-a} < 1$$

相加后重新排列，得

$$\frac{1}{a} + \frac{1}{4-a} + \frac{1}{b} + \frac{1}{4-b} + \frac{1}{c} + \frac{1}{4-c} < 3$$

另一方面，由 AM – HM 不等式，当所有 $x \in (0, 4)$ 时，有

$$\frac{1}{x} + \frac{1}{4-x} \geqslant \frac{4}{x + 4 - x} = 1$$

将 x 分别换成 a, b, c，然后相加得到与假定矛盾的式子. 结论得证.

例5.8 设 $a > 0, b > 0$，且 $|a - 2b| \leqslant \dfrac{1}{\sqrt{a}}$，$|b - 2a| \leqslant \dfrac{1}{\sqrt{b}}$，证明

$$a + b \leqslant 2$$

证明 将两个已知的关系式分别乘以 $\sqrt{a}$ 和 $\sqrt{b}$，然后平方，得

$$a(a - 2b)^2 \leqslant 1, b(b - 2a)^2 \leqslant 1$$

相加后得

$$a^3 - 4a^2b + 4ab^2 + 4a^2b - 4ab^2 + b^3 \leqslant 2$$

即 $a^3 + b^3 \leqslant 2$. 用这个关系和 Hölder 不等式得到

$$8 \geqslant 4(a^3 + b^3) = (1^3 + 1^3)(1^3 + 1^3)(a^3 + b^3) \geqslant (a + b)^3$$

于是 $a + b \leqslant 2$，这就是所需要证明的.

例5.9 设 a, b, c 是正实数，且 $\dfrac{1}{a} + \dfrac{1}{b} + \dfrac{1}{c} = 1$，证明

$$\frac{1}{(a-1)(b-1)(c-1)} + \frac{8}{(a+1)(b+1)(c+1)} \leqslant \frac{1}{4}$$

证明 设 $x = \dfrac{1}{a}, y = \dfrac{1}{b}, z = \dfrac{1}{c}$，则已知条件变为 $x + y + z = 1$，且结论变为

$$\frac{xyz}{(1-x)(1-y)(1-z)} + \frac{8xyz}{(1+x)(1+y)(1+z)} \leqslant \frac{1}{4}$$

$$(1-x)(1-y)(1-z) = (x+y)(y+z)(z+x) \geqslant 8xyz$$

这个不等式成立是由例 5.1 得到. 于是只要证明

$$\frac{8xyz}{(1+x)(1+y)(1+z)} \leqslant \frac{1}{8}$$

这可以从下面的式子得到

$$
\begin{aligned}
(1+x)(1+y)(1+z) &= (2x+y+z)(2y+z+x)(2z+x+y) \\
&= [(x+y)+(x+z)][(y+x)+(y+z)][(z+y)+(z+x)] \\
&\geqslant 8(x+y)(y+z)(z+x) \\
&\geqslant 64xyz
\end{aligned}
$$

这里又一次对 $a=x+y, b=y+z$ 和 $c=z+x$, 然后对 $a=x, b=y$ 和 $c=z$ 运用例 5.1.

例 5.10 设 a,b,c 是大于或等于 1 的实数, 证明

$$\frac{a^3}{b^2-b+\frac{1}{3}} + \frac{b^3}{c^2-c+\frac{1}{3}} + \frac{c^3}{a^2-a+\frac{1}{3}} \geqslant 9$$

证明 将原不等式改写为

$$\frac{a^3}{3b^2-3b+1} + \frac{b^3}{3c^2-3c+1} + \frac{c^3}{3a^2-3a+1} \geqslant 3 \tag{1}$$

可以看出式(1)中有些项是以下展开式中的

$$(x-1)^3 = x^3 - 3x^2 + 3x - 1 = x^3 - (3x^2-3x+1)$$

因此可以将不等式改写为

$$\frac{a^3}{b^3-(b-1)^3} + \frac{b^3}{c^3-(c-1)^3} + \frac{c^3}{a^3-(a-1)^3} \geqslant 3$$

由于 $a \geqslant 1, b \geqslant 1, c \geqslant 1$, 所以 $a^3-(a-1)^3 \leqslant a^3$, 把 a 换成 b,c 也得到类似的不等式, 于是只要证明不等式

$$\frac{a^3}{b^3} + \frac{b^3}{c^3} + \frac{c^3}{a^3} \geqslant 3$$

这可直接从 AM - GM 不等式得到.

例 5.11 设 a,b,c 是正实数, 证明

$$\frac{a^2}{b^3} + \frac{b^2}{c^3} + \frac{c^2}{a^3} \geqslant \frac{1}{a} + \frac{1}{b} + \frac{1}{c}$$

证明 该题需要用到 Hölder 不等式的一些技巧

$$\left(\frac{a^2}{b^3} + \frac{b^2}{c^3} + \frac{c^2}{a^3}\right)\left(\frac{1}{a}+\frac{1}{b}+\frac{1}{c}\right)\left(\frac{1}{a}+\frac{1}{b}+\frac{1}{c}\right) \geqslant \left(\frac{1}{b}+\frac{1}{c}+\frac{1}{a}\right)^3$$

两边除以 $\left(\frac{1}{b}+\frac{1}{c}+\frac{1}{a}\right)^2$ 就得到结果.

例 5.12 证明：对所有 $a>0, b>0, c>0, d>0$，有

$$\frac{a+c}{a+b}+\frac{b+d}{b+c}+\frac{a+c}{c+d}+\frac{b+d}{a+d} \geqslant 4$$

证明 将第一项和第三项配对，第二项和第四项配对，得到

$$\frac{a+c}{a+b}+\frac{a+c}{c+d}+\frac{b+d}{b+c}+\frac{b+d}{a+d}$$

$$=(a+c)\left(\frac{1}{a+b}+\frac{1}{c+d}\right)+(b+d)\left(\frac{1}{b+c}+\frac{1}{a+d}\right)$$

利用 AM – HM 不等式，得到

$$\frac{1}{a+b}+\frac{1}{c+d} \geqslant \frac{4}{a+b+c+d}, \frac{1}{b+c}+\frac{1}{a+d} \geqslant \frac{4}{a+b+c+d}$$

于是

$$\frac{a+c}{a+b}+\frac{b+d}{b+c}+\frac{a+c}{c+d}+\frac{b+d}{a+d} \geqslant \frac{4(a+c)}{a+b+c+d}+\frac{4(b+d)}{a+b+c+d}=4$$

证毕.

例 5.13 设 x, y, z 是实数，且 $xy+yz+zx \geqslant \dfrac{1}{\sqrt{x^2+y^2+z^2}}$，证明

$$x+y+z \geqslant \sqrt{3}$$

证明 本题需要较高的技巧. 将已知条件平方后，交叉相乘，简写成

$$(xy+yz+zx)^2(x^2+y^2+z^2) \geqslant 1$$

另一方面，由 AM – GM 不等式得

$$(xy+yz+zx)^2(x^2+y^2+z^2) \leqslant \left[\frac{2(xy+yz+zx)+x^2+y^2+z^2}{3}\right]^3$$

$$=\left[\frac{(x+y+z)^2}{3}\right]^3$$

结合这两个不等式，得 $\dfrac{(x+y+z)^2}{3} \geqslant 1$，于是 $x+y+z \geqslant \sqrt{3}$.

例 5.14 设 a, b, c 是正实数，且 $a+b+c=1$. 证明

$$\left(1+\frac{1}{a}\right)\left(1+\frac{1}{b}\right)\left(1+\frac{1}{c}\right) \geqslant 64$$

证法 1 最简洁的方法是根据 Hölder 不等式

$$\left(1+\frac{1}{a}\right)\left(1+\frac{1}{b}\right)\left(1+\frac{1}{c}\right) \geqslant \left(1+\sqrt[3]{\frac{1}{abc}}\right)^3$$

于是只要证明最后一项至少是 64. 但是要用到 $abc \leqslant \dfrac{1}{27}$，这是由 AM – GM 不等式和已知 $a+b+c=1$ 推得的.

证法 2　将不等式的左边展开,得

$$\left(1 + \frac{1}{a}\right)\left(1 + \frac{1}{b}\right)\left(1 + \frac{1}{c}\right) = 1 + \frac{1}{a} + \frac{1}{b} + \frac{1}{c} + \frac{1}{ab} + \frac{1}{ac} + \frac{1}{bc} + \frac{1}{abc}$$

$$= 1 + \frac{1}{a} + \frac{1}{b} + \frac{1}{c} + \frac{a+b+c}{abc} + \frac{1}{abc}$$

$$= 1 + \frac{1}{a} + \frac{1}{b} + \frac{1}{c} + \frac{2}{abc}$$

最后一步是由 $a + b + c = 1$ 得到的. 下面将分别确定 $\frac{1}{abc}$ 和 $\frac{1}{a} + \frac{1}{b} + \frac{1}{c}$ 的下界. 先确定 $\frac{1}{abc}$ 的下界,由此确定 abc 的上界. 由 $a + b + c$ 和 AM－GM 不等式容易推得

$$1 = a + b + c \geqslant 3\sqrt[3]{abc}$$

所以 $abc \leqslant \frac{1}{27}, \frac{2}{abc} \geqslant 54$. 于是只要证明

$$\frac{1}{a} + \frac{1}{b} + \frac{1}{c} \geqslant 9$$

就可推得原不等式. 这是 AM－HM 不等式的结论

$$\frac{1}{a} + \frac{1}{b} + \frac{1}{c} \geqslant \frac{3^2}{a+b+c} = 9$$

或 AM－GM 不等式的结论

$$\frac{1}{a} + \frac{1}{b} + \frac{1}{c} \geqslant 3\sqrt[3]{\frac{1}{abc}}$$

再结合 $abc \leqslant \frac{1}{27}$,这已经证明过了.

例 5.15　对所有正实数 a, b, c,证明

$$\left(1 + \frac{a}{b}\right)\left(1 + \frac{b}{c}\right)\left(1 + \frac{c}{a}\right) \geqslant 2\left(1 + \frac{a+b+c}{\sqrt[3]{abc}}\right)$$

证明　展开后得到等价的齐次不等式

$$\frac{a}{b} + \frac{b}{c} + \frac{c}{a} + \frac{b}{a} + \frac{c}{b} + \frac{a}{c} \geqslant 2\frac{a+b+c}{\sqrt[3]{abc}}$$

所以可以假定 $abc = 1$. 我们将证明

$$\frac{a}{b} + \frac{b}{c} + \frac{c}{a} \geqslant a + b + c \text{ 和 } \frac{b}{a} + \frac{c}{b} + \frac{a}{c} \geqslant a + b + c$$

就可以推出结论了. 由于 a, b, c 的次序可以交换,所以只要证明第一个不等式. 由 AM－GM 不等式和已知 $abc = 1$,所以

$$\frac{2a}{b} + \frac{b}{c} = \frac{a}{b} + \frac{a}{b} + \frac{b}{c} \geqslant 3\sqrt[3]{\frac{a^2}{bc}} = 3a$$

同理可得

$$\frac{2b}{c} + \frac{c}{a} \geqslant 3b, \frac{2c}{a} + \frac{a}{b} \geqslant 3c$$

将这三个式子相加,就得到所求的结果.

例 5.16 设 a, b, c 是非负实数,且 $a + b + c = 3$. 证明

$$abc(a^2 + b^2 + c^2) \leqslant 3 \tag{1}$$

证明 将不等式

$$(ab + bc + ca)^2 \geqslant 3abc(a + b + c)$$

和

$$(ab - bc)^2 + (bc - ca)^2 + (ca - ab)^2 \geqslant 0$$

展开后便知它们等价,所以不等式(1)成立,再结合已知条件,便得

$$abc \leqslant \frac{(ab + bc + ca)^2}{9}$$

于是只要证明更强的不等式

$$(ab + bc + ca)^2(a^2 + b^2 + c^2) \leqslant 27$$

即可. 但这可以由 AM – GM 不等式

$$(ab + bc + ca)^2(a^2 + b^2 + c^2) \leqslant \left[\frac{(a^2 + b^2 + c^2) + 2(ab + bc + ca)}{3}\right]^3 = 27$$

推得. 最后一个等式是由已知条件和恒等式

$$a^2 + b^2 + c^2 + 2(ab + bc + ca) = (a + b + c)^2$$

得到.

例 5.17   证明:对所有 $a \geqslant 0, b \geqslant 0, c \geqslant 0$,有

$$(a^2 + ab + b^2)(b^2 + bc + c^2)(c^2 + ca + a^2) \geqslant (ab + bc + ca)^3$$

证明   这是 Hölder 不等式

$$(a^2 + ab + b^2)(b^2 + bc + c^2)(a^2 + ca + c^2) \geqslant (ab + bc + ca)^3$$

的直接结果. 如果你找到以下技巧,那么这里还有另一种解法

$$a^2 + ab + b^2 = (a + b)^2 - ab \geqslant (a + b)^2 - \frac{(a + b)^2}{4} = \frac{3(a + b)^2}{4}$$

因此只要证明更强的不等式

$$\frac{27}{64}(a + b)^2(b + c)^2(c + a)^2 \geqslant (ab + bc + ca)^3$$

就可以了. 利用例 5.1 中的不等式

$$(a + b)(b + c)(c + a) \geqslant \frac{8}{9}(a + b + c)(ab + bc + ca)$$

只要证明

$$(a+b+c)^2 \geq 3(ab+bc+ca)$$

展开后等价于

$$(a-b)^2 + (b-c)^2 + (c-a)^2 \geq 0$$

证毕.

例 5.18   证明:对所有正实数 a,b,c,以下不等式成立

$$(a^5 - a^2 + 3)(b^5 - b^2 + 3)(c^5 - c^2 + 3) \geq (a+b+c)^3$$

证明   本题需要相当的技巧. 从以下形式的 Hölder 不等式

$$(a^3 + 1^3 + 1^3)(b^3 + 1^3 + 1^3)(c^3 + 1^3 + 1^3) \geq (a+b+c)^3$$

出发,于是只要证明

$$(a^5 - a^2 + 3)(b^5 - b^2 + 3)(c^5 - c^2 + 3) \geq (a^3 + 2)(b^3 + 2)(c^3 + 2)$$

其优点是各个变量分开,所以只要证明对所有 $x > 0$,有

$$x^5 - x^2 + 3 \geq x^3 + 2$$

该式可写成

$$x^5 - x^3 - x^2 + 1 \geq 0 \text{ 或} (x^2 - 1)(x^3 - 1) \geq 0$$

或者

$$(x-1)^2 (x+1)(x^2 + x + 1) \geq 0$$

这显然成立.

第6章 拉格朗日恒等式和 Cauchy-Schwarz 不等式

我们从最简单的情况开始:将$(a^2 + b^2)(c^2 + d^2)$改写为两个整数的平方和. 为此,展开

$$(a^2 + b^2)(c^2 + d^2) = (ac)^2 + (ad)^2 + (bc)^2 + (bd)^2$$

接着加减$2abcd$,再配方得

$$(a^2 + b^2)(c^2 + d^2) = (ac)^2 + 2abcd + (bd)^2 + (ad)^2 - 2abcd + (bc)^2$$
$$= (ac + bd)^2 + (ad - bc)^2$$

得到特殊情况

$$(a^2 + b^2)(c^2 + d^2) = (ac + bd)^2 + (ad - bc)^2$$

其一般情况是十分有用的结果:

定理6.1 (拉格朗日恒等式)对所有实数$x_1, x_2, \cdots, x_n$和$y_1, y_2, \cdots, y_n$,有

$$(x_1^2 + x_2^2 + \cdots + x_n^2)(y_1^2 + y_2^2 + \cdots + y_n^2)$$
$$= (x_1 y_1 + x_2 y_2 + \cdots + x_n y_n)^2 + \sum_{1 \leqslant i \leqslant j \leqslant n} (x_i y_j - x_j y_i)^2$$

证明 用公式

$$\left(\sum_{i=1}^{n} x_i\right)\left(\sum_{j=1}^{m} y_j\right) = \sum_{i=1}^{n} \sum_{j=1}^{m} x_i y_j$$

我们可把左边写成

$$(x_1^2 + x_2^2 + \cdots + x_n^2)(y_1^2 + y_2^2 + \cdots + y_n^2) = \sum_{i=1}^{n} \sum_{j=1}^{n} (x_i y_j)^2$$

根据$i > j, i < j$或$i = j$,将上面的和式中各项分开,于是

$$\sum_{i=1}^{n} \sum_{j=1}^{n} (x_i y_j)^2 = \sum_{i=1}^{n} (x_i y_i)^2 + \sum_{1 \leqslant i \leqslant j \leqslant n} \left[(x_i y_j)^2 + (x_j y_i)^2 \right]$$

对下标$i < j$项的和式中每一个括号加减$2x_i x_j y_i y_j$后配方,得

$$\sum_{1 \leqslant i \leqslant j \leqslant n} \left[(x_i y_j)^2 + (x_j y_i)^2 \right] = \sum_{1 \leqslant i \leqslant j \leqslant n} (x_i y_j - x_j y_i)^2 + 2 \sum_{1 \leqslant i \leqslant j \leqslant n} x_i y_i x_j y_j$$

再与前面的关系式结合,得

$$(x_1^2 + x_2^2 + \cdots + x_n^2)(y_1^2 + y_2^2 + \cdots + y_n^2)$$

$$= \sum_{i=1}^n (x_i y_i)^2 + 2 \sum_{1 \leqslant i \leqslant j \leqslant n} x_i y_i x_j y_j + \sum_{1 \leqslant i \leqslant j \leqslant n} (x_i y_j - x_j y_i)^2$$

取 $z_i = x_i y_i$, 利用恒等式

$$\sum_{i=1}^n z_i^2 + 2 \sum_{1 \leqslant i \leqslant n} z_i z_j = \left(\sum_{i=1}^n z_i \right)^2$$

就得到结果.

恒等式的直接推论是以下极其有用的不等式:

定理 6.2 （Cauchy-Schwarz 不等式）对所有实数 $x_1, x_2, \cdots, x_n$ 和 $y_1, y_2, \cdots, y_n$, 有

$$(x_1^2 + x_2^2 + \cdots + x_n^2)(y_1^2 + y_2^2 + \cdots + y_n^2) \geqslant (x_1 y_1 + x_2 y_2 + \cdots + x_n y_n)^2$$

当且仅当所有的 i, 使 $x_i = 0$ 或对所有的 $i = 1, 2, \cdots, n$, 存在 t, 使 $y_i = t x_i$ 时, 等号成立.

证明 第一部分是拉格朗日恒等式的直接结果, 因为它表示左右两边之差是平方和, 再根据拉格朗日恒等式, 当且仅当对所有的 $i < j$ 或等价地 $i > j$, 有 $x_i y_j = x_j y_i$ 时, 等号成立（这是由于对称性, 对 $i > j$ 依然成立, 对 $i = j$ 显然成立）. 我们要证明的是当且仅当对所有的 $i, x_i = 0$ 或对所有的 i, 我们能够找到 t, 使 $y_i = t x_i$ 时等号成立. 很清楚, 言外之意是我们要证明其逆定理. 所以假定对于所有的 i, j, 有 $x_i y_j = x_j y_i$. 我们希望把已知条件改写为 $\dfrac{y_i}{x_i} = \dfrac{y_j}{x_j}$, 这将使结论变得很显然了. 但是, 还可能发生这样的情况: 某些 x_i 等于 0. 现在讨论两种情况. 首先, 所有的 x_i 都是零, 那么已经证毕. 否则, 取某个 i_0, 有 $x_{i_0} \neq 0$, 此时设 $t = \dfrac{y_{i_0}}{x_{i_0}}$. 于是

$$t x_i = \frac{y_{i_0} x_i}{x_{i_0}} = \frac{y_i x_{i_0}}{x_{i_0}} = y_i$$

对所有的 i 成立, 证毕.

现在根据二次方程的理论, 给出 Cauchy-Schwarz 不等式的另一个证明: 引进新的变量 t, 并考虑

$$f(t) = (t x_1 - y_1)^2 + \cdots + (t x_n - y_n)^2$$

现在开始考虑所有的 x_i 都等于 0 的情况, 因为这种情况结论显然成立, $f(t)$ 是 t 的二次多项式, 因为展开后, 重新排列各项, 所以

$$f(t) = t^2 x_1^2 - 2 t x_1 y_1 + y_1^2 + \cdots + t^2 x_n^2 - 2 t x_n y_n + y_n^2$$

$$= t^2 (x_1^2 + \cdots + x_n^2) - 2t(x_1 y_1 + \cdots + x_n y_n) + y_1^2 + \cdots + y_n^2$$

因为 $f(t)$ 是平方和, 所以 $f(t)$ 对于所有 t 的值都是非负的, 于是判别式 Δ 必须非正, 而上面 $f(t)$ 的表达式中的

$$\Delta = 4 \left[(x_1 y_1 + \cdots + x_n y_n)^2 - (x_1^2 + \cdots + x_n^2)(y_1^2 + \cdots + y_n^2) \right]$$

所以不等式成立. 为了证明相等的情况, 如果等号成立, 那么 $\Delta = 0$, 于是方程 $f(t) = 0$ 恰有一个实数解 t. 可是该方程可写成 $(tx_1 - y_1)^2 + \cdots + (tx_n - y_n)^2 = 0$, 所以对所有的 i, 有 $tx_i = y_i$.

当 $y_1 = y_2 = \cdots = y_n = 1$ 时, 得到 Cauchy-Schwarz 不等式的一个十分重要的特殊情况, 即不等式

$$x_1^2 + \cdots + x_n^2 \geq \frac{(x_1 + x_2 + \cdots + x_n)^2}{n}$$

当确定平方和的下界时, 可以看出这一不等式是极为重要的. 当 $n = 2$ 时, 有

$$a^2 + b^2 \geq \frac{(a + b)^2}{2}$$

它本身就是一个十分重要的不等式 (等价于基本不等式 $(a - b)^2 \geq 0$). 注意, 前面的不等式也可写成

$$\sqrt{\frac{x_1^2 + x_2^2 + \cdots + x_n^2}{n}} \geq \frac{x_1 + x_2 + \cdots + x_n}{n}$$

这就是说, 若干个实数的平方平均永远大于或等于这些数的算术平均！

定理 6.3 （AM − GM − HM 不等式）对所有的正实数 $x_1, x_2, \cdots, x_n$, 有

$$\sqrt{\frac{x_1^2 + x_2^2 + \cdots + x_n^2}{n}} \geq \frac{x_1 + x_2 + \cdots + x_n}{n} \geq \frac{n}{\dfrac{1}{x_1} + \dfrac{1}{x_2} + \cdots + \dfrac{1}{x_n}}$$

特别地, 当所有的 $x_1 > 0, x_2 > 0, \cdots, x_n > 0$ 时, 有

$$\frac{1}{x_1} + \frac{1}{x_2} + \cdots + \frac{1}{x_n} \geq \frac{n^2}{x_1 + x_2 + \cdots + x_n}$$

证明 定理的第二部分右边的不等式的简单变形. 左边的不等式在前面定理的讨论中已经证明了, 右边的不等式在算术平均 − 几何平均不等式和 Hölder 不等式这一章中已经证明了, 但我们还能给出一个用 Cauchy-Schwarz 不等式的证明, 证明如下

$$(x_1 + x_2 + \cdots + x_n)\left(\frac{1}{x_1} + \frac{1}{x_2} + \cdots + \frac{1}{x_n}\right)$$

$$= \left[(\sqrt{x_1})^2 + (\sqrt{x_2})^2 + \cdots + (\sqrt{x_n})^2\left(\sqrt{\frac{1}{x_1}}\right)^2 + \left(\sqrt{\frac{1}{x_2}}\right)^2 + \cdots + \left(\sqrt{\frac{1}{x_n}}\right)^2\right]$$

$$\geq (1 + 1 + \cdots + 1)^2 = n^2$$

我们也可以将上面的定理的第二部分一般化, 而且这是 Cauchy-Schwarz 不等式的又一个直接推论的内容. 这个推论是一大批奥林匹克问题的关键因素！

定理 6.4 对所有 $a_1, a_2, \cdots, a_n \in \mathbf{R}$ 和所有 $b_1 > 0, b_2 > 0, \cdots, b_n > 0$, 有

$$\frac{a_1^2}{b_1} + \frac{a_2^2}{b_2} + \cdots + \frac{a_n^2}{b_n} \geq \frac{(a_1 + a_2 + \cdots + a_n)^2}{b_1 + b_2 + \cdots + b_n}$$

证明 由 Cauchy-Schwarz 不等式,得到

$$\left(\frac{a_1^2}{b_1} + \frac{a_2^2}{b_2} + \cdots + \frac{a_n^2}{b_n}\right)(b_1 + b_2 + \cdots + b_n)$$

$$\geqslant \left(\sqrt{b_1 \cdot \frac{a_1^2}{b_1} + b_2 \cdot \frac{a_2^2}{b_2} + \cdots + b_n \cdot \frac{a_n^2}{b_n}}\right)^2$$

$$= (|a_1| + |a_2| + \cdots + |a_n|)^2$$

$$\geqslant |a_1 + a_2 + \cdots + a_n|^2$$

$$= (a_1 + a_2 + \cdots + a_n)^2$$

这里也用到对所有实数 $a_1, a_2, \cdots, a_n$ 成立的三角形不等式

$$|a_1 + a_2 + \cdots + a_n| \leqslant |a_1| + |a_2| + \cdots + |a_n|$$

两边除以 $b_1 + b_2 + \cdots + b_n$,就得到所需的结果.

为了能使用上面的推论,我们强调分母 b_i 都是正数,而 a_i 可以是任何实数. 最后以能由 Cauchy-Schwarz 不等式容易推出的另一个基本不等式结束本章的理论部分.

定理 6.5 (闵可夫斯基(Minkowski)不等式)对所有实数 $x_1, x_2, \cdots, x_n$ 和 $y_1, y_2, \cdots, y_n$,有

$$\sqrt{x_1^2 + y_1^2} + \sqrt{x_2^2 + y_2^2} + \cdots + \sqrt{x_n^2 + y_n^2}$$

$$\geqslant \sqrt{(x_1 + x_2 + \cdots + x_n)^2 + (y_1 + y_2 + \cdots + y_n)^2}$$

证明 利用恒等式

$$(z_1 + z_2 + \cdots + z_n)^2 = z_1^2 + z_2^2 + \cdots + z_n^2 + 2\sum_{i<j} z_i z_j$$

再将所要求证的不等式平方,得到等价的不等式

$$\sum_{i=1}^n (x_i^2 + y_i^2) + 2\sum_{i<j} \sqrt{(x_i^2 + y_i^2)(x_j^2 + y_j^2)}$$

$$\geqslant \sum_{i=1}^n (x_i^2 + y_i^2) + 2\sum_{i<j} (x_i x_j + y_i y_j)$$

这很容易简化为

$$\sum_{i<j} \sqrt{(x_i^2 + y_i^2)(x_j^2 + y_j^2)} \geqslant \sum_{i<j} (x_i x_j + y_i y_j)$$

这可以由 Cauchy-Schwarz 不等式推得,因为对于所有的 $i<j$,有

$$(x_i x_j + y_i y_j)^2 \leqslant (x_i^2 + y_i^2)(x_j^2 + y_j^2)$$

所以

$$\sqrt{(x_i^2 + y_i^2)(x_j^2 + y_j^2)} \geqslant x_i x_j + y_i y_j$$

现在我们举例说明这些不等式在实际生活中起的作用.

例 6.1 求证：对所有的实数 a,b，有
$$a^4 + b^4 \geqslant ab(a^2 + b^2)$$

证明 因为 $x^2 + y^2 \geqslant \dfrac{(x+y)^2}{2}, \dfrac{x^2 + y^2}{2} \geqslant xy$，所以
$$a^4 + b^4 \geqslant \frac{(a^2 + b^2)^2}{2} = \frac{a^2 + b^2}{2}(a^2 + b^2) \geqslant ab(a^2 + b^2)$$

这就是要证明的.

例 6.2 求证：对所有的 $a > 0, b > 0, c > 0$，有
$$\frac{(a+b)^2}{c} + \frac{c^2}{a} \geqslant 4b$$

证明 由 Cauchy-Schwarz 不等式的定理 6.4，可以确定左边的下界是 $\dfrac{(a+b+c)^2}{c+a}$，因此只要证明
$$\frac{(a+b+c)^2}{c+a} \geqslant 4b$$

于是 $(a+b+c)^2 \geqslant 4b(a+c)$，然后得到 $(a+c-b)^2 \geqslant 0$.

注意，我们也可两次利用 AM – GM 不等式证明所要证明的不等式
$$a + b = a + 3 \cdot \frac{b}{3} \geqslant 4a^{\frac{1}{4}}\left(\frac{b}{3}\right)^{\frac{3}{4}}$$

以及
$$\frac{(a+b)^2}{c} + \frac{c^2}{a} \geqslant 2 \cdot \frac{8a^{\frac{1}{2}}b^{\frac{3}{2}}}{3^{\frac{3}{2}}c} + \frac{c^2}{a} \geqslant 3 \cdot \left(\frac{8a^{\frac{1}{2}}b^{\frac{3}{2}}}{3^{\frac{3}{2}}c}\right)^{\frac{2}{3}}\left(\frac{c^2}{a}\right)^{\frac{1}{3}} = 4b$$

例 6.3 求证：对任意实数 a,b，有
$$4a^4 + 4b^4 \geqslant 2(a^2 + b^2)(a+b)^2$$

证明 由 Cauchy-Schwarz 不等式得 $(a+b)^2 \leqslant 2(a^2 + b^2)$，所以只要证明
$$4(a^4 + b^4) \geqslant 2(a^2 + b^2)^2$$

或等价的
$$(a^2 + b^2)^2 \leqslant 2(a^4 + b^4)$$

这是 Cauchy-Schwarz 不等式的又一个应用.

例 6.4 设 a,b,c,d 是实数，且 $a^2 + b^2 = c^2 + d^2 = 85$，$|ac - bd| = 40$. 求 $|ad + bc|$ 的值.

解 我们有 $(ad + bc)^2 + (ac - bd)^2 = (a^2 + b^2)(c^2 + d^2)$，得
$$
\begin{aligned}
(ad + bc)^2 &= 85^2 - 40^2 \\
&= (85 - 40)(85 + 40) \\
&= 45 \times 125 \\
&= 9 \times 5 \times 5^3
\end{aligned}
$$

$$= (3 \times 5^2)^2$$

于是

$$|ad + bc| = 3 \times 5^2 = 75$$

例 6.5　设 a,b 是正实数,求证

$$(a + b)^3 \leqslant 4(a^3 + b^3)$$

证法 1　有许多方法证明该不等式. 根据以下事实

$$a^3 + b^3 = (a + b)(a^2 - ab + b^2)$$

由 $ab \leqslant \dfrac{a^2 + b^2}{2}$ 和 $a^2 + b^2 \geqslant \dfrac{(a+b)^2}{2}$,得到

$$a^3 + b^3 \geqslant (a + b)\frac{a^2 + b^2}{2} \geqslant (a + b)\frac{(a+b)^2}{4} = \frac{(a+b)^3}{4}$$

证毕.

证法 2　用 Hölder 不等式证明该不等式

$$4(a^3 + b^3) = (1^3 + 1^3)(1^3 + 1^3)(a^3 + b^3) \geqslant (a + b)^3$$

例 6.6　设 a,b 是正实数,求证

$$\frac{a + b}{2} \cdot \sqrt{\frac{a^2 + b^2}{2}} \leqslant a^2 - ab + b^2$$

证明　用上面同样的论证,得到一连串不等式

$$a^2 - ab + b^2 \geqslant \frac{a^2 + b^2}{2} = \sqrt{\frac{a^2 + b^2}{2}} \cdot \sqrt{\frac{a^2 + b^2}{2}} \geqslant \frac{a + b}{2} \cdot \sqrt{\frac{a^2 + b^2}{2}}$$

例 6.7　设 a,b,c 是正实数,且 $a + b + c = 1$,求证

$$\sqrt{9a + 1} + \sqrt{9b + 1} + \sqrt{9c + 1} \leqslant 6$$

证明　由 Cauchy-Schwarz 不等式直接得到

$$(\sqrt{9a + 1} + \sqrt{9b + 1} + \sqrt{9c + 1})^2 \leqslant (1^2 + 1^2 + 1^2)(9a + 1 + 9b + 1 + 9c + 1) \qquad (1)$$

因为 $a + b + c = 1$,所以右边等于 $3 \times 12 = 36$. 将式(1)开平方,就得到所求的结果.

例 6.8　设 x,y 是实数,且都不为零. 求证

$$\frac{x + y}{x^2 - xy + y^2} \leqslant \frac{2\sqrt{2}}{\sqrt{x^2 + y^2}}$$

证明　因为 x,y 都不为零,所以

$$x^2 - xy + y^2 = \left(x - \frac{y}{2}\right)^2 + \frac{3}{4}y^2 > 0$$

如果 $x + y < 0$,那么该不等式已证毕. 假定 $x + y \geqslant 0$,因为 $xy \leqslant \dfrac{x^2 + y^2}{2}$,所以

$$x^2 - xy + y^2 \geqslant \frac{x^2 + y^2}{2}$$

于是

$$\frac{x+y}{x^2-xy+y^2} \leqslant \frac{2(x+y)}{\sqrt{x^2+y^2}}$$

所以只要证明

$$\frac{x+y}{x^2+y^2} \leqslant \frac{\sqrt{2}}{\sqrt{x^2+y^2}}$$

或等价于 $(x+y)^2 \leqslant 2(x^2+y^2)$. 这等价于 $(x-y)^2 \geqslant 0$, 证毕.

例 6.9 设 a,b,c,d,e 是实数, 且 $-2 \leqslant a \leqslant b \leqslant c \leqslant d \leqslant e \leqslant 2$. 求证

$$\frac{1}{b-a} + \frac{1}{c-b} + \frac{1}{d-c} + \frac{1}{e-d} \geqslant 4$$

证明 由 AM – HM 不等式, 得

$$\frac{1}{b-a} + \frac{1}{c-b} + \frac{1}{d-c} + \frac{1}{e-d} \geqslant \frac{4^2}{b-a+c-b+d-c+e-d} = \frac{16}{e-a}$$

于是只要证明 $\frac{16}{e-a} \geqslant 4$ 或等价的 $e-a \leqslant 4$. 这显然成立, 因为已知 $e-a \leqslant 2-(-2) = 4$.

例 6.10 求所有的正实数三数组 (a,b,c), 使

$$2\sqrt{a} + 3\sqrt{b} + 6\sqrt{c} = a+b+c = 49$$

解 由于只有两个方程, 但有三个未知数, 所以似乎有某个不等式隐藏在本题中. 利用 Cauchy-Schwarz 不等式, 可得

$$49^2 = (2\sqrt{a}+3\sqrt{b}+6\sqrt{c})^2 \leqslant (2^2+3^2+6^2)(a+b+c) = 49(a+b+c) = 49^2$$

于是 Cauchy-Schwarz 不等式中的等号必须成立, 这意味着 $(2,3,6)$ 与 $(\sqrt{a},\sqrt{b},\sqrt{c})$ 成比例. 例如 $\sqrt{a} = 2x, \sqrt{b} = 3x$ 和 $\sqrt{c} = 6x$. 原方程组中的第一个方程就变为 $4x+9x+36x = 49$, 于是 $x=1, a=4, b=9, c=36$. 容易检验, 它的确是该问题的一组解, 所以答案是 $(a,b,c) = (4,9,36)$.

注意到如果我们考虑恒等式

$$a+b+c-2(2\sqrt{a}+3\sqrt{b}+6\sqrt{c}) = 49-2\times49 = -49$$

则可以避免使用 Cauchy-Schwarz 不等式.

将左边的变量分开并配方, 得到等价的关系式

$$(\sqrt{a}-2)^2 + (\sqrt{b}-3)^2 + (\sqrt{c}-6)^2 = 0$$

这直接给出 $(a,b,c) = (4,9,36)$.

例 6.11 在边长分别为 a,b,c 的三角形中, 证明

$$\frac{1}{-a+b+c} + \frac{1}{a-b+c} + \frac{1}{a+b-c} \geqslant \frac{1}{a} + \frac{1}{b} + \frac{1}{c}$$

证明　当涉及三角形的边长时,对变量的一个标准的变换为

$$x = b + c - a, y = c + a - b, z = a + b - c$$

解这一关于 a, b, c 的线性方程组,得

$$a = \frac{y + z}{2}, b = \frac{x + z}{2}, c = \frac{x + y}{2}$$

代入原不等式,得到等价的不等式

$$\frac{1}{2x} + \frac{1}{2y} + \frac{1}{2z} \geqslant \frac{1}{x + y} + \frac{1}{x + z} + \frac{1}{z + y}$$

这由 AM – HM 不等式

$$\frac{1}{x} + \frac{1}{y} \geqslant \frac{2^2}{x + y}$$

以及对 x, y, z 排列得到的另两个类似的不等式容易推得. 将这三个不等式相加,得到所求的结果.

例 6.12　证明:对于一切实数 a, b, c,有

$$(1 + a)^2 (1 + b)^2 (1 + c)^2 = (a + b + c - abc)^2 + (ab + bc + ca - 1)^2$$

证明　我们两次利用拉格朗日恒等式

$$(1 + a^2)(1 + b^2) = (a + b)^2 + (1 - ab)^2$$

和

$$\begin{aligned}
(1 + a^2)(1 + b^2)(1 + c^2) &= [(a + b)^2 + (1 - ab)^2](1 + c^2) \\
&= [a + b + c(1 - ab)]^2 + [(a + b)c - (1 - ab)]^2 \\
&= (a + b + c - abc)^2 + (ab + bc + ca - 1)^2
\end{aligned}$$

例 6.13　设 a, b, c, d 是正实数. 证明

$$\frac{a}{a + 2b + c} + \frac{b}{b + 2c + d} + \frac{c}{c + 2d + a} + \frac{d}{d + 2a + b} \geqslant 1$$

证明　使用以定理 6.4 的形式的 Cauchy-Schwarz 不等式,得到

$$\begin{aligned}
\sum \frac{a}{a + 2b + c} &= \sum \frac{a^2}{a^2 + 2ab + ac} \\
&\geqslant \frac{(a + b + c + d)^2}{a^2 + 2ab + ac + b^2 + 2bc + bd + c^2 + 2cd + ca + d^2 + 2da + db}
\end{aligned}$$

此外

$$\begin{aligned}
&a^2 + 2ab + ac + b^2 + 2bc + bd + c^2 + 2cd + ca + d^2 + 2da + db \\
&= \sum a^2 + 2 \sum ab = (a + b + c + d)^2
\end{aligned}$$

于是推出所求的结果.

例 6.14　如果 a, b, c, d 是正实数,且 $a + b + c + d = 8$,证明

$$(a + \frac{1}{a})^2 + (b + \frac{1}{b})^2 + (c + \frac{1}{c})^2 + (d + \frac{1}{d})^2 \geq 25$$

证明 该题有多种解法，但是最简洁的可能是以下的解法，只要两次应用 QM – AM – HM 不等式

$$(a + \frac{1}{a})^2 + (b + \frac{1}{b})^2 + (c + \frac{1}{c})^2 + (d + \frac{1}{d})^2$$

$$\geq \frac{1}{4}(a + \frac{1}{a} + b + \frac{1}{b} + c + \frac{1}{c} + d + \frac{1}{d})^2$$

$$= \frac{1}{4}(8 + \frac{1}{a} + \frac{1}{b} + \frac{1}{c} + \frac{1}{d})^2$$

最后一个等式是由 $a + b + c + d = 8$ 推出的.

因此，只要证明

$$\frac{1}{a} + \frac{1}{b} + \frac{1}{c} + \frac{1}{d} \geq 2$$

但这可由 AM – HM 不等式

$$\frac{1}{a} + \frac{1}{b} + \frac{1}{c} + \frac{1}{d} \geq \frac{16}{a+b+c+d} = 2$$

推出.

例 6.15 求同时满足以下不等式组

$$x + y + z \leq w, x^2 + y^2 + z^2 \geq w, x^3 + y^3 + z^3 \leq w$$

的所有非负实数 x, y, z, w.

解 从 Cauchy-Schwarz 不等式

$$(x + y + z)(x^3 + y^3 + z^3) \geq (x^2 + y^2 + z^2)^2$$

出发. 由已知可知，左边不超过 w^2，而右边大于或等于 w^2，可推得 Cauchy-Schwarz 不等式中的等号都必须成立. 当且仅当存在 c，使 $x^3 = cx, y^3 = cy, z^3 = cz$ 时等号成立. 另一方面，我们有 $x + y + z = w, x^2 + y^2 + z^2 = w, x^3 + y^3 + z^3 = w$. 最后一个关系式可写成 $c(x + y + z) = w$，与第一个关系式联立，得到 $cw = w$，即 $c = 1$ 或 $w = 0$. 如果 $w = 0$，那么 $x = y = z = 0$，这是一组解. 否则就是 $x^3 = x, y^3 = y, z^3 = z$，这意味着 $x, y, z \in \{0, 1\}$. 反之，如果 $x, y, z \in \{0, 1\}$，那么

$$x + y + z = x^2 + y^2 + z^2 = x^3 + y^3 + z^3$$

因此可取 $w = x + y + z$，我们推出问题的解是 $(x, y, z, x + y + z)$，其中 $x, y, z \in \{0, 1\}$.

例 6.16 确定所有实数 a，使存在非负实数 $x_1, x_2, \cdots, x_5$ 满足

$$\sum_{k=1}^{5} k x_k = a, \sum_{k=1}^{5} k^3 x_k = a^2, \sum_{k=1}^{5} k^5 x_k = a^3$$

解 假定 $x_1, x_2, \cdots, x_5$ 满足上述关系，则

$$(x_1 + 2x_2 + \cdots + 5x_5)(x_1 + 2^5 x_2 + \cdots + 5^5 x_5) = (x_1 + 2^3 x_2 + \cdots + 5^3 x_5)^2$$

这是因为由已知可知,两边都等于 a^4. 另一方面,由 Cauchy-Schwarz 不等式得

$$(x_1 + 2x_2 + \cdots + 5x_5)(x_1 + 2^5 x_2 + \cdots + 5^5 x_5)$$

$$\geqslant (\sqrt{x_1 x_1} + \sqrt{2x_2 2^5 x_2} \cdots + \sqrt{5x_5 5^5 x_5})^2$$

$$= (x_1 + 2^3 x_2 + \cdots + 5^3 x_5)^2$$

根据已知条件,这是一个等式,所以 Cauchy-Schwarz 不等式中的等号成立. 于是存在实数 t,对 $1 \leqslant k \leqslant 5$ 有 $k^5 x_k = tkx_k$,也可写成

$$kx_k(t - k^4) = 0$$

因为至多有一个 k 的值使 $t - k^4 = 0$,所以在 $x_1, x_2, \cdots, x_5$ 中至少有四个为 0. 如果它们都是 0,那么 $a = 0$,这是本题的一个解. 否则,设 $x_k \neq 0$,原方程就变为 $kx_k = a, k^3 x_k = a^2$, $k^5 x_k = a^3$. 于是 $x_k = \dfrac{a}{k}, k^2 a = a^2, k^4 a = a^3$. 因为假定 $a \neq 0$,所以必有 $a = k^2, x_k = k$. 故本题的解是 $0, 1^2, 2^2, \cdots, 5^2$.

例 6.17　求证:对于所有的正实数 a, b, c,有

$$\frac{a^3}{b^2} + \frac{b^3}{c^2} + \frac{c^3}{a^2} \geqslant \frac{a^2}{b} + \frac{b^2}{c} + \frac{c^2}{a}$$

证明　由 Cauchy-Schwarz 不等式,得到

$$\left(\frac{a^2}{b} + \frac{b^2}{c} + \frac{c^2}{a}\right)^2 = \left(\sqrt{\frac{a^3}{b^2}} \cdot \sqrt{a} + \sqrt{\frac{b^3}{c^2}} \cdot \sqrt{b} + \sqrt{\frac{c^3}{a^2}} \cdot \sqrt{c}\right)^2$$

$$\leqslant \left(\frac{a^3}{b^2} + \frac{b^3}{c^2} + \frac{c^3}{a^2}\right)^2 (a + b + c)$$

于是只要证明

$$a + b + c \leqslant \frac{a^2}{b} + \frac{b^2}{c} + \frac{c^2}{a}$$

这又用到 Cauchy-Schwarz 不等式的定理 6.4 的形式的一个结果

$$\frac{a^2}{b} + \frac{b^2}{c} + \frac{c^2}{a} \geqslant \frac{(a + b + c)^2}{b + c + a} = a + b + c$$

例 6.18　设 a, b, c 是正实数,且 $a^2 + b^2 + c^2 = 3$. 求证

$$(a + b + c)\left(\frac{a}{b} + \frac{b}{c} + \frac{c}{a}\right) \geqslant 9$$

证明　由 Cauchy-Schwarz 不等式的定理 6.4 的形式可得

$$\frac{a}{b} + \frac{b}{c} + \frac{c}{a} \geqslant \frac{(a + b + c)^2}{ab + bc + ca}$$

于是只要证明不等式

$$(a + b + c)^3 \geqslant 9(ab + bc + ca)$$

另一方面，将 AM – GM 不等式与已知条件联立，就得到

$$3(ab+bc+ca)^2 = (a^2+b^2+c^2)(ab+bc+ca)^2$$

$$\leqslant \left[\frac{(a^2+b^2+c^2)+2(ab+bc+ca)}{3}\right]^3$$

$$= \left[\frac{(a+b+c)^2}{3}\right]^3$$

将该不等式的两边乘以 27，再开平方，就恰好得到所需证明的不等式

$$(a+b+c)^3 \geqslant 9(ab+bc+ca)$$

第 7 章 构造线性组合

数学竞赛中的许多代数问题看起来十分随机,而且没有任何明显的对称性.例如,我们遇到一组实数之间的关系式,这种关系式既不是齐次式,又不对称,还可能未知数的个数多于关系式的个数.在这种情况下对这些关系式构造线性组合不失为一种好的开端.目的是用加、减法,或实施较复杂的线性组合以简化这些关系.通常,如果你采用正确的方法,那么你将会找到用配成平方和或者巧妙地分解找到较简单的关系.当然,寻找能使问题简化的线性组合是一项十分困难的工作.从这个观点来看,对此并无诀窍可言,只能经过足够的训练和体验才可能有所帮助.下面我们将给出一系列例题,希望在这一过程中对读者有所帮助.

例 7.1 求方程组

$$\begin{cases} x - y^2 - z = \dfrac{1}{3} \\ y - z^2 - x = \dfrac{1}{6} \end{cases}$$

的实数解.

解 将方程组的两个方程相加,得到

$$y - z^2 - y^2 - z = \frac{1}{3} + \frac{1}{6} = \frac{1}{2}$$

分离变量后,得

$$y^2 - y + z^2 + z + \frac{1}{2} = 0$$

配方后,得

$$\left(y - \frac{1}{2}\right)^2 + \left(z + \frac{1}{2}\right)^2 = 0$$

于是 $y = \dfrac{1}{2}$,$z = -\dfrac{1}{2}$.由 $x = y^2 + z + \dfrac{1}{3}$,得到方程组的唯一解 $(x, y, z) = (\dfrac{1}{12}, \dfrac{1}{2}, -\dfrac{1}{2})$.

例 7.2 求一切实数三数组 (x,y,z),满足方程组

$$\begin{cases} 2x - z^2 = -7 \\ 4y - x^2 = 7 \\ 6z - y^2 = 14 \end{cases}$$

解 第一个方程用 z 表示 x,第二个方程用 x 表示 y 都很简单,再代入第三个方程,很容易想到这样做,但是结果得到一个八次方程,而且系数很大,因此这肯定不是解决这一问题的好办法.

于是将这三个方程相加,得到

$$2x - x^2 + 4y - y^2 + 6z - z^2 = 14$$

也可写成

$$x^2 - 2x + y^2 - 4y + z^2 - 6z + 14 = 0 \tag{1}$$

显而易见,应该对方程(1)配方,于是

$$(x-1)^2 + (y-2)^2 + (z-3)^2 = 0$$

的唯一解是 $(x,y,z) = (1,2,3)$(容易检验,这确实是方程组的一组解).

例 7.3 求一切实数 x,y,使

$$\begin{cases} x^3 - 3xy^2 + 2y^3 = 2\ 011 \\ 2x^3 - 3x^2y + y^3 = 2\ 012 \end{cases}$$

解 将第一个方程减去第二个方程,得到

$$(y-x)^3 = -1$$

于是

$$x = 1 + y$$

将 x 的这个值代入第一个方程,得

$$1 + 3y + 3y^2 + y^3 - 3y^2 - 3y^3 + 2y^3 = 2\ 011$$

令人意想不到的是竟然立刻得到 $3y = 2\ 010$,于是 $y = \dfrac{2\ 010}{3} = 670$.

这样 $x = 671$,我们这个方程组有唯一解 $(x,y) = (671,670)$.

评注 如果不将 $x = 1 + y$ 代入第一个方程,也可以将这两个方程相加,得

$$x^3 - x^2y + xy^2 + y^3 = \frac{2\ 011 + 2\ 012}{3} = 1\ 341$$

将左边分解因式

$$x^2(x-y) + y^2(x-y) = (x-y)^2(x+y) = x+y$$

这是因为已经看到 $x - y = 1$,所以由 $x + y = 1\ 341$ 和 $x - y = 1$ 得到解 $(671,670)$.

例 7.4　求以下方程组的实数解

$$\begin{cases} x^2 - yz + zx + xy = 6 \\ y^2 - zx + xy + yz = 19 \\ z^2 - xy + yz + zx = 30 \end{cases}$$

解　该方程组看上去很复杂,但是如果将前两个方程相加,得

$$x^2 + 2xy + y^2 = 25$$

即 $(x+y)^2 = 25$,于是 $x + y = \pm 5$.

类似地,将第一个方程和第三个方程相加,然后将第二个方程和第三个方程相加,得

$$x + z = \pm 6, y + z = \pm 7$$

反之,如果 (x,y,z) 满足这些关系式,那么 (x,y,z) 是该方程组的解. 于是只需要解方程组

$$\begin{cases} x + y = a \\ y + z = b \\ z + x = c \end{cases}$$

这里 $a = \pm 5, b = \pm 6, c = \pm 7$. 为了解该方程组,将这三个方程相加,得

$$x + y + z = \frac{a + b + c}{2}$$

然后将这个关系与原方程的每个方程比较,得

$$z = \frac{b + c - a}{2}, x = \frac{a + c - b}{2}, y = \frac{a + b - c}{2}$$

最后,取 a, b, c 的上面所有的值,得到解

$$(x,y,z) = (\pm 9, \mp 4, \mp 3), (\pm 4, \mp 9, \pm 2), (\pm 3, \pm 2, \mp 9), (\pm 2, \pm 3, \pm 4)$$

例 7.5　求一切实数三数组 (x,y,z),使

$$\begin{cases} (x+y)(x+y+z) = 72 \\ (y+z)(x+y+z) = 96 \\ (z+x)(x+y+z) = 120 \end{cases}$$

解　将方程组中的方程全部相加,得到

$$(2x + 2y + 2z)(x + y + z) = 288 \Leftrightarrow x + y + z = \pm 12$$

于是 $x + y + z = 12k, k \in \{-1, 1\}$. 于是方程组变为

$$\begin{cases} x + y = 6k \\ y + z = 8k \\ z + x = 10k \end{cases}$$

因为 $x + y + z = 12k$,所以第一个方程变为 $12k - z = 6k$,于是 $z = 6k$. 类似地,由第三个方程得 $y = 2k$,由第二个方程得 $x = 4k$. 最终得到解是 $(x,y,z) = (4,2,6), (-4,-2,-6)$.

例 7.6 求方程组

$$\begin{cases} 2x^2 + 3xy - 4y^2 = 1 \\ 3x^2 + 4xy - 5y^2 = 2 \end{cases}$$

的实数解.

解 设 $y = tx$,则这两个方程可写成

$$\begin{cases} 2 + 3t - 4t^2 = \dfrac{1}{x^2} \\ 3 + 4t - 5t^2 = \dfrac{2}{x^2} \end{cases}$$

只要消去变量 x,这个方程就很容易解了.第二个方程减去第一个方程的 2 倍,得

$$3 + 4t - 5t^2 - 2(2 + 3t - 4t^2) = 0$$

可化简为 $3t^2 - 2t - 1 = 0$,解是 $t = 1$ 和 $t = -\dfrac{1}{3}$.如果 $t = 1$,那么回到原方程组得到 $x^2 = 1$,于是 $x = \pm 1$,$x = y$.如果 $t = -\dfrac{1}{3}$,同理得 $x^2 = \dfrac{9}{5}$,于是 $x = \pm\dfrac{3}{\sqrt{5}}$,$y = -\dfrac{x}{3}$.最后得到解是

$$(x, y) = (-\frac{3}{\sqrt{5}}, \frac{1}{\sqrt{5}}), (\frac{3}{\sqrt{5}}, -\frac{1}{\sqrt{5}}), (1, 1), (-1, -1)$$

例 7.7 求一切正实数 (x, y, z),使

$$\begin{cases} x + \dfrac{1}{y} = 4 \\ y + \dfrac{4}{z} = 3 \\ z + \dfrac{9}{x} = 5 \end{cases}$$

解 有一个简洁的方法,但是求解很难,有一个较长的解法,但是求解很容易.先做简洁的:只要将各方程相加,重新排列变量

$$x + \frac{9}{x} + y + \frac{1}{y} + z + \frac{4}{z} = 12$$

接下来配方,得

$$\frac{(x-3)^2}{x} + \frac{(y-1)^2}{y} + \frac{(z-2)^2}{z} = 0$$

于是方程组的解只有 $(x, y, z) = (3, 1, 2)$.

现在给出一个不太漂亮的解法,但具有普遍性.从第一个方程得到 $y = \dfrac{1}{4 - x}$,于是

$$z = \frac{4}{3 - y} = \frac{4}{3 - \dfrac{1}{4 - x}} = \frac{4(4 - x)}{11 - 3x}$$

最后,把这个式子代入最后一个方程,得

$$\frac{4(4-x)}{11-3x} + \frac{9}{x} = 5$$

去分母,得到二次方程

$$16x - 4x^2 + 99 - 27x = 55x - 15x^2$$

化简为

$$11x^2 - 66x + 99 = 0 \tag{1}$$

除以 11,得 $x^2 - 6x + 9 = 0$,或 $(x-3)^2 = 0$. 于是 $x = 3$,再回到用 x 表示的 y 和 z 的式子,得到 $y = 1, z = 2$.

例 7.8 求满足

$$\begin{cases} x^2 - xy = 90 \\ y^2 - xy = -9 \end{cases}$$

的一切实数对 (x,y).

解法 1 将各方程改写为 $x(x-y) = 90$ 和 $y(y-x) = -9$. 实际上必定有 $y \neq 0$. 用第二个方程去除第一个方程,得

$$\frac{x}{y} = \frac{x(x-y)}{-y(y-x)} = 10$$

于是 $x = 10y$. 将它代入第一个方程,得 $100y^2 - 10y^2 = 90$,于是 $y^2 = 1, y = \pm 1$. 因为 $x = 10y$,所以得到方程组的两组解 $(x,y) = (10,1), (-10,-1)$.

解法 2 先将这两个方程相加,得 $(x-y)^2 = 81$,于是 $x - y = \pm 9$. 由于 $x(x-y) = 90$,于是 $x = \pm 10$,y 也就容易用同样的方法求出了.

例 7.9 求满足方程组

$$\begin{cases} x + yz = 2\,011 \\ xy + z = 2\,012 \end{cases}$$

的一切正整数三数组 (x,y,z).

解 为了避免出现很大的数,将这两个方程相减,得

$$xy + z - x - yz = 1$$

在左边很容易分解因式

$$x(y-1) - z(y-1) = (x-z)(y-1)$$

于是 $(x-z)(y-1) = 1$. 因为假定 y 为正,所以必有 $y - 1 = 1$ 和 $x - z = 1$,即 $y = 2, x = z + 1$. 回到方程组的第一个方程,得

$$z + 1 + 2z = 2\,011$$

有唯一解 $z = 670$. 因为 $x = z + 1$,所以最后得到原方程组的唯一解,即 $(x,y,z) = (671, 2, 670)$.

例 7.10 求使

$$\begin{cases} \dfrac{xy}{x+y} = \dfrac{1}{5} \\[2mm] \dfrac{yz}{y+z} = \dfrac{1}{8} \\[2mm] \dfrac{zx}{z+x} = \dfrac{1}{9} \end{cases}$$

成立的一切正实数三数组 (x,y,z).

解 对方程组的每个方程取倒数. 由

$$\frac{1}{\dfrac{xy}{x+y}} = \frac{1}{x} + \frac{1}{y}$$

得到方程组

$$\begin{cases} \dfrac{1}{x} + \dfrac{1}{y} = 5 \\[2mm] \dfrac{1}{z} + \dfrac{1}{y} = 8 \\[2mm] \dfrac{1}{x} + \dfrac{1}{z} = 9 \end{cases}$$

是关于 $\dfrac{1}{x}$, $\dfrac{1}{y}$ 和 $\dfrac{1}{z}$ 的(相当简单的)线性方程组. 将这三个方程相加后除以 2,得

$$\frac{1}{x} + \frac{1}{y} + \frac{1}{z} = 11$$

与原方程组联立,推得

$$\frac{1}{x} = 3,\ \frac{1}{y} = 2,\ \frac{1}{z} = 6$$

于是唯一解是 $x = \dfrac{1}{3}, y = \dfrac{1}{2}, z = \dfrac{1}{6}$.

例 7.11 如果 a,b,c 是实数,使

$$(a-b)(a+b-c) = 3 \text{ 和} (b-c)(b+c-a) = 5$$

求 $(c-a)(c+a-b)$ 的值.

解 有两个方程和三个未知数,所以其中必有巧妙的方法!我们猜想在 $(a-b)(a+b-c)$, $(b-c)(b+c-a)$ 和 $(c-a)(c+a-b)$ 之间应该隐藏着某种关系. 不错,将这些式子展开后,不难看出

$$(a-b)(a+b-c) = (a-b)(a+b) - (a-b)c = (a^2-b^2) - (ac-bc)$$
$$(b-c)(b+c-a) = (b-c)(b+c) - (b-c)a = (b^2-c^2) - (ab-ac)$$
$$(c-a)(c+a-b) = (c-a)(c+a) - (c-a)b = (c^2-a^2) - (cb-ab)$$

将这三个式子相加, 得

$$(a-b)(a+b-c)+(b-c)(b+c-a)+(c-a)(c+a-b)=0$$

考虑到已知条件, 得

$$(c-a)(c+a-b)=-(3+5)=-8$$

例 7.12　求使

$$\begin{cases} x^2=4(y-1) \\ y^2=4(z-1) \\ z^2=4(x-1) \end{cases}$$

成立的一切正实数三数组 (x,y,z).

解　最容易的方法是将这三个方程相加, 然后分离变量, 得

$$x^2-4x+y^2-4y+z^2-4z+12=0$$

对每个变量配方, 得

$$(x-2)^2+(y-2)^2+(z-2)^2=0$$

于是必有 $x=y=z=2$, 容易检验这的确是原方程组的解, 而且是唯一解.

例 7.13　求以下方程组的实数解

$$\begin{cases} x+y^2=\dfrac{1}{12} \\ y-3z^2=\dfrac{1}{4} \\ z-\dfrac{3}{2}x^2=\dfrac{1}{3} \end{cases}$$

解　将第一个方程乘以 2, 第二个方程、第三个方程乘以 -2, 得到方程组

$$\begin{cases} 2x+2y^2=\dfrac{1}{6} \\ -2y+6z^2=-\dfrac{1}{2} \\ -2z+3x^2=-\dfrac{2}{3} \end{cases}$$

将这三个方程相加, 再分离变量, 得到

$$3x^2+2x+2y^2-2y+6z^2-2z=-1$$

接着, 配方得

$$3\left(x+\dfrac{1}{3}\right)^2+2\left(y-\dfrac{1}{2}\right)^2+6\left(z-\dfrac{1}{6}\right)^2=0$$

这表明任何解都必须满足

$$(x,y,z)=\left(-\dfrac{1}{3},\dfrac{1}{2},\dfrac{1}{6}\right)$$

但是,如果将这些值代入原方程组,可以看出并不满足原方程组,所以原方程组无实数解.

例 7.14 求方程组

$$\begin{cases} x^2 + 6xy + 2y^2 = 1 \\ y^2 + 6yz + 2z^2 = 2 \\ z^2 + 6zx + 2x^2 = -3 \end{cases}$$

的一切实数解.

解 关键步骤是将这三个方程相加,得

$$3(x^2 + y^2 + z^2) + 6(xy + yz + xz) = 0$$

除以 3,得 $(x + y + z)^2 = 0$. 于是 $x + y + z = 0$,这使我们可以用 $x = -y - z$ 代入第一个方程,得

$$(y + z)^2 - 6y(y + z) + 2y^2 = 1$$

展开后重新排列,化简为

$$z^2 - 4yz - 3y^2 = 1$$

与第二个方程

$$y^2 + 6yz + 2z^2 = 2$$

联立. 将第二个方程减去所得的前一个方程的 2 倍,得

$$y^2 + 6yz + 2z^2 - 2(z^2 - 4yz - 3y^2) = 0$$

这可化简为 $7y^2 + 14yz = 0$,于是 $y = 0$,或 $y = -2z$.

假定 $y = 0$,那么方程就变为 $z^2 = 1$ 和 $x^2 = 1$,且 $x = -z$. 得 $(x, y, z) = \{(1, 0, -1), (-1, 0, 1)\}$. 最后假定 $y = -2z$,那么原方程组的第二个方程就变为 $4z^2 - 12z^2 + 2z^2 = 2$,或 $-6z^2 = 2$,没有实数解. 因此实数解是 $(x, y, z) = \{(1, 0, -1), (-1, 0, 1)\}$.

我们稍稍回到第一步,实际上也是最关键的一步. 自然要问:为什么要把这几个方程相加呢? 设 $y = tx, z = wx$,得到方程组

$$\begin{cases} 1 + 6t + 2t^2 = \dfrac{1}{x^2} \\ t^2 + 6tw + 2w^2 = \dfrac{2}{x^2} \\ w^2 + 6w + 2 = -\dfrac{3}{x^2} \end{cases}$$

设法消去 x,将这三个方程相加就是最容易的方法.

例 7.15 求方程组

$$\begin{cases} \dfrac{xyz}{x+y} = -2 \\[2mm] \dfrac{xyz}{y+z} = 3 \\[2mm] \dfrac{xyz}{z+x} = 6 \end{cases}$$

的实数解.

解法 1 注意到 $xyz \neq 0$,将原方程组改写为

$$\begin{cases} x+y = -\dfrac{xyz}{2} \\[2mm] y+z = \dfrac{xyz}{3} \\[2mm] z+x = \dfrac{xyz}{6} \end{cases}$$

将这些关系式相加后,得

$$2(x+y+z) = 0$$

于是

$$x+y = -z, y+z = -x, z+x = -y$$

回到原方程组,得

$$\begin{cases} z = \dfrac{xyz}{2} \\[2mm] x = -\dfrac{xyz}{3} \\[2mm] y = -\dfrac{xyz}{6} \end{cases}$$

将这些关系式相乘,得

$$xyz = \frac{(xyz)^3}{36}$$

因为 $xyz \neq 0$,所以上述方程等价于 $xyz = \pm 6$. 将这两个值代入前面的方程组中,最后得到 $(x,y,z) = (-2,-1,3)$ 和 $(x,y,z) = (2,1,-3)$.

解法 2 取原方程的倒数,得到关于未知数为 $\dfrac{1}{xy}, \dfrac{1}{yz}, \dfrac{1}{zx}$ 的线性方程组. 解得 $\dfrac{1}{xy} = \dfrac{1}{2}$,

$\dfrac{1}{yz} = -\dfrac{1}{3}$ 和 $\dfrac{1}{zx} = -\dfrac{1}{6}$,或 $xy = 2, yz = -3, xz = -6$. 现在就不难得到原方程组的这两组解了.

例7.16 求一切实数 x, y, z,使

$$\begin{cases} x^2 - 3 = (y-z)^2 \\ y^2 - 5 = (z-x)^2 \\ z^2 - 15 = (x-y)^2 \end{cases}$$

解 这里很有技巧,将原方程组改写为

$$\begin{cases} x^2 - (y-z)^2 = 3 \\ y^2 - (z-x)^2 = 5 \\ z^2 - (x-y)^2 = 15 \end{cases}$$

利用平方差公式得到等价的方程组

$$\begin{cases} (x-y+z)(x+y-z) = 3 \\ (x+y-z)(-x+y+z) = 5 \\ (x-y+z)(-x+y+z) = 15 \end{cases}$$

设

$$a = y+z-x, b = z+x-y, c = x+y-z$$

则

$$bc = 3, ca = 5, ab = 15$$

取这些关系式的积,得 $(abc)^2 = 15^2$,于是 $abc = \pm 15$,再与上面的关系式联立,得到 $(a, b, c) = (5, 3, 1)$ 或 $(a, b, c) = (-5, -3, -1)$.

其次,我们有

$$y+z-x = a, z+x-y = b, x+y-z = c$$

这就是说,x, y, z 是一个线性方程组的解. 把这些方程相加,就能很容易解这个线性方程组,并且有 $x+y+z = a+b+c$. 于是

$$a = y+z-x = x+y+z-2x = a+b+c-2x$$

得 $x = \dfrac{b+c}{2}$. 同理 $y = \dfrac{c+a}{2}, z = \dfrac{a+b}{2}$. 由于 $(a, b, c) = (5, 3, 1)$ 或 $(a, b, c) = (-5, -3, -1)$,所以最后得到的解是 $(x, y, z) = (2, 3, 4)$ 和 $(x, y, z) = (-2, -3, -4)$.

例7.17 求方程组

$$\begin{cases} x(y^2 + zx) = 111 \\ y(z^2 + xy) = 155 \\ z(x^2 + yz) = 116 \end{cases}$$

的一切实数解.

解 将各方程的左边展开,得到方程组

$$\begin{cases} xy^2 + zx^2 = 111 \\ yz^2 + xy^2 = 155 \\ zx^2 + yz^2 = 116 \end{cases}$$

这是关于变量 xy^2, yz^2, zx^2 的线性方程组,因此很容易求解. 最快的方法是将这三个方程相加,然后除以 2,得

$$xy^2 + yz^2 + zx^2 = 191$$

然后将这个新的关系式与原方程的每个方程比较,得

$$xy^2 = 75, yz^2 = 80, zx^2 = 36$$

这就很容易求解了:将这三个关系式相乘,得

$$x^3 y^3 z^3 = 75 \times 80 \times 36$$

为了开立方,所以设法将右边分解质因数,有

$$75 \times 80 \times 36 = 3 \times 5^2 \times 2^4 \times 5 \times 2^2 \times 3^2 = 2^6 \times 3^3 \times 5^3$$

于是

$$xyz = 2^2 \times 3 \times 5 = 60$$

下面把关系式 $xy^2 = 75$ 改写为

$$75 = xy^2 = xy \cdot y = \frac{60}{z} \cdot y$$

得到 $\dfrac{y}{z} = \dfrac{5}{4}$. 对另两个关系式作同样的处理,得

$$\frac{z}{x} = \frac{4}{3}, \frac{x}{y} = \frac{3}{5}, \frac{y}{z} = \frac{5}{4}$$

用 x 表示 y 和 z,得到

$$z = \frac{4x}{3}, y = \frac{5x}{3}$$

最后代入 $xyz = 60$ 中,得到 $x = 3$,于是 $z = 4, y = 5$. 所以方程组有唯一解 $(x, y, z) = (3, 4, 5)$.

例 7.18　已知 $a > 0, b > 0, c > 0$,求一切正实数 x, y, z,使

$$\begin{cases} ax - by + \dfrac{1}{xy} = c \\ bz - cx + \dfrac{1}{zx} = a \\ cy - az + \dfrac{1}{yz} = b \end{cases}$$

解　因为原方程组是关于 a, b, c 的一个线性方程组,所以考虑把 a, b, c 作为未知数容易解出. 将 $b = cy - az + \dfrac{1}{yz}$ 代入前两个方程,得

$$a = \frac{1}{xz}, b = \frac{1}{yz}, c = \frac{1}{xy}$$

现在容易解这个方程组了：将这些方程相乘，得

$$abc = \frac{1}{(xyz)^2}$$

于是

$$xyz = \frac{1}{\sqrt{abc}}$$

此时

$$a = \frac{y}{xyz} = y\sqrt{abc}$$

于是

$$y = \sqrt{\frac{a}{bc}}$$

同样，得到 $z = \sqrt{\frac{c}{ab}}$，于是得到唯一解

$$x = \sqrt{\frac{b}{ac}}, y = \sqrt{\frac{a}{bc}}, z = \sqrt{\frac{c}{ab}}$$

第8章　不动点和单调性

有一类方程和方程组用常规法(即简单的代数手段)很难解,但是利用某些函数的单调性就有十分美妙的解法. 在本章中,我们要建立起解决这类问题的一般方法,并给出一些例题.

首先回忆一下一些定义. 设 X 是 $\mathbf{R}$ 的子集,再设 $f(x):X \rightarrow \mathbf{R}$ 是在 X 上的一个实值映射. 我们说:

(1)如果对一切 $x < y \in X$,有 $f(x) < f(y)$,则称 $f(x)$ 是单调递增的.

(2)如果对一切 $x < y \in X$,有 $f(x) \leqslant f(y)$,则称 $f(x)$ 是不减的.

(3)如果对一切 $x < y \in X$,有 $f(x) > f(y)$,则称 $f(x)$ 是单调递减的.

(4)只要 $x \neq y \in X$,就有 $f(x) \neq f(y)$,则称 $f(x)$ 是一一映射的.

一一映射的基本性质是方程 $f(x) = a$(a 是给定的实数)至多有一个解. 事实上,如果 x_1, x_2 是该方程的解,那么 $f(x_1) = f(x_2)$(因为两者都等于 a),由一一映射的定义可得 $x_1 = x_2$. 于是如果我们用某种方法找到方程的一个解,那就结束了:这就是方程的唯一解.

一般来说,确定一个映射是一一映射是十分困难的,但是这个映射是单调递增、单调递减,一一映射就自动确定了(这是直接从定义得出的结论). 为了很方便地判定函数的单调递增性,掌握一些已经知道是单调递增的还是单调递减的函数是十分重要的. 下面举一些例子:

(1)函数 $x \rightarrow x^{2n+1}$ 对一切 $n \geqslant 0$ 在 $\mathbf{R}$ 上单调递增. 函数 $x \rightarrow x^{2n}$ 在 $[0, +\infty)$ 上单调递增,在 $(-\infty, 0]$ 上单调递减.

(2)如果 $n > 0$,那么函数 $x \rightarrow \dfrac{1}{x^n}$ 在 $(0, +\infty)$ 上单调递减.

(3)如果 n 是奇数,那么函数 $x \rightarrow \sqrt[n]{x}$ 在 $\mathbf{R}$ 上单调递增. 如果 n 是偶数,那么函数 $x \rightarrow \sqrt[n]{x}$ 在 $[0, +\infty)$ 上单调递增.

(4)两个单调递增(或单调递减)函数的和单调递增(或单调递减).

(5)两个单调递增函数的复合函数单调递增,两个单调递减函数的复合函数也单调递增. 事实上,如果 $f(x), g(x)$ 是单调递增(或单调递减)函数,那么当 $x < y$ 时,有 $f(x) < f(y)$(或 $f(x) > f(y)$),于是 $g(f(x)) < g(f(y))$(或 $g(f(x)) < g(f(y))$),于是 $f \circ g$ 单调递增. 同理,我们能证明一个单调递减映射和一个单调递增映射的复合是单调递减的.

这里有一个基本的结果. 为简化起见, 设 $f^{[n]} = f \circ f \circ \cdots \circ f$ 为 f 的 n 次迭代.

定理 8.1 设 $f(x): X \to X$ 是 $\mathbf{R}$ 的某个非空子集 X 上的映射, 设 $x \in X$ 对某个 n 满足 $f^{[n]}(x) = x$.

(1) 如果 f 单调递增, 那么 $f(x) = x$.

(2) 如果 f 单调递减, 那么 $f(f(x)) = x$. 此外, 如果 n 是奇数, 那么 $f(x) = x$.

证明 (1) 假定 $f(x) < x$. 对 f 利用 f 单调递增这一事实, 得到 $f(f(x)) < f(x)$, 再对 f 利用这一事实, 得到 $f^{[3]}(x) < f^{[2]}(x) < f(x) < x$.

同样继续考虑, 得

$$x = f^{[n]}(x) < f^{[n-1]}(x) < \cdots < f(x) < x$$

产生矛盾. 同样, 如果 $f(x) > x$, 那么

$$x = f^{[n]}(x) > f^{[n-1]}(x) > \cdots > f(x) > x$$

又产生矛盾. 于是必有 $f(x) = x$, 定理(1)部分得证.

(2) 注意到

$$f^{[2n]}(x) = f^{[n]}(f^{[n]}(x)) = f^{[n]}(x) = x$$

另一方面, 如果 $g = f \circ f$, 那么 $f^{[2n]}(x) = g^{[n]}(x)$. 于是 $g^{[n]}(x) = x$. 但是因为 f 单调递增, 所以 $g = f \circ f$ 单调递增, 于是可以对 g 利用定理(1)部分, 得到 $g(x) = x$, 即 $f(f(x)) = x$. 最后, 如果 n 是奇数, 那么 $f^{[n-1]}(x) = x$(因为 $f(f(x)) = x, n-1$ 是偶数), 于是

$$x = f^{[n]}(x) = f(f^{[n-1]}(x)) = f(x)$$

这就是我们要证明的.

在解方程组时, 以下定理十分有用.

推论 8.1 设 $f: X \to X$ 是一个增函数, 那么方程组

$$\begin{cases} f(x_1) = x_2 \\ f(x_2) = x_3 \\ \quad \vdots \\ f(x_n) = x_1 \end{cases}$$

属于 X 的解由 $(t, t, \cdots, t)$ 给出, 其中 t 是方程 $f(t) = t$ 的一个解.

要十分小心以下事实：这只是对属于 X 的解而言. 实际上, 我们首先设法寻找最大可能的 X, 使 f 将 X 映射到 X, 且在 X 上单调递增, 然后再设法证明方程组的一切解的确都属于 X. 如果我们设法做了这一切, 那么就像推论所说的那样, 方程组的解归结为在 X 中解 $f(t) = t$.

证明 如果 $(x_1, \cdots, x_n)$ 是原方程组的一组解, 那么

$$x_1 = f(x_n) = (f(x_{n-1})) = f^{[3]}(x_{n-2}) = \cdots = f^{[n]}(x_1)$$

于是 $f^{[n]}(x_1) = x_1$. 利用上面的定理, 得 $f(x_1) = x_1$, 于是 $x_2 = f(x_1) = x_1, \cdots, x_n = x_1$, 推论证

毕.

注意,前面的推论也可应用于当 n(未知数的个数)是奇数,且 f 在 X 上单调递减的情况(上面的定理的(2)部分).

例 8.1　求方程组

$$
\begin{cases}
3a = (b+c+d)^3 \\
3b = (c+d+a)^3 \\
3c = (d+a+b)^3 \\
3d = (a+b+c)^3
\end{cases}
$$

的实数解.

解　将原方程组改写为等价的形式

$$
\begin{cases}
\sqrt[3]{3a} = b+c+d \\
\sqrt[3]{3b} = c+d+a \\
\sqrt[3]{3c} = d+a+b \\
\sqrt[3]{3d} = a+b+c
\end{cases}
$$

推得

$$
a + \sqrt[3]{3a} = b + \sqrt[3]{3b} = c + \sqrt[3]{3c} = d + \sqrt[3]{3d} = a+b+c+d
$$

关键在于映射 $x \mapsto x + \sqrt[3]{3x}$ 是单调递增的,于是实际上是一一映射,因为这一映射是两个单调递增映射的和. 于是上面的等式可推出 $a = b = c = d$,回到原方程组,有 $3a = (3a)^3 = 27a^3$. 于是 $a = 0$ 或 $a = \pm\dfrac{1}{3}$. 这就给出原方程组的三组解.

例 8.2　求满足方程组

$$
\begin{cases}
\dfrac{x}{x-1} = \dfrac{4}{y} \\[2mm]
\dfrac{y}{y-1} = \dfrac{4}{z} \\[2mm]
\dfrac{z}{z-1} = \dfrac{4}{x}
\end{cases}
$$

的大于 1 的实数三数组 (x,y,z).

解法 1　设 $f(x) = \dfrac{4(x-1)}{x}$. 因为

$$
f(x) = 4 - \frac{4}{x}
$$

以及 $x \to -\dfrac{4}{x}$ 在 $(0, +\infty)$ 上单调递增,所以可推得当 $x \geqslant 1$ 时,函数 $f(x)$ 单调递增. 利用

推论 8.1,得到 $x=y=z$,$f(x)=x$. 现在方程组很容易解了,乘以 x 就变为 $(x-2)^2=0$. 于是 $x=2$,然后 $y=z=2$. 由此方程组有唯一解 $(2,2,2)$.

解法 2 这里还有一个更巧妙的解法,取方程组中各个方程的倒数,得到

$$\begin{cases} \dfrac{x-1}{x}=\dfrac{y}{4} \\[2mm] \dfrac{y-1}{y}=\dfrac{z}{4} \\[2mm] \dfrac{z-1}{z}=\dfrac{x}{4} \end{cases}$$

或等价于

$$\begin{cases} 1-\dfrac{1}{x}=\dfrac{y}{4} \\[2mm] 1-\dfrac{1}{y}=\dfrac{z}{4} \\[2mm] 1-\dfrac{1}{z}=\dfrac{x}{4} \end{cases}$$

将这三个方程相加,再重新排列,使分离变量,得

$$\frac{x}{4}+\frac{1}{x}+\frac{y}{4}+\frac{1}{y}+\frac{z}{4}+\frac{1}{z}=3$$

经配方,最后得到方程

$$\frac{(x-2)^2}{2x}+\frac{(y-2)^2}{2y}+\frac{(z-2)^2}{2z}=0$$

只能 $x=y=z=2$. 容易检验这的确是原方程组的一组解,因而也是唯一解.

例 8.3 求方程组

$$\begin{cases} x^4=4y-3 \\ y^4=4z-3 \\ z^4=4x-3 \end{cases}$$

的实数解.

解法 1 由第一个方程得 $y=\dfrac{x^4+3}{4}>0$. 类似地,得 $x>0$ 和 $z>0$. 因为当 $t>0$ 时,$f(t)=\dfrac{t^4+3}{4}$ 是 t 的增函数,由推论 8.1,得 $x=y=z$,而且这个公共值是方程 $f(t)=t$ 的解.

现在设 $f(t)=t$,或等价的 $t^4+3=4t$. 用 AM-GM 不等式,得

$$t^4+3=t^4+1+1+1\geqslant 4t$$

当且仅当 $t=1$ 时,等号成立. 于是 $t=1$ 是该方程的唯一解,方程组有唯一解 $(x,y,z)=(1,1,1)$.

解法 2　解方程 $t^4 + 3 = 4t$. 显然有解 $t = 1$, 就是说可以分解出因式 $t - 1$. 于是

$$
\begin{aligned}
t^4 - 4t + 3 &= t^4 - t - 3(t - 1) \\
&= t(t^3 - 1) - 3(t - 1) \\
&= t(t - 1)(t^2 + t + 1) - 3(t - 1) \\
&= (t - 1)(t^3 + t^2 + t - 3)
\end{aligned}
$$

恰好当 $t = 1$ 时, $t^3 + t^2 + t - 3$ 也为零, 所以还能分解因式

$$
t^3 + t^2 + t - 3 = t^3 - t^2 + 2t^2 - 2t + 3t - 3 = (t - 1)(t^2 + 2t + 3)
$$

总的来说, 有

$$
t^4 - 4t + 3 = (t - 1)^2 (t^2 + 2t + 3)
$$

注意到对一切 t 有 $t^2 + 2t + 3 = (t + 1)^2 + 2 > 0$, 于是 $t^4 - 4t + 3 = 0$ 等价于 $t = 1$.

例 8.4　求满足方程组

$$
\begin{cases}
x^2 = 4(y - 1) \\
y^2 = 4(z - 1) \\
z^2 = 4(x - 1)
\end{cases}
$$

的一切实数三数组 (x, y, z).

解法 1　最简单的方法是将这三个方程相加, 然后分离变量, 得

$$
x^2 - 4x + y^2 - 4y + z^2 - 4z + 12 = 0
$$

对每个变量配方, 得

$$
(x - 2)^2 + (y - 2)^2 + (z - 2)^2 = 0
$$

于是必有 $x = y = z = 2$, 容易验证这的确是原方程组的解, 因此是唯一解.

解法 2　把原方程组改写为等价的形式

$$
\begin{cases}
y = 1 + \dfrac{x^2}{4} \\[2mm]
z = 1 + \dfrac{y^2}{4} \\[2mm]
x = 1 + \dfrac{z^2}{4}
\end{cases}
$$

显然有 $x > 0, y > 0, z > 0$, 于是 $y = f(x), z = f(y), x = f(z)$, 这里 $f(x) = 1 + \dfrac{x^2}{4}$. 显然 f 在 $(0, +\infty)$ 上单调递增, 根据推论 8.1 得到 $x = y = z$ 是方程 $f(x) = x$ 的解. 这个二次方程等价于 $(x - 2)^2 = 0$, 于是有唯一解 $x = 2$, 因此 $x = y = z = 2$ 是原方程组的唯一解.

例 8.5　解方程 $\sqrt{x + 3} + \sqrt[3]{x + 2} = 5$.

解　如果想将所给的关系式平方, 或立方(或者取一个根所得的式子与右边等价), 那结果就导致一个十分复杂的代数式. 关键在于左边是单调递增的, 实际上是在 $(-2,$

+ ∞)上的一一映射. 的确,两个映射 $x \to \sqrt{x+3}$ 和 $x \to \sqrt[3]{x+2}$ 都单调递增,因此它们的和也单调递增,这表明原方程至多有一个解,所以如果我们有幸找到一个解,那么问题就解决了. 现在是否有幸能找到一个解. 可以检验 6 是一个解(这种情况下是要寻找一个整数 x,使 $x+3$ 是平方数, $x+2$ 是立方数;尝试后终于得到 $x=6$),于是 6 就是原方程的唯一解.

例 8.6　解方程组

$$\begin{cases} \sqrt{x} - \dfrac{1}{y} = \dfrac{7}{4} \\ \sqrt{y} - \dfrac{1}{z} = \dfrac{7}{4} \\ \sqrt{z} - \dfrac{1}{x} = \dfrac{7}{4} \end{cases}$$

解　把方程组写成 $x=f(y)$, $y=f(z)$, $z=f(x)$,这里

$$f(t) = \left(\frac{7}{4} + \frac{1}{t}\right)^2$$

注意到 $f(t)$ 在 $(0, +\infty)$ 上单调递减,所以由 $t_1 < t_2$,可得 $\dfrac{1}{t_1} > \dfrac{1}{t_2}$,于是 $f(t_1) > f(t_2)$. 上面的方程表明 x, y, z 是方程 $f(f(f(t))) = t$ 的解. 根据定理 8.1,这些解与方程 $f(t) = t$ 的解相同. 于是推出 $x = y = z$ 是方程

$$t = \left(\frac{7}{4} + \frac{1}{t}\right)^2$$

的解.

这一方程看上去有解 $t=4$,但没有其他正数解. 这是因为映射 $t \mapsto t - f(t)$ 单调递减,所以是一一映射. 于是唯一解是 $(4,4,4)$.

第 9 章　地板函数

地板函数 $\lfloor \cdot \rfloor : \mathbf{R} \to \mathbf{Z}$ 是很容易定义的,但是学起来却很难. 我们把 $\lfloor x \rfloor$ 定义为是不超过 x 的最大整数,也称 $\lfloor x \rfloor$ 为 x 的整数部分. $\lfloor x \rfloor$ 的基本性质是它是一个整数,且

$$\lfloor x \rfloor \leqslant x < \lfloor x \rfloor + 1$$

注意,这并不表示 $\lfloor x \rfloor$ 是最接近于 x 的整数. 例如,当 $x = \dfrac{3}{5}$ 时,最接近 x 的整数是 1,但是 x 的整数部分是 0. 最接近于 x 的整数却是 $\left\lfloor x + \dfrac{1}{2} \right\rfloor$. 实际上,我们经常使用的是地板函数的以下性质:如果 n 是整数,x 是实数,当且仅当 $x \in [n, n+1)$ 时,$\lfloor x \rfloor = n$. 因此地板函数显然是满射,永远在形如 $[n, n+1)$ 的每个区间上,这里 $n \in \mathbf{Z}$.

另一个重要的映射是分数部分 $\{ \cdot \} : \mathbf{R} \to [0,1)$,其定义是对一切 x 有

$$\{ x \} = x - \lfloor x \rfloor$$

下面我们给出整数部分映射和分数部分映射的一些至关重要的性质. 这些性质始终应用于全部例题中.

定理 9.1　(1)对一切整数 n 和一切实数 x,有

$$\lfloor x + n \rfloor = \lfloor x \rfloor + n$$

(2)对一切实数 x, y,有

$$\lfloor x \rfloor + \lfloor y \rfloor \leqslant \lfloor x + y \rfloor \leqslant \lfloor x \rfloor + \lfloor y \rfloor + 1$$

(3)映射 $\{ \cdot \}$ 是周期的,即对一切整数 n 和一切实数 x,有 $\{ x + n \} = \{ x \}$.

(4)映射 $\{ \cdot \}$ 是次加的,即对一切实数 x, y,有 $\{ x + y \} \leqslant \{ x \} + \{ y \}$.

证明　(1)设 $\lfloor x \rfloor = k$,则 $x \in [k, k+1)$. 于是 $x + n \in [n+k, n+k+1)$,所以

$$\lfloor x + n \rfloor = n + k = n + \lfloor x \rfloor$$

(2)利用(1)部分,有

$$\lfloor x + y \rfloor = \lfloor \lfloor x \rfloor + \{ x \} + \lfloor y \rfloor + \{ y \} \rfloor = \lfloor x \rfloor + \lfloor y \rfloor + \lfloor \{ x \} + \{ y \} \rfloor$$

因为 $0 \leqslant \{ x \} + \{ y \} < 2$,所以 $\lfloor \{ x \} + \{ y \} \rfloor \in \{ 0, 1 \}$,于是就得到结果了.

(3)由分数部分的定义和(1)部分直接得到.

(4)改写为

$$x - \lfloor x \rfloor + y - \lfloor y \rfloor \leqslant x + y - \lfloor x + y \rfloor$$

涉及地板函数的另一个有用的结果如下：

定理 9.2 （Hermite 恒等式）对一切实数 x 和一切正整数 n，有

$$\lfloor x \rfloor + \left\lfloor x + \frac{1}{n} \right\rfloor + \cdots + \left\lfloor x + \frac{n-1}{n} \right\rfloor = \lfloor nx \rfloor$$

证明 利用定理 9.1(1) 部分，得到等价的等式

$$n\lfloor x \rfloor + \left\lfloor \{x\} + \frac{1}{n} \right\rfloor + \cdots + \left\lfloor \{x\} + \frac{n-1}{n} \right\rfloor = n\lfloor x \rfloor + \lfloor n\{x\} \rfloor$$

设 $k = \lfloor n\{x\} \rfloor$，则 $\{x\} \in \left[\frac{k}{n}, \frac{k+1}{n}\right)$. 因为 $\{x\} < 1$，所以必有 $k < n$. 如果 $j \in \{1, \cdots, n-1\}$，则 $\left\lfloor \{x\} + \frac{j}{n} \right\rfloor \in \{0, 1\}$，当且仅当 $\{x\} \geq 1 - \frac{j}{n}$ 时，$\left\lfloor \{x\} + \frac{j}{n} \right\rfloor = 1$；当且仅当 $\frac{k}{n} \geq \frac{n-j}{n}$，即 $j \geq n - k$ 时，$\left\lfloor \{x\} + \frac{j}{n} \right\rfloor = 1$. 于是推得

$$\left\lfloor \{x\} + \frac{1}{n} \right\rfloor + \cdots + \left\lfloor \{x\} + \frac{n-1}{n} \right\rfloor = \sum_{j=n-k}^{n-1} 1 = k = \lfloor n\{x\} \rfloor$$

这就是要证明的结果.

下面给出一些例题，看看在实践中是如何应用这些思想的.

例 9.1 证明：对于一切实数 x 和一切正整数 n，有

$$\left\lfloor \frac{x}{n} \right\rfloor = \left\lfloor \frac{\lfloor x \rfloor}{n} \right\rfloor$$

证明 设 $k = \left\lfloor \frac{x}{n} \right\rfloor$，则 $\frac{x}{n} \in [k, k+1)$. 于是 $x \in [nk, n(k+1))$. 由于地板函数不减，$n(k+1)$ 是整数，得到 $\lfloor x \rfloor \in [nk, n(k+1))$，$\frac{\lfloor x \rfloor}{n} \in [k, k+1)$. 于是得到 $\left\lfloor \frac{\lfloor x \rfloor}{n} \right\rfloor = k$，这恰是我们要证明的.

例 9.2 解方程

$$2x\{x\} = \lfloor x \rfloor + \frac{1}{2}$$

解 因为 $\lfloor x \rfloor + \{x\} = x$，所以原方程可写为

$$2x\{x\} = x - \{x\} + \frac{1}{2}$$

即

$$2x\{x\} - x + \{x\} - \frac{1}{2} = 0$$

最后

$$(2x + 1)\left(\{x\} - \frac{1}{2}\right) = 0$$

于是或者 $x = -\dfrac{1}{2}$ 或者 $\{x\} = \dfrac{1}{2}$，也就是说 $x = k + \dfrac{1}{2}, k \in \mathbf{Z}$.

例 9.3 解方程

$$\lfloor x \rfloor^2 + 4\{x\}^2 = 4x - 5$$

解 因为 $x = \lfloor x \rfloor + \{x\}$，所以原方程可写为

$$(\lfloor x \rfloor - 2)^2 + (2\{x\} - 1)^2 = 0$$

这等价于 $\lfloor x \rfloor = 2$ 和 $\{x\} = \dfrac{1}{2}$，于是得到唯一解 $x = \lfloor x \rfloor + \{x\} = 2 + \dfrac{1}{2} = \dfrac{5}{2}$.

例 9.4 证明：对一切实数 x，有

$$\lfloor \sqrt[3]{x} \rfloor = \lfloor \sqrt[3]{\lfloor x \rfloor} \rfloor$$

证明 设 $n = \lfloor \sqrt[3]{x} \rfloor$，则 $\sqrt[3]{x} \in [n, n+1)$，$x \in [n^3, (n+1)^3)$. 因为地板函数不减，且 $(n+1)^3$ 是整数，所以得到 $\lfloor x \rfloor \geqslant n^3$，且 $\lfloor x \rfloor < (n+1)^3$. 于是 $\sqrt[3]{\lfloor x \rfloor} \in [n, n+1)$，$\lfloor \sqrt[3]{\lfloor x \rfloor} \rfloor = n$，证毕.

例 9.5 解方程 $x^3 - \lfloor x \rfloor = 7$.

解 设 $n = \lfloor x \rfloor$，则原方程变为 $x^3 = n + 7$，于是 $x = \sqrt[3]{n+7}$. 还有，等式 $n = \lfloor x \rfloor$ 等价于 $n \leqslant x < n + 1$. 于是 $n^3 \leqslant n + 7 < (n+1)^3$，然后改写为 $n(n^2 - 1) \leqslant 7$ 以及 $(n+1)[(n+1)^2 - 1] > 6$，于是必有 $n + 1 \geqslant 3$（由第二个不等式）和 $n \leqslant 2$（由第一个不等式）. 于是 $n = 2$ 为上述不等式的唯一解，相应地，$x = \sqrt[3]{9}$ 是原方程的唯一解.

例 9.6 解方程

$$x^2 + \lfloor x \rfloor^2 + \{x\}^2 = 10$$

解 设 $n = \lfloor x \rfloor$，则 $x \in [n, n+1)$. 原方程变为

$$x^2 + n^2 + (x - n)^2 = 10, \text{ 或 } x^2 - nx + n^2 - 5 = 0$$

因为二次方程的判别式非负，所以必有 $n^2 \geqslant 4(n^2 - 5)$，于是 $3n^2 \leqslant 20$，$n^2 \leqslant \dfrac{20}{3}$，所以 $n \in \{-2, -1, 0, 1, 2\}$. 解这个二次方程，得

$$x = \frac{n + \sqrt{20 - 3n^2}}{2}, \text{ 或 } x = \frac{n - \sqrt{20 - 3n^2}}{2}$$

下面看何时有

$$n \leqslant \frac{n + \sqrt{20 - 3n^2}}{2} < n + 1 \qquad\qquad (1)$$

式(1)等价于

$$n \leqslant \sqrt{20 - 3n^2} < n + 2$$

因为 $n^2 \leqslant 4$，所以 $\sqrt{20 - 3n^2} \geqslant \sqrt{8} = 2\sqrt{2}$，于是必有 $n + 2 > 2\sqrt{2}$，$n \geqslant 1$. 容易看出 $n = 1$

不是解，于是由 $n=2$ 得到解 $x=\sqrt{2}+1$. 类似地，容易看出关系式

$$n \leqslant \frac{n-\sqrt{20-3n^2}}{2} < n+1$$

是不可能成立的（例如，左边的不等式会得

$$n \leqslant -\sqrt{20-3n^2} < -\sqrt{8} < -2$$

产生矛盾）. 最后得到原方程有唯一解 $x=\sqrt{2}+1$.

例 9.7 求一个非零多项式 $P(x,y)$，使对一切实数 x 有 $P(\lfloor x \rfloor, \lfloor 2x \rfloor)=0$.

解 关键在于 $\lfloor 2x \rfloor$ 很接近于 $2\lfloor x \rfloor$. 事实上，对一切 x 有

$$\lfloor 2x \rfloor = 2\lfloor x \rfloor + \lfloor 2\{x\} \rfloor$$

所以 $\lfloor 2x \rfloor - 2\lfloor x \rfloor \in \{0,1\}$. 只要求出多项式 $P(x,y)$，对于任何 $y=2x$ 或 $y=2x+1$，都有 $P(x,y)=0$. 显然 $P(x,y)=(y-2x)(y-2x-1)$ 是一个这样的多项式.

例 9.8 已知 $\lfloor x^2 \rfloor - \lfloor x \rfloor^2 = 100$，求 $\lfloor x \rfloor$ 能取到的最小值.

解 设 $n=\lfloor x \rfloor$，因为

$$x^2 = (n+\{x\})^2 = n^2 + 2n\{x\} + \{x\}^2$$

所以该方程等价于

$$\lfloor 2n\{x\} + \{x\}^2 \rfloor = 100$$

或等价于

$$100 \leqslant 2n\{x\} + \{x\}^2 < 101$$

将左边的不等式与 $\{x\}<1$ 结合，得到 $99<2n$，于是 $n \geqslant 50$（因为 n 是整数）. 现在看是否可取 $n=50$. 这就需要检验是否能找到 $y \in [0,1)$，使

$$100 \leqslant 100y + y^2 < 101$$

这使我们看到应取 y 接近于 1. 设 $y=1-z$，上述条件就变为 $100z < (1-z)^2$ 和 $1 + 100z > (1-z)^2$. 取 $z=\dfrac{1}{200}$（或更小的数），这两个不等式都能满足. 于是本题的答案是 50.

例 9.9 设 $a_n = \left\lfloor \sqrt{n} + \dfrac{1}{2} \right\rfloor$，计算 $\displaystyle\sum_{n=1}^{2004} \frac{1}{a_n}$.

解 注意到当且仅当

$$k \leqslant \sqrt{n} + \frac{1}{2} < k+1, \text{ 或 } k^2-k+\frac{1}{4} \leqslant n < k^2+k+\frac{1}{4}$$

时，$a_n=k$. 因为 n 和 k 是整数，所以当且仅当 $k^2-k+1 \leqslant n \leqslant k^2+k$ 时，$a_n=k$. 设 $x_k=k^2-k$，则 $x_{k+1}=k^2+k$，于是当且仅当 $x_k < n \leqslant x_{k+1}$ 时，$a_n=k$，即 n 恰好有 $x_{k+1}-x_k=2k$ 个值时，$a_n=k$. 也就是说，要考虑到 $x_{45} < 2004 < x_{46}$，得

$$\sum_{n=1}^{2004} \frac{1}{a_n} = \sum_{k=1}^{44} \sum_{x_k < n \leqslant x_{k+1}} \frac{1}{k} + \sum_{x_{45} < n \leqslant 2004} \frac{1}{45} = 44 \times 2 + \frac{24}{45} = 88 + \frac{8}{15}$$

例 9.10 证明:对一切实数 x,有

$$\left\lfloor \frac{x}{3} \right\rfloor + \left\lfloor \frac{x+2}{6} \right\rfloor + \left\lfloor \frac{x+4}{6} \right\rfloor = \left\lfloor \frac{x}{2} \right\rfloor + \left\lfloor \frac{x+3}{6} \right\rfloor$$

证明 将原等式改写为

$$\left\lfloor \frac{x}{3} \right\rfloor + \left\lfloor \frac{x}{6} + \frac{1}{3} \right\rfloor + \left\lfloor \frac{x}{6} + \frac{2}{3} \right\rfloor = \left\lfloor \frac{x}{2} \right\rfloor + \left\lfloor \frac{x}{6} + \frac{1}{2} \right\rfloor$$

由 Hermite 恒等式,得

$$\left\lfloor \frac{x}{6} \right\rfloor + \left\lfloor \frac{x}{6} + \frac{1}{3} \right\rfloor + \left\lfloor \frac{x}{6} + \frac{2}{3} \right\rfloor = \left\lfloor 3 \cdot \frac{x}{6} \right\rfloor = \left\lfloor \frac{x}{2} \right\rfloor$$

于是只要证明

$$\left\lfloor \frac{x}{3} \right\rfloor + \left\lfloor \frac{x}{2} \right\rfloor - \left\lfloor \frac{x}{6} \right\rfloor = \left\lfloor \frac{x}{2} \right\rfloor + \left\lfloor \frac{x}{6} + \frac{1}{2} \right\rfloor$$

再一次用 Hermite 恒等式 $\left\lfloor \frac{x}{6} \right\rfloor + \left\lfloor \frac{x}{6} + \frac{1}{2} \right\rfloor = \left\lfloor 2 \cdot \frac{x}{6} \right\rfloor = \left\lfloor \frac{x}{3} \right\rfloor$,就得到上式.

例 9.11 证明:对一切正整数 n,有

$$\left\lfloor \frac{n+2^0}{2^1} \right\rfloor + \left\lfloor \frac{n+2^1}{2^2} \right\rfloor + \cdots + \left\lfloor \frac{n+2^{n-1}}{2^n} \right\rfloor = n \tag{1}$$

证明 将式(1)改写为

$$\left\lfloor \frac{n}{2} + \frac{1}{2} \right\rfloor + \left\lfloor \frac{n}{4} + \frac{1}{2} \right\rfloor + \cdots + \left\lfloor \frac{n}{2^n} + \frac{1}{2} \right\rfloor = n$$

用形如

$$\left\lfloor x + \frac{1}{2} \right\rfloor = \lfloor 2x \rfloor - \lfloor x \rfloor$$

的 Hermite 恒等式,得到

$$\left\lfloor \frac{n}{2} + \frac{1}{2} \right\rfloor + \left\lfloor \frac{n}{4} + \frac{1}{2} \right\rfloor + \cdots + \left\lfloor \frac{n}{2^n} + \frac{1}{2} \right\rfloor$$

$$= n - \left\lfloor \frac{n}{2} \right\rfloor + \left\lfloor \frac{n}{2} \right\rfloor - \left\lfloor \frac{n}{4} \right\rfloor + \cdots + \left\lfloor \frac{n}{2^{n-1}} \right\rfloor - \left\lfloor \frac{n}{2^n} \right\rfloor$$

$$= n - \left\lfloor \frac{n}{2^n} \right\rfloor$$

容易看出,对一切 n,有 $2^n > n$(例如,可用二项式展开 $2^n = (1+1)^n = 1 + n + \cdots$). 于是 $\left\lfloor \frac{n}{2^n} \right\rfloor = 0$,证毕.

例 9.12 证明:对一切正整数 n,有 $\lfloor \sqrt{n} + \sqrt{n+1} \rfloor = \lfloor \sqrt{4n+1} \rfloor$.

证明 设 $\lfloor \sqrt{4n+1} \rfloor = k$,则 $k^2 \leqslant 4n+1 < (k+1)^2$.需要证明的是

$$k \leqslant \sqrt{n} + \sqrt{n+1} < k+1$$

或等价于平方后的

$$k^2 \leqslant 2n + 1 + 2\sqrt{n^2 + n} < (k+1)^2$$

因为

$$2n + 1 + 2\sqrt{n^2 + n} > 2n + 1 + 2n = 4n + 1 \geqslant k^2$$

所以可直接得到左边的不等式，右边的不等式虽然有点技巧，但也是类似的.

$$2n + 1 + 2\sqrt{n^2 + n} < 2n + 1 + 2\left(n + \frac{1}{2}\right) = 4n + 2 \leqslant (k+1)^2$$

注意，因为 $4n + 1$ 和 $(k+1)^2$ 都是整数，所以由 $4n + 1 < (k+1)^2$ 得到最后的不等式.

例 9.13 解方程

$$2x^2 + \frac{\lfloor x \rfloor^2}{2} + 2\{x\}^2 = 12x - 15$$

解 设 $\lfloor x \rfloor = n$ 和 $\{x\} = y$，则原方程等价于

$$2(n+y)^2 + \frac{n^2}{2} + 2y^2 = 12(n+y) - 15$$

或等价于乘以 2，展开后重新排列各项得到方程

$$5n^2 + 8n(y-3) + 8y^2 - 24y + 30 = 0 \qquad (1)$$

把式（1）作为关于 n 的二次方程处理，判别式是

$$
\begin{aligned}
\Delta &= 64(y-3)^2 - 20(8y^2 - 24y + 30) \\
&= -96y^2 + 96y - 24 \\
&= -24(4y^2 - 4y + 1) \\
&= -24(2y-1)^2 \leqslant 0
\end{aligned}
$$

因为方程有实数根，所以得到 $2y = 1$，则

$$y = \frac{1}{2} \text{ 和 } n = -\frac{8(y-3)}{10} = 2$$

于是

$$x = n + y = 2 + \frac{1}{2} = \frac{5}{2}$$

是原方程的唯一解.

例 9.14 设 n 是正整数，求 $\sum_{k=1}^{2n} \sqrt{n^2 + k}$ 的整数部分.

解 由于每一项 $\sqrt{n^2 + k}$ 都很接近于 n，所以应该考虑差

$$\sum_{k=1}^{2n} \left(\sqrt{n^2 + k} - n\right) = \sum_{k=1}^{2n} \frac{1}{n + \sqrt{n^2 + k}}$$

接着，观察到当 $1 \leqslant k \leqslant 2n$ 时，有

$$n < \sqrt{n^2 + k} < n + 1$$

所以

$$\frac{k}{2n+1} < \frac{k}{\sqrt{n^2+k}+n} < \frac{k}{2n}$$

将这些关系式相加,得

$$\frac{2n(2n+1)}{2(2n+1)} < \sum_{k=1}^{2n} \left(\sqrt{n^2+k} - n \right) < \frac{2n(2n+1)}{2 \cdot 2n}$$

即

$$n + \sum_{k=1}^{2n} n < \sum_{k=1}^{2n} \sqrt{n^2+k} < n + \frac{1}{2} + \sum_{k=1}^{2n} n$$

显然得到不等式

$$n + 2n^2 < \sum_{k=1}^{2n} \sqrt{n^2+k} < n + 2n^2 + 1$$

这表示答案是 $2n^2 + n$.

例 9.15 设 x 是实数,证明:当且仅当对于一切正整数 n,有

$$\lfloor x \rfloor + \lfloor 2x \rfloor + \lfloor 3x \rfloor + \cdots + \lfloor nx \rfloor = \frac{n(\lfloor x \rfloor + \lfloor nx \rfloor)}{2}$$

时,x 是正整数.

证明 如果 x 是整数,那么要证明的等式变为

$$1 + 2 + \cdots + n = \frac{n(n+1)}{2}$$

这是熟知的恒等式(对于 $0 \leqslant k \leqslant n$,可由关系式 $k + (n-k) = n$ 相加得到). 反之就更精确了. 假定对一切 n,x 满足本题的关系式. 将 n 换成 $n-1$,然后相减,得

$$\lfloor nx \rfloor = \frac{\lfloor x \rfloor + n\lfloor nx \rfloor - (n-1)\lfloor (n-1)x \rfloor}{2}$$

可改写为

$$(n-2)\lfloor nx \rfloor + \lfloor x \rfloor = (n-1)\lfloor (n-1)x \rfloor$$

因为 $\lfloor nx \rfloor = n\lfloor x \rfloor + \lfloor n\{x\} \rfloor$,将 n 换成 $n-1$ 也有类似的式子,得到等价的关系

$$(n-2)\lfloor n\{x\} \rfloor = (n-1)\lfloor (n-1)\{x\} \rfloor$$

假定 x 不是整数,那么 $\{x\} > 0$. 于是当 $n > \frac{1}{\{x\}} + 1$ 时,有 $\lfloor (n-1)\{x\} \rfloor > 0$. 另一方面,前面的关系表示 $n-2$ 整除 $\lfloor (n-1)\{x\} \rfloor > 0$,因此必有 $\lfloor (n-1)\{x\} \rfloor \geqslant n-2$. 于是 $(n-1)\{x\} \geqslant n-2$,这对一切 $n > \frac{1}{\{x\}} + 1$ 都成立. 但这样一来,就对一切 $n > \frac{1}{\{x\}} + 1$,有

$$\{x\} \geqslant 1 - \frac{1}{n-1}$$

所以

$$n \leqslant 1 + \frac{1}{1 - \{x\}}$$

这显然是不可能的（这表示只存在有限多个正整数），证毕.

例 9.16 定义正整数数列 $\{a_n, n \geqslant 1\}$ 为

$$a_n = \left\lfloor n + \sqrt{n} + \frac{1}{2} \right\rfloor$$

确定在上述数列中出现的正整数.

解 写出数列的前几项 $2, 3, 5, 7, 8, 10, \cdots$. 发现似乎恰好跳过了完全平方数. 下面来证明这一点. 首先，数列显然是单调递增的，假定 $a_n = k$，那么当且仅当 $a_{n+1} \geqslant k + 2$ 时，数列跳过了 $k + 1$，当且仅当

$$n + 1 + \sqrt{n+1} + \frac{1}{2} \geqslant k + 2$$

时，数列跳过 $k + 1$.

事实上，对实数 x 和整数 r，当且仅当 $x \geqslant r$ 时，$\lfloor x \rfloor \geqslant r$（这是由地板函数的定义直接得到的）. 设 $m = k - n$，则上面的不等式等价于

$$n + 1 \geqslant \left(m + \frac{1}{2}\right)^2 = m^2 + m + \frac{1}{4}$$

由于 m 和 n 是正整数，所以 $n \geqslant m^2 + m$. 另一方面，条件 $a_n = k$ 可写成

$$k \leqslant n + \sqrt{n} + \frac{1}{2} < k + 1 \tag{1}$$

换成关于 m 的项，式（1）就变为

$$\left(m - \frac{1}{2}\right)^2 < n < \left(m + \frac{1}{2}\right)^2$$

再展开后注意 m 和 n 是整数这一事实，得到等价的条件

$$m^2 - m < n \leqslant m^2 + m$$

将该式与上面得到的 $n \geqslant m^2 + m$ 联立，可以看出必有 $n = m^2 + m$. 此时，所有的关系式都得到满足. 于是 $k = n + m = m^2 + 2m$，$k + 1 = (m+1)^2$. 于是就证明了当且仅当存在非负整数 m 使 $k + 1 = (m+1)^2$ 时，数列就跳过正整数 $k + 1$. 这显然表明数列 $\{a_n, n \geqslant 1\}$ 所取的值的集合恰好是一切非完全平方数.

例 9.17 证明：对一切素数 p，有

$$\sum_{k=1}^{p-1} \left\lfloor \frac{k^3}{p} \right\rfloor = \frac{(p^2 - 1)(p - 2)}{4}$$

证明 这需要有相当的技巧. 确定 $1 \leqslant k \leqslant p$，并注意

$$\left\lfloor \frac{k^3}{p} \right\rfloor + \left\lfloor \frac{(p-k)^3}{p} \right\rfloor$$

因为

$$k^3 + (p-k)^3 = p\left[k^2 - k(p-k) + (p-k)^2\right]$$

是 p 的倍数,所以存在某个整数 n,有 $(p-k)^3 = np - k^3$. 于是

$$\left\lfloor \frac{(p-k)^3}{p} \right\rfloor = \left\lfloor n - \frac{k^3}{p} \right\rfloor = n + \left\lfloor -\frac{k^3}{p} \right\rfloor$$

另一方面,如果对某个整数 N,有 $\frac{k^3}{p} \in [N, N+1)$,那么 $-\frac{k^3}{p} \in (-N-1, -N]$. 此外,

不能有 $-\frac{k^3}{p} = -N$,否则 p 将整除 k^3,这与已知 p 是素数且 $1 \le k < p$ 矛盾(此时 k 与 p 互素). 于是必有

$$\left\lfloor -\frac{k^3}{p} \right\rfloor = -N-1 = -1 - \left\lfloor \frac{k^3}{p} \right\rfloor$$

所以

$$\left\lfloor \frac{(p-k)^3}{p} \right\rfloor + \left\lfloor \frac{k^3}{p} \right\rfloor = -1 + n = -1 + \frac{k^3 + (p-k)^3}{p}$$

取 $k = 1, 2, \cdots, p-1$,然后相加,并利用恒等式

$$1^3 + 2^3 + \cdots + n^3 = \frac{n^2(n+1)^2}{4}$$

得

$$\begin{aligned}
2 \sum_{k=1}^{p-1} \left\lfloor \frac{k^3}{p} \right\rfloor &= -(p-1) + 2 \sum_{k=1}^{p-1} \frac{k^3}{p} \\
&= -(p-1) + 2\frac{(p-1)^2 p^2}{4p} \\
&= \frac{p(p-1)^2}{2} - (p-1) \\
&= (p-1) \cdot \frac{p^2 - p - 2}{2}
\end{aligned}$$

最后,由于 $p^2 - p - 2 = (p+1)(p-2)$,再除以 2,就得到所求的结果.

例 9.18　证明:对于一切实数 x,有以下不等式

$$\sum_{k=1}^{n} \frac{\lfloor kx \rfloor}{k} \le \lfloor nx \rfloor$$

证明　这一问题很具有挑战性. 我们用较强的归纳法证明. 当 $n=1$ 时,结论显然成立. 假定命题对 n 之前都成立,证明对 n 也成立. 当 $j \ge 2$ 时,设

$$S_j = \sum_{k=1}^{j} \frac{\lfloor kx \rfloor}{k} = S_{j-1} + \frac{\lfloor jx \rfloor}{j}$$

则

$$j(S_j - S_{j-1}) = \lfloor jx \rfloor$$

将这些不等式相加, 得

$$nS_n = S_1 + \cdots + S_{n-1} + \sum_{k=1}^{n} \lfloor kx \rfloor$$

于是利用归纳假定

$$nS_n \leq \sum_{k=1}^{n-1} \lfloor kx \rfloor + \sum_{k=1}^{n} \lfloor kx \rfloor$$

最妙的一步是要证明最后一个不等式至多是 $n\lfloor nx \rfloor$. 为了证明这一点, 我们看到

$$\sum_{k=1}^{n-1} \lfloor kx \rfloor + \sum_{k=1}^{n} \lfloor kx \rfloor = \sum_{k=1}^{n} \lfloor (n-k)x \rfloor + \sum_{k=1}^{n} \lfloor kx \rfloor$$

$$= \sum_{k=1}^{n} (\lfloor (n-k)x \rfloor + \lfloor kx \rfloor)$$

所以只要证明对一切 k, n 和 x, 都有

$$\lfloor (n-k)x \rfloor + \lfloor kx \rfloor \leq \lfloor nx \rfloor$$

但是这可以对 $a = n - k$ 和 $b = kx$, 用 $\lfloor a \rfloor + \lfloor b \rfloor \leq \lfloor a + b \rfloor$ 得到, 证毕.

第 10 章　利用对称性

在证明不等式或解方程组时,我们经常会遇到对称多项式.这些对称多项式 $f(a,b,c,\cdots)$ 是多变量的,在任意排列变量 $a,b,c,\cdots$ 时保持不变.例如,$a^2+b^2+c^2$,$ab+bc+ca+(a+b+c)^2$ 都是变量 a,b,c 的对称多项式,因为任意排列 a,b,c 时这两个多项式显然都保持不变.

如果 $x_1,x_2,\cdots,x_n$ 是变量,那么存在一类关于变量 $x_1,x_2,\cdots,x_n$ 的基本对称式 $\sigma_k(x_1,x_2,\cdots,x_n)$.这些基本对称式由基本对称和式给出($k=1,2,\cdots,n$)

$$\sigma_k(x_1,x_2,\cdots,x_n)=\sum_{1\leqslant i_1<i_2<\cdots<i_k\leqslant n}x_{i_1}x_{i_2}\cdots x_{i_k}$$

和式中各项取遍一切 k 数组 $(i_1,i_2,\cdots,i_k)$,其中 $1\leqslant i_1<i_2<\cdots<i_k$.例如

$$\sigma_1(x_1,x_2,\cdots,x_n)=x_1+x_2+\cdots+x_n$$

$$\sigma_2(x_1,x_2,\cdots,x_n)=\sum_{i<j}x_ix_j=x_1x_2+\cdots+x_1x_n+x_2x_3+\cdots+x_2x_n+\cdots+x_{n-1}x_n$$

$$\sigma_n(x_1,x_2,\cdots,x_n)=x_1x_2\cdots x_n$$

这些和式之间的基本关系是(为简化起见,用 σ_k 代替 $\sigma_k(x_1,x_2,\cdots,x_n)$)

$$(t+x_1)(t+x_2)\cdots(t+x_n)=t^n+\sigma_1t^{n-1}+\sigma_2t^{n-2}+\cdots+\sigma_n$$

这是将左边展开得到的.这个恒等式对于一切 t 和一切 $x_1,x_2,\cdots,x_n$ 都成立.取 $t=-x_i$,则左边就变为零,于是恰好证明了以下基本定理的(1)部分

定理 10.1 (韦达关系式)(1)$x_1,x_2,\cdots,x_n$ 是方程

$$t^n-\sigma_1t^{n-1}+\sigma_2t^{n-2}+\cdots+(-1)^n\sigma_n=0$$

的解(其中 $\sigma_k=\sigma_k(x_1,x_2,\cdots,x_n)$).

(2)如果 $x_1,x_2,\cdots,x_n$ 是方程

$$a_nt^n+a_{n-1}t^{n-1}+\cdots+a_0=0$$

的解,这里 $a_n\neq0$,则对一切 $1\leqslant k\leqslant n$,有韦达公式

$$\sigma_k(x_1,x_2,\cdots,x_n)=(-1)^k\frac{a_{n-k}}{a_n}$$

(2)部分可类似证明.观察已知条件,得

$$t^n+\frac{a_n}{a_{n-1}}t^{n-1}+\cdots+\frac{a_0}{a_n}=(t-x_1)(t-x_2)\cdots(t-x_n)$$

将右边展开,得 $t^n - \sigma_1 t^{n-1} + \cdots + (-1)^n \sigma_n$,对一切 $1 \leqslant k \leqslant n$,比较 t^k 的系数就得证了.

下面的定理较难,是代数中最重要的定理之一:

定理 10.2 设 $p(x_1, x_2, \cdots, x_n)$ 是变量 $x_1, x_2, \cdots, x_n$ 的对称多项式,则能找到多项式 $q(y_1, y_2, \cdots, y_n)$,使

$$p(x_1, x_2, \cdots, x_n) = q(\sigma_1, \sigma_2, \cdots, \sigma_n)$$

其中 $\sigma_k = \sigma_k(\sigma_1, \sigma_2, \cdots, \sigma_n)$.

不太正规的叙述是,关于变量 $x_1, x_2, \cdots, x_n$ 的任何对称多项式都可以用与 $x_1, x_2, \cdots, x_n$ 有关的基本对称和式 $\sigma_1, \sigma_2, \cdots, \sigma_n$ 表示. 该定理的证明已超出本入门书的范围,但是可以看到这一定理在许多例子中起着明显的作用. 最重要的一类对称多项式是多项式 $x_1^k + x_2^k + \cdots + x_n^k$,其中 $k \geqslant 1$. 下面的基本定理使上述定理对一些多项式变得更为明显. 至关重要的是以下命题中要有所有的根.

定理 10.3 (牛顿关系式)设 $x_1, x_2, \cdots, x_n$ 是方程 $x^n + a_1 x^{n-1} + \cdots + a_n = 0$ 的解,$a_1, a_2, \cdots, a_n$ 是给定的实数.

定义

$$S_k = x_1^k + x_2^k + \cdots + x_n^k$$

那么对一切 $k \in \{1, 2, \cdots, n\}$,有

$$S_k + a_1 S_{k-1} + \cdots + a_{k-1} S_1 + k a_k = 0$$

而对一切 $k > n$,有

$$S_k + a_1 S_{k-1} + \cdots + a_n S_{k-n} = 0$$

我们将只给出定理的第二部分的证明(稍容易些),因为在例题中我们将一直要用到这类论证. 由于 x_i 是方程 $x^n + a_1 x^{n-1} + \cdots + a_n = 0$ 的解,所以

$$x_i^n + a_1 x_i^{n-1} + \cdots + a_n = 0$$

于是对一切 $j \geqslant 0$,有

$$x_i^{n+j} + a_1 x_i^{n+j-1} + \cdots + a_n x_i^j = 0$$

取 $i = 1, 2, \cdots, n$,将所得的 n 个关系式相加,则对一切 $j \geqslant 0$,得

$$S_{n+j} + a_1 S_{n+j-1} + \cdots + a_n S_j = 0$$

于是对 $k > n$,有

$$S_k + a_1 S_{k-1} + \cdots + a_n S_{k-n} = 0$$

这就是定理的第二部分.

现在转向例题!

例 10.1 用 $a+b+c, ab+bc+ca$ 和 abc 表示多项式:

(1) $a^2 + b^2 + c^2$;

（2）$a^3 + b^3 + c^3$；

（3）$ab(a + b) + bc(b + c) + ca(c + a)$；

（4）$a^2(b + c) + b^2(c + a) + c^2(a + b)$.

解 （1）由恒等式

$$(a + b + c)^2 = a^2 + b^2 + c^2 + 2(ab + bc + ca)$$

直接得

$$a^2 + b^2 + c^2 = (a + b + c)^2 - 2(ab + bc + ca)$$

（2）**解法 1** 用恒等式

$$a^3 + b^3 + c^3 - 3abc = (a + b + c)(a^2 + b^2 + c^2 - ab - bc - ca)$$

与(1)得到的结果联立，得

$$a^3 + b^3 + c^3 = 3abc + (a + b + c)\left[(a + b + c)^2 - 3(ab + bc + ca)\right]$$

解法 2 a, b, c 是方程

$$x^3 - (a + b + c)x^2 + (ab + bc + ca)x - abc = 0$$

的解，将 $x = a, b, c$ 代入方程后相加，得

$$a^3 + b^3 + c^3 - (a + b + c)(a^2 + b^2 + c^2) + (ab + bc + ca)(a + b + c) - 3abc = 0$$

与(1)联立就得到所求的结果.

（3）我们有

$$
\begin{aligned}
& ab(a + b) + bc(b + c) + ca(c + a) \\
= {} & ab(a + b + c - c) + bc(a + b + c - a) + ca(a + b + c - b) \\
= {} & (ab + bc + ca)(a + b + c) - 3abc
\end{aligned}
$$

（4）最容易的方法是注意到

$$
\begin{aligned}
& a^2(b + c) + b^2(c + a) + c^2(a + b) \\
= {} & a^2 b + a^2 c + b^2 c + b^2 a + c^2 a + c^2 b \\
= {} & ab(a + b) + bc(c + a) + ca(c + a)
\end{aligned}
$$

然后利用(1)，也可以这样论证

$$
\begin{aligned}
& a^2(b + c) + b^2(c + a) + c^2(a + b) \\
= {} & a^2(a + b + c - a) + b^2(a + b + c - b) + c^2(a + b + c - c) \\
= {} & (a^2 + b^2 + c^2)(a + b + c) - a^3 - b^3 - c^3
\end{aligned}
$$

然后利用(1)和(2). 但是，化简这个结果要比前面的直接得到的方法麻烦多了.

例 10.2 用与 $x_1, x_2, \cdots, x_n$ 有关的对称多项式 $\sigma_1, \sigma_2, \cdots, \sigma_n$ 表示 $x_1^2 + x_2^2 + \cdots + x_n^2$. 当 $n \geqslant 3$ 时，表示 $x_1^3 + x_2^3 + \cdots + x_n^3$.

解 先将 σ_1^2 展开，得

$$\sigma_1^2 = (x_1 + x_2 + \cdots + x_n)^2$$

$$= x_1^2 + x_2^2 + \cdots + x_n^2 + 2 \sum_{i<j} x_i x_j$$

$$= x_1^2 + x_2^2 + \cdots + x_n^2 + 2\sigma_2$$

于是

$$x_1^2 + x_2^2 + \cdots + x_n^2 = \sigma_1^2 - 2\sigma_2$$

注意,我们原本也可用牛顿关系式直接给出结果. 对于第二个多项式,利用牛顿关系式更方便:如果 $x_1, x_2, \cdots, x_n$ 是方程 $x^n + a_1 x^{n-1} + \cdots + a_n = 0$ 的解,那么定理 10.3 给出

$$x_1^3 + x_2^3 + \cdots + x_n^3 + a_1(x_1^2 + x_2^2 + \cdots + x_n^2) + a_2(x_1 + x_2 + \cdots + x_n) + 3a_3 = 0$$

另一方面,由韦达公式 $(\sigma_k = \sigma_k(x_1, x_2, \cdots, x_n))$,得

$$a_1 = -\sigma_1, a_2 = \sigma_2, a_3 = -\sigma_3$$

于是

$$x_1^3 + x_2^3 + \cdots + x_n^3 = \sigma_1(x_1^2 + x_2^2 + \cdots + x_n^2) - \sigma_2(x_1 + x_2 + \cdots + x_n) + 3a_3$$

利用 $x_1^2 + x_2^2 + \cdots + x_n^2 = \sigma_1^2 - 2\sigma_2$,最后得

$$x_1^3 + x_2^3 + \cdots + x_n^3 = \sigma_1^3 - 3\sigma_1\sigma_2 + 3\sigma_3$$

例 10.3 两两不同的实数 a, b, c 满足

$$a(a^2 - abc) = b(b^2 - abc) = c(c^2 - abc)$$

证明:$a + b + c = 0$.

证明 设 $p = abc$,d 为本题中表达式的共同值. 已知 a, b, c 是方程 $t^3 - pt - d = 0$ 的不同解. 由于方程 $t^3 - pt - d = 0$ 中 t^2 的系数是 0,利用韦达公式,得 $a + b + c = 0$.

例 10.4 设 x_1, x_2 是方程 $x^2 + 3x + 1 = 0$ 的解,计算

$$\left(\frac{x_1}{x_2 + 1}\right)^2 + \left(\frac{x_2}{x_1 + 1}\right)^2$$

解 把 x_1^2 换成 $-3x_1 - 1$,x_2^2 换成 $-3x_2 - 1$,实际上有

$$(x_2 + 1)^2 = x_2^2 + 2x_2 + 1 = -3x_2 - 1 + 2x_2 + 1 = -x_2$$

把 x_2 换成 x_1,有同样的结果,于是得

$$\left(\frac{x_1}{x_2 + 1}\right)^2 + \left(\frac{x_2}{x_1 + 1}\right)^2 = \frac{3x_1 + 1}{x_2} + \frac{3x_2 + 1}{x_1} = \frac{3x_1^2 + x_1 + 3x_2^2 + x_2}{x_1 x_2}$$

接着用韦达关系式,得 $x_1 + x_2 = -3$,$x_1 x_2 = 1$. 于是

$$x_1^2 + x_2^2 = (x_1 + x_2)^2 - 2x_1 x_2 = 7$$

最后

$$\left(\frac{x_1}{x_2 + 1}\right)^2 + \left(\frac{x_2}{x_1 + 1}\right)^2 = \frac{21 - 3}{1} = 18$$

例 10.5 设 a, b, c 是实数,且 $a + b + c$,$ab + bc + ca$ 和 abc 都是正数. 证明:a, b, c 都是正数.

证明　a,b,c 是多项式 $x^3 - \sigma_1 x^2 + \sigma_2 x - \sigma_3$ 的三个根,其中

$$\sigma_1 = a + b + c, \sigma_2 = ab + bc + ca, \sigma_3 = abc$$

只要证明,如果 $\sigma_1 > 0, \sigma_2 > 0, \sigma_3 > 0$,那么上面的多项式的任何实数根都是正数. 假定 $x = -y(y \geqslant 0)$ 是根,那么

$$-y^3 - \sigma_1 y^2 - \sigma_2 y - \sigma_3 = 0$$

但这显然是不可能的,因为左边每一项都是非正的,而最后一项是负的,这与原方程的任何解都是正的矛盾,所以 $a > 0, b > 0, c > 0$.

例 10.6　设 a,b,c 是方程 $x^3 - x - 1 = 0$ 的解,计算 $\dfrac{1-a}{1+a} + \dfrac{1-b}{1+b} + \dfrac{1-c}{1+c}$ 的值.

解　先稍微化简一下给出的式子

$$\frac{1-a}{1+a} + \frac{1-b}{1+b} + \frac{1-c}{1+c} = \frac{-(1+a)+2}{1+a} + \frac{-(1+b)+2}{1+b} + \frac{-(1+c)+2}{1+c}$$

$$= 2\left(\frac{1}{1+a} + \frac{1}{1+b} + \frac{1}{1+c}\right) - 3$$

接着计算

$$\frac{1}{1+a} + \frac{1}{1+b} + \frac{1}{1+c} = \frac{(1+a)(1+b) + (1+b)(1+c) + (1+c)(1+a)}{(1+a)(1+b)(1+c)}$$

分别处理分子和分母,得

$$(1+a)(1+b) + (1+b)(1+c) + (1+c)(1+a)$$
$$= 1 + a + b + ab + 1 + b + c + bc + 1 + c + a + ca$$
$$= 3 + 2(a+b+c) + ab + bc + ca$$
$$= 3 - 1$$
$$= 2$$

这里我们用了韦达关系式 $a + b + c = 0, ab + bc + ca = -1$.

下面,由于对所有 x 都有

$$x^3 - x - 1 = (x-a)(x-b)(x-c)$$

取 $x = -1$,得

$$-1 = -(1+a)(1+b)(1+c)$$

于是

$$(1+a)(1+b)(1+c) = 1$$

联立分子和分母,得

$$\frac{1-a}{1+a} + \frac{1-b}{1+b} + \frac{1-c}{1+c} = 2 \times 2 - 3 = 1$$

评注　这里还有另一种计算 $\dfrac{1}{1+a} + \dfrac{1}{1+b} + \dfrac{1}{1+c}$ 的方法. 求一个以 $\dfrac{1}{1+a}, \dfrac{1}{1+b}, \dfrac{1}{1+c}$ 为

解的三次方程. 假定 x 为方程 $x^3 - x - 1 = 0$ 的一个解, 设 $y = \dfrac{1}{1+x}$, 则 $x = \dfrac{1}{y} - 1$, 于是

$$\left(\frac{1}{y} - 1\right)^3 - \left(\frac{1}{y} - 1\right) - 1 = 0$$

展开后乘以 $-y^3$ 得到等价的方程

$$y^3 - 2y^2 + 3y - 1 = 0$$

这是一个以 $\dfrac{1}{1+a}, \dfrac{1}{1+b}, \dfrac{1}{1+c}$ 为解的方程. 利用韦达公式, 得

$$\frac{1}{1+a} + \frac{1}{1+b} + \frac{1}{1+c} = 2$$

例 10.7　已知多项式 $p(x) = x^n + a_1 x^{n-1} + \cdots + a_{n-1} x + 1$ 的各项系数都非负, 所有的根都是实数. 证明: $p(2) \geqslant 3^n$.

证明　设 $x_1, x_2, \cdots, x_n$ 是 p 的根. 因为 $x_i^n + a_1 x_i^{n-1} + \cdots + 1 = 0$, 以及 $a_1, a_2, \cdots, a_{n-1}$ 非负, 于是可推得对一切 i, 有 $x_i < 0$. 对某个 $y_i > 0$. 设 $x_i = -y_i$, 由韦达关系式, 得

$$y_1 y_2 \cdots y_n = (-1)^n x_1 x_2 \cdots x_n = 1$$

于是我们要证明的是

$$(2 + y_1)(2 + y_1) \cdots (2 + y_n) \geqslant 3^n$$

我们很容易利用 AM - GM 不等式: 只要将 AM - GM 不等式直接得到的不等式 $2 + y_i \geqslant 3\sqrt[3]{y_i}$ 相乘即可.

例 10.8　设 x_1, x_2, x_3 是多项式 $x^3 + 3x + 1$ 的根, 计算

$$\frac{x_1^2}{(5x_2 + 1)(5x_3 + 1)} + \frac{x_2^2}{(5x_1 + 1)(5x_3 + 1)} + \frac{x_3^2}{(5x_1 + 1)(5x_2 + 1)}$$

解　直接计算

$$\frac{x_1^2}{(5x_2 + 1)(5x_3 + 1)} + \frac{x_2^2}{(5x_1 + 1)(5x_3 + 1)} + \frac{x_3^2}{(5x_1 + 1)(5x_2 + 1)}$$

$$= \frac{x_1^2(5x_1 + 1) + x_2^2(5x_2 + 1) + x_3^2(5x_3 + 1)}{(5x_1 + 1)(5x_2 + 1)(5x_3 + 1)}$$

接着分别计算上面的分式的分子和分母. 注意到

$$x_1^2(5x_1 + 1) = 5x_1^3 + x_1^2 = 5(-3x_1 - 1) + x_1^2 = x_1^2 - 15x_1 - 5$$

把 x_1 换成 x_2, x_3 有类似的结果. 于是

$$x_1^2(5x_1 + 1) + x_2^2(5x_2 + 1) + x_3^2(5x_3 + 1)$$

$$= (x_1^2 + x_2^2 + x_3^2) - 15(x_1 + x_2 + x_3) - 15$$

由韦达关系式得 $x_1 + x_2 + x_3 = 0, x_1 x_2 + x_2 x_3 + x_3 x_1 = 3$, 于是

$$x_1^2 + x_2^2 + x_3^2 = (x_1 + x_2 + x_3)^2 - 2(x_1 x_2 + x_2 x_3 + x_3 x_1) = -6$$

从而

$$x_1^2(5x_1+1)+x_2^2(5x_2+1)+x_3^2(5x_3+1)=-21$$

下面处理分母

$$(5x_1+1)(5x_2+1)(5x_3+1)=5^3\left(x_1+\frac{1}{5}\right)\left(x_2+\frac{1}{5}\right)\left(x_3+\frac{1}{5}\right)$$

因为对一切 x, 有

$$x^3+3x+1=(x-x_1)(x-x_2)(x-x_3)$$

取 $x=-\dfrac{1}{5}$, 得

$$-\left(x_1+\frac{1}{5}\right)\left(x_2+\frac{1}{5}\right)\left(x_3+\frac{1}{5}\right)=-\frac{1}{125}-\frac{3}{5}+1$$

结合这些关系式, 得

$$(5x_1+1)(5x_2+1)(5x_3+1)=-49$$

最后

$$\frac{x_1^2}{(5x_2+1)(5x_3+1)}+\frac{x_2^2}{(5x_1+1)(5x_3+1)}+\frac{x_3^2}{(5x_1+1)(5x_2+1)}=\frac{21}{49}=\frac{3}{7}$$

例 10.9　设 a,b,c,d,e,f 是实数, 且多项式

$$p(x)=x^8-4x^7+7x^6+ax^5+bx^4+cx^3+dx^2+ex+f$$

所有的根都是实数根, 求 f 的一切可能的值.

解　设 $x_1,x_2,\cdots,x_8$ 是多项式 $p(x)$ 的根, 由韦达关系式得

$$x_1+x_2+\cdots+x_8=4,\quad\sum_{1\leqslant i<j\leqslant 8}x_ix_j=7$$

$$(x_1+x_2+\cdots+x_8)^2=x_1^2+x_2^2+\cdots+x_8^2+2\sum_{i<j}x_ix_j$$

于是 $x_1^2+x_2^2+\cdots+x_8^2=2$. 另一方面, 由 Cauchy-Schwarz 不等式, 得

$$x_1^2+x_2^2+\cdots+x_8^2\geqslant\frac{(x_1+x_2+\cdots+x_8)^2}{8}$$

考虑到上面各关系式, 得到 $2\geqslant 2$, 必须是等式. 这迫使 $x_1=x_2=\cdots=x_8$. 因为 $x_1+x_2+\cdots+x_8=4$, 所以 $x_1=x_2=\cdots=x_8=\dfrac{1}{2}$. 最后, 由韦达关系式, 得

$$f=x_1x_2\cdots x_8=\frac{1}{2^8}=\frac{1}{256}$$

例 10.10　如果 a,b,c 是实数, 且 $a+b+c=1$, $\dfrac{1}{a}+\dfrac{1}{b}+\dfrac{1}{c}=2$, 求

$$\left(1-\frac{1}{a}\right)\left(1-\frac{1}{b}\right)\left(1-\frac{1}{c}\right)$$

解　设

$$\sigma_1 = a + b + c, \sigma_2 = ab + bc + ca, \sigma_3 = abc$$

下面将所有式子用 $\sigma_1, \sigma_2, \sigma_3$ 表示. 已知条件可写成 $\sigma_1 = 1, \sigma_2 = 2\sigma_3$. 观察到

$$\left(1 - \frac{1}{a}\right)\left(1 - \frac{1}{b}\right)\left(1 - \frac{1}{c}\right) = \frac{(1-a)(1-b)(1-c)}{abc}$$

以及

$$(1-a)(1-b)(1-c) = 1 - \sigma_1 + \sigma_2 - \sigma_3 = \sigma_2 - \sigma_3 = \sigma_3$$

这里最后两个等式是用了关系式 $\sigma_1 = 1, \sigma_2 = 2\sigma_3$. 最后得

$$\left(1 - \frac{1}{a}\right)\left(1 - \frac{1}{b}\right)\left(1 - \frac{1}{c}\right) = \frac{\sigma_3}{\sigma_3} = 1$$

例 10.11 设 a, b, c 是实数,且 $a + b + c = 0$,证明

$$\frac{a^7 + b^7 + c^7}{7} = \frac{a^2 + b^2 + c^2}{2} \cdot \frac{a^5 + b^5 + c^5}{5}$$

证明 设多项式 $x^3 + Ax^2 + Bx + C$ 的根是 a, b, c. 由韦达公式,有 $-A = a + b + c = 0$,于是 $A = 0$. 设 $S_n = a^n + b^n + c^n$. 利用例 10.1 的结果,计算出

$$S_1 = 0, S_2 = (a + b + c)^2 - 2(ab + bc + ca) = -2B$$

$$S_3 = 3abc + (a + b + c)\left[(a + b + c)^2 - 3(ab + bc + ca)\right] = 3abc = -3C$$

定理 10.3 给出对所有 n,有递推关系

$$S_{n+3} + BS_{n+1} + CS_n = 0$$

这使我们能计算出

$$S_4 = 2B^2, S_5 = 5BC, S_7 = -BS_5 - CS_4 = -7B^2C$$

我们要证明的是

$$\frac{S_7}{7} = \frac{S_2}{2} \cdot \frac{S_5}{5}$$

但利用上面的关系,就会得

$$-B^2C = -B \cdot BC$$

这是显然的,得证.

例 10.12 设 x, y, z 是实数,且满足 $x + y + z = xyz$,证明

$$x(1 - y^2)(1 - z^2) + y(1 - z^2)(1 - x^2) + z(1 - x^2)(1 - y^2) = 4xyz$$

证明 设法将左边的式子用

$$\sigma_1 = x + y + z, \sigma_2 = xy + yz + zx, \sigma_3 = xyz$$

表示. 由已知可得 $\sigma_1 = \sigma_3$. 另一方面,展开左边,并重新排列各项,得

$$x(1 - y^2)(1 - z^2) + y(1 - z^2)(1 - x^2) + z(1 - x^2)(1 - y^2)$$

$$= x - x(y^2 + z^2) + xy^2z^2 + y - y(z^2 + x^2) + yz^2x^2 + z - z(x^2 + y^2) + zx^2y^2$$

$$= x + y + z + xyz(xy + yz + zx) - x(y^2 + z^2) - y(z^2 + x^2) - z(x^2 + y^2)$$

$$= \sigma_1 + \sigma_1\sigma_2 - x^2(y + z) - y^2(z + x) - z^2(x + y)$$

由例 10.1 知

$$x^2(y+z) + y^2(z+x) + z^2(x+y) = (x+y+z)(xy+yz+zx) - 3xyz = \sigma_1\sigma_2 - 3\sigma_3$$

于是

$$x(1-y^2)(1-z^2) + y(1-z^2)(1-x^2) + z(1-x^2)(1-y^2) = \sigma_1 + 3\sigma_3 = 4\sigma_3$$

最后一个等式是由 $\sigma_1 = \sigma_3$ 得到的, 得证.

例 10.13 设 a,b,c,d 是正整数, 且方程

$$x^2 - (a^2 + b^2 + c^2 + d^2 + 1)x + ab + bc + cd + da = 0$$

有一个整数解. 证明: 另一个解也是整数, 且这两个解都是完全平方数.

证明 设 x_1, x_2 是原方程的解, 由韦达公式得

$$x_1 + x_2 = a^2 + b^2 + c^2 + d^2 + 1, \quad x_1 x_2 = ab + bc + cd + da$$

从第一个关系看出 x_1, x_2 中有一个是整数, 则两个都是整数. 另一方面

$$x_1 + x_2 - x_1 x_2 - 1$$
$$= a^2 + b^2 + c^2 + d^2 - ab - bc - cd - da$$
$$= \frac{(a-b)^2 + (b-c)^2 + (c-d)^2 + (d-a)^2}{2}$$

左边分解因式后得 $-(x_1-1)(x_2-1)$. 可推出 $(x_1-1)(x_2-1) \leq 0$. 但因为 $x_1 + x_2$ 和 $x_1 x_2$ 都是正数, 所以 x_1, x_2 都是正数. 于是当且仅当 $x_1 = 1$ 或 $x_2 = 1$ 时, 不等式 $(x_1 - 1)(x_2 - 1) \leq 0$ 成立. 不失一般性, 设 $x_1 = 1$. 于是上面的等式变为

$$(a-b)^2 + (b-c)^2 + (c-d)^2 + (d-a)^2 = 0$$

于是 $a = b = c = d$. 回到韦达关系式, 得 $x_2 = 4a^2 = (2a)^2$, 是完全平方数. 证毕.

例 10.14 已知方程 $x^4 - 18x^3 + kx^2 + 200x - 1\,984 = 0$ 有两个解, 它们的积是 -32, 求 k 的值.

解 设 x_1, x_2, x_3, x_4 是原方程的解, 不失一般性, 设 $x_1 x_2 = -32$. 因为 $x_1 x_2 x_3 x_4 = -1\,984$, 得 $x_3 x_4 = 62$. 此外, 还有 $x_1 + x_2 + x_3 + x_4 = 18$ 以及

$$x_2 x_3 x_4 + x_1 x_3 x_4 + x_1 x_2 x_4 + x_1 x_2 x_3 = -200$$

最后一个等式与 $x_1 x_2 = -32$, $x_3 x_4 = 62$ 结合, 得

$$62(x_1 + x_2) - 32(x_3 + x_4) = -200 \text{ 或 } 31(x_1 + x_2) - 16(x_3 + x_4) = -100$$

与 $x_1 + x_2 + x_3 + x_4 = 18$ 结合, 得 $x_1 + x_2 = 4$, $x_3 + x_4 = 14$.

最后得

$$k = x_1 x_2 + x_2 x_3 + x_3 x_4 + x_4 x_1 + x_1 x_3 + x_2 x_4$$
$$= -32 + x_2 x_3 + 62 + x_1 x_4 + x_1 x_3 + x_2 x_4$$
$$= 30 + (x_1 + x_2)(x_3 + x_4)$$
$$= 30 + 4 \times 14$$

$$= 86$$

反之，对于 k 的值，根据上面的计算，原方程可写为

$$(x^2 - 4x - 32)(x^2 - 14x + 62) = 0$$

的确有两个解的积是 -32，这就是方程 $x^2 - 4x - 32 = 0$ 的两个解.

例 10.15 求方程组

$$\begin{cases} x + y + z = 0 \\ x^4 + y^4 + z^4 = 18 \\ x^5 + y^5 + z^5 = 30 \end{cases}$$

的实数解.

解 设 $a = xy + yz + zx, b = xyz$，所以 x, y, z 是方程

$$t^3 + at - b = 0$$

的解. 设 $S_n = x^n + y^n + z^n$. 由定理 10.3 可知对一切 $n \geq 0$，有

$$S_{n+3} + aS_{n+1} - bS_n = 0$$

因为 $S_1 = 0$，所以

$$18 = S_4 = -aS_2 = -a(S_1^2 - 2a) = 2a^2$$

于是 $a^2 = 9, a = \pm 3$. 但是如果 $a = 3$，那么

$$x^2 + y^2 + z^2 = (x + y + z)^2 - 2(xy + yz + zx) = -2a = -6 < 0$$

与 x, y, z 是实数矛盾. 于是 $a = -3$，此时

$$30 = S_5 = -aS_3 + bS_2 = -3ab - 2ab = -5ab$$

于是 $ab = -6, b = 2$. 这就是说，x, y, z 是方程 $t^3 - 3t - 2 = 0$ 的解. 分解因式后，得 $(t+1)^2(t-2) = 0$，所以解是 -1（二重根）和 2. 于是得到方程组的解是 $(-1, -1, 2)$，$(-1, 2, -1), (2, -1, -1)$.

例 10.16 设 A, B 是实数，a, b, c 是方程 $x^3 + Ax + B = 0$ 的解，证明

$$(a-b)^2(b-c)^2(c-a)^2 = -(4A^3 + 27B^2)$$

证明 由韦达公式，得

$$a + b + c = 0, ab + bc + ca = A, abc = -B$$

$$(a-b)(a-c) = a^2 - ab - ac + bc = 3a^2 + A - 2a(a+b+c) = 3a^2 + A$$

由对称性得 $(b-c)(b-a) = 3b^2 + A, (c-a)(c-b) = 3c^2 + A$. 于是

$$(a-b)^2(b-c)^2(c-a)^2$$

$$= -(3a^2 + A)(3b^2 + A)(3c^2 + A)$$

$$= -27a^2b^2c^2 - 9A(a^2b^2 + b^2c^2 + c^2a^2) - 3A^2(a^2 + b^2 + c^2) - A^3$$

比较系数容易得

$$a^2b^2c^2 = B^2$$

$$a^2b^2 + b^2c^2 + c^2a^2 = (ab + bc + ca)^2 - 2abc(a + b + c) = A^2$$

和

$$a^2 + b^2 + c^2 = (a + b + c)^2 - 2(ab + bc + ca) = -2A$$

将这些值代入前面的式子后得

$$(a - b)^2(b - c)^2(c - a)^2 = -27B^2 - 9A^3 + 6A^3 - A^3 = -27B^2 - 4A^3$$

评注　如果找到这个证明技巧的第一步,那么这里还有一种证法,虽然肯定更为冗长、刻板,但是很直接. 为简便起见,设

$$S = (a^2 + b^2 + c^2) = (a + b + c)^2 - 2(ab + bc + ca) = -2A$$

最后的等式是由韦达公式

$$a + b + c = 0, ab + bc + ca = A, abc = -B$$

得到的. 注意到

$$(a - b)^2(b - c)^2(c - a)^2 = (a^2 + b^2 - 2ab)(b^2 + c^2 - 2bc)(c^2 + a^2 - 2ca)$$
$$= [S - (c^2 + 2ab)][S - (a^2 + 2bc)][S - (b^2 + 2ca)]$$

将上面的积展开,得

$$(a - b)^2(b - c)^2(c - a)^2 = S^3 - S^2[(a + b + c)^2 + 2(ab + bc + ca)] +$$
$$S[(a^2 + 2bc)(b^2 + 2ca) + (b^2 + 2ca)(c^2 + 2ab) +$$
$$(c^2 + 2ab)(a^2 + 2bc)] - (a^2 + 2bc)(b^2 + 2ca)(c^2 + 2ab)$$

注意到

$$a^2 + b^2 + c^2 + 2(ab + bc + ca) = (a + b + c)^2 = 0$$

接着处理

$$(a^2 + 2bc)(b^2 + 2ca) + (b^2 + 2ca)(c^2 + 2ab) + (c^2 + 2ab)(a^2 + 2bc)$$
$$= a^2b^2 + b^2c^2 + c^2a^2 + 2ab(a^2 + b^2) + 2bc(b^2 + c^2) + 2ca(c^2 + a^2) + 4abc(a + b + c)$$
$$= a^2b^2 + b^2c^2 + c^2a^2 + 2(ab + bc + ca)(a^2 + b^2 + c^2)$$

最后一个等式是由 $a + b + c = 0$ 得到的. 此外

$$(ab + bc + ca)^2 = a^2b^2 + b^2c^2 + c^2a^2 + 2abc(a + b + c)$$
$$= a^2b^2 + b^2c^2 + c^2a^2$$

因为看到 $S = -2A$,所以推得

$$(a^2 + 2bc)(b^2 + 2ca) + (b^2 + 2ca)(c^2 + 2ab) + (c^2 + 2ab)(a^2 + 2bc)$$
$$= A^2 + 2AS$$
$$= -3A^2$$

最后,展开

$$(a^2 + 2bc)(b^2 + 2ca)(c^2 + 2ab)$$
$$= 9(abc)^2 + 2[(ab)^3 + (bc)^3 + (ca)^3] + 4abc(a^3 + b^3 + c^3)$$

但是例 10.1 给出

$$(ab)^3 + (bc)^3 + (ca)^3$$
$$= 3(abc)^2 + (ab + bc + ca)[(ab + bc + ca)^2 - 3abc(a + b + c)]$$
$$= 3B^2 + A^3$$

和

$$a^3 + b^3 + c^3 = 3abc + (a + b + c)[(a + b + c)^2 - 3(ab + bc + ca)] = 3B$$

于是

$$(a^2 + 2bc)(b^2 + 2ca)(c^2 + 2ab) = 2A^3 + 27B^2$$

将以上各式全部代入前面的式子后，得

$$(a - b)^2(b - c)^2(c - a)^2 = S^3 - 3A^2 S - (2A^3 + 27B^2)$$
$$= -8A^3 + 6A^3 - 2A^3 - 27B^2$$
$$= -(4A^3 + 27B^2)$$

例 10.17 用多项式 $a + b + c, ab + bc + ca, abc$ 表示 $(a - b)^2(b - c)^2(c - a)^2$.

解 考虑把本题归结为例 10.1. 设

$$a' = a - \frac{a + b + c}{3}, b' = b - \frac{a + b + c}{3}, c' = c - \frac{a + b + c}{3}$$

则 $a' + b' + c' = 0$, 于是 a', b', c' 是三次多项式 $x^3 + Ax + B = 0$ 的根. 注意到这是有上面一题得到的

$$(a - b)^2(b - c)^2(c - a)^2 = (a' - b')^2(b' - c')^2(c' - a')^2$$
$$= -(4A^3 + 27B^2)$$

接着要做的是用

$$\sigma_1 = a + b + c, \sigma_2 = ab + bc + ca, \sigma_3 = abc$$

表示 A 和 B. 但是 a, b, c 是多项式

$$\left(x - \frac{\sigma_1}{3}\right)^3 + A\left(x - \frac{\sigma_1}{3}\right) + B = x^3 - \sigma_1 x^2 + \left(\frac{\sigma_1^2}{3} + A\right)x + B - \frac{9A\sigma_1 + \sigma_1^3}{27}$$

的根，其中 $\sigma_1 = a + b + c$. 韦达关系式给出

$$\sigma_2 = \frac{\sigma_1^2}{3} + A, \sigma_3 = \frac{9A\sigma_1 + \sigma_1^3}{27} - B$$

于是最后有

$$A = \sigma_2 - \frac{\sigma_1^2}{3}, B = \frac{\sigma_1 \sigma_2}{3} - \frac{2\sigma_1^3}{27} - \sigma_3$$

例 10.18 求方程组

$$\begin{cases} a + b + c = 3 \\ a^2 + b^2 + c^2 = 5 \\ (a - b)(b - c)(c - a) = -2 \end{cases}$$

的实数解.

解　从前两个方程可以得(现在用通常的记号)

$$\sigma_1 = 3, \sigma_2 = \frac{\sigma_1^2 - 5}{2} = 2$$

利用上一问题的解,得

$$A = \sigma_2 - \frac{\sigma_1^2}{3} = -1, B = \frac{\sigma_1 \sigma_2}{3} - \frac{2\sigma_1^3}{27} - \sigma_3 = -\sigma_3$$

于是结合题 10.17 中第三个等式,给出

$$4 = (a-b)^2(b-c)^2(c-a)^2 = -(4A^3 + 27B^2) = 4 - 27\sigma_3^2$$

于是 $\sigma_3 = 0, a, b, c$ 是方程

$$t^3 - 3t + 2 = 0 \text{ 或 } t(t-1)(t-2) = 0$$

的解. 所以推得 (a, b, c) 是 $(0, 1, 2)$ 的排列. 最后得到最后一个方程的解是

$$(a, b, c) = (0, 1, 2), (0, 2, 1), (1, 0, 2), (1, 2, 0), (2, 0, 1), (2, 1, 0)$$

第11章 入门题

1. A,B 两人都在做一道分数减法题. A 总是做对,而 B 总是做错,且认为分数减法的规则是

$$\frac{x}{y} - \frac{z}{w} = \frac{x-z}{y+w}$$

但是对于某些正整数 a,b,c,d 计算 $\frac{a}{b} - \frac{c}{d}$ 时,两人得到同样的结果. 如果 A 必须求 $\frac{a}{b^2} - \frac{c}{d^2}$ 的值时,他会得到什么结果?

2. 求一切实数 x,使

$$\sqrt[3]{20 + x\sqrt{2}} + \sqrt[3]{20 - x\sqrt{2}} = 4$$

3. 证明:对于一切实数 a,b,c,有

$$ab(a-c)(c-b) + bc(b-a)(a-c) + ca(c-b)(b-a) \leqslant 0$$

4. 当 $x \geqslant 2$ 时,化简下式

$$\frac{x^3 - 3x + (x^2-1)\sqrt{x^2-4} - 2}{x^3 - 3x + (x^2-1)\sqrt{x^2-4} + 2}$$

5. 证明:对一切整数 n

$$(n^3 - 3n + 2)(n^3 + 3n^2 - 4) \text{ 和 } (n^3 - 3n - 2)(n^3 - 3n^2 + 4)$$

都是完全立方数.

6. 设 a 和 b 是正实数,证明

$$(a+b)^5 \geqslant 12ab(a^3 + b^3)$$

7. 证明

$$\sum_{n=1}^{9\ 999} \frac{1}{(\sqrt{n} + \sqrt{n+1})(\sqrt[4]{n} + \sqrt[4]{n+1})} = 9$$

8. 求方程组

$$\begin{cases} a^3 + 3ab^2 + 3ac^2 - 6abc = 1 \\ b^3 + 3ba^2 + 3bc^2 - 6abc = 1 \\ c^3 + 3cb^2 + 3ca^2 - 6abc = 1 \end{cases}$$

的实数解.

9. 实数 $x_1, x_2, \cdots, x_{2\,011}$ 使 $\dfrac{x_1 + x_2}{2}, \dfrac{x_2 + x_3}{2}, \cdots, \dfrac{x_{2\,011} + x_1}{2}$ 是 $x_1, x_2, \cdots, x_{2\,011}$ 的一个排列. 证明：$x_1 = x_2 = \cdots = x_{2\,011}$.

10. 证明：对一切 $x, y, z \in (-1, 1)$, 有

$$\frac{1}{(1-x)(1-y)(1-z)} + \frac{1}{(1+x)(1+y)(1+z)} \geqslant 2$$

11. 求一切实数 x, 使

$$(x^2 - x - 2)^4 + (2x + 1)^4 = (x^2 + x - 1)^4$$

12. 设

$$a_n = \sqrt{1 + \left(1 - \frac{1}{n}\right)^2} + \sqrt{1 + \left(1 + \frac{1}{n}\right)^2}$$

求 $\dfrac{1}{a_1} + \dfrac{1}{a_2} + \cdots + \dfrac{1}{a_{20}}$ 的值.

13. 设 $f(x) = ax^2 + bx + c$, 其中 a, b, c 是实数, 且 $a > 0, ab \geqslant \dfrac{1}{8}$.

证明：$f(b^2 - 4ac) \geqslant 0$.

14. 分解因式

$$(x^2 - yz)(y^2 - zx) + (y^2 - zx)(z^2 - xy) + (z^2 - xy)(x^2 - yz)$$

15. 设 a, b, c 是正实数, 且

$$\left(1 + \frac{a}{b}\right)\left(1 + \frac{b}{c}\right)\left(1 + \frac{c}{a}\right) = 9$$

证明

$$\frac{1}{a} + \frac{1}{b} + \frac{1}{c} = \frac{10}{a + b + c}$$

16. 当 $x, y \in \mathbf{R}$ 时, 求

$$\frac{(x + y)(1 - xy)}{(1 + x^2)(1 + y^2)}$$

的最大值.

17. 设 a, b 是有理数, 且

$$|a| \leqslant \frac{47}{|a^2 - 3b^2|}, \quad |b| \leqslant \frac{52}{|b^2 - 3a^2|}$$

证明：$a^2 + b^2 \leqslant 17$.

18. 证明：如果 n 是正整数, 那么

$$(1^4 + 1^2 + 1)(2^4 + 2^2 + 1) \cdots (n^4 + n^2 + 1)$$

不是完全平方数.

19. 设 x, y 是实数，且

$$(x + \sqrt{x^2 + 1})(y + \sqrt{y^2 + 1}) = 1$$

证明：$x + y = 0$.

20. 证明：对一切 $x, y, z \geqslant 0$，有

$$x^2 + xy^2 + xyz^2 \geqslant 4xyz - 4$$

21. 设 x, y, a 是实数，且

$$x + y = x^3 + y^3 = x^5 + y^5 = a$$

求 a 一切可能的值.

22. 设 a 和 n 是正整数，且 $n > 1$，求

$$(\sqrt[n]{a} - \sqrt[n]{a+1} + \sqrt[n]{a+2})^n$$

的整数部分.

23. 设 $f(x) = (x^2 + x)(x^2 + x + 1) + \dfrac{x^5}{5}$，求 $f(\sqrt[5]{5} - 1)$ 的值.

24. 设 a, b, c 是正实数，且

$$\frac{1}{a} + \frac{1}{b} + \frac{1}{c} = 1$$

证明

$$\frac{1}{a+bc} + \frac{1}{b+ca} + \frac{1}{c+ab} = \frac{2}{(1+\frac{a}{b})(1+\frac{b}{c})(1+\frac{c}{a})}$$

25. 解方程

$$\frac{8}{\{x\}} = \frac{9}{x} + \frac{10}{|x|}$$

26. 设 a, b, c 是不超过 1 的正实数. 证明

$$(a + b + c)(abc + 1) \geqslant ab + bc + ca + 3abc$$

27. 求方程组

$$\begin{cases} (x - 2y)(x - 4z) = 3 \\ (y - 2z)(y - 4x) = 5 \\ (z - 2x)(z - 4y) = -8 \end{cases}$$

的实数解.

28. 如果 a, b, c, d 是实数，且 $a^2 + b^2 + (a+b)^2 = c^2 + d^2 + (c+d)^2$，证明

$$a^4 + b^4 + (a+b)^4 = c^4 + d^4 + (c+d)^4$$

29. 已知多项式 $P(x) = x^3 + ax^2 + bx + c$ 有三个不同的实数根，多项式 $P[Q(x)]$ 没有实数根，其中 $Q(x) = x^2 + x + 2\,001$. 证明：$P(2\,001) > \dfrac{1}{64}$.

30. 对 $\{a_n, n \geq 0\}$，定义数列

$$a_n : a_0 = 1 \text{ 和 } a_{n+1} = a_{\lfloor \frac{7n}{9} \rfloor} + a_{\lfloor \frac{n}{9} \rfloor}$$

证明：存在 n，使 $a_n < \dfrac{n}{2\,001!}$.

31. 证明：如果实数 a, b 满足

$$a^2(2a^2 - 4ab + 3b^2) = 3, b^2(3a^2 - 4ab + 2b^2) = 5$$

那么 $a^3 + b^3 = 2(a + b)$.

32. 如果 x, y 是实数，且 $\dfrac{x^2 + y^2}{x^2 - y^2} + \dfrac{x^2 - y^2}{x^2 + y^2} = k$，用 k 表示

$$\frac{x^8 + y^8}{x^8 - y^8} + \frac{x^8 - y^8}{x^8 + y^8}$$

33. 求满足

$$x + \frac{y}{z} = y + \frac{z}{x} = z + \frac{x}{y} = 2$$

的一切正实数 x, y, z.

34. 已知二次多项式 $f(x)$ 和 $g(x)$ 的首项系数是 1，且方程 $f(g(x)) = 0$ 和 $g(f(x)) = 0$ 没有实数解. 证明：$f(f(x)) = 0$ 和 $g(g(x)) = 0$ 中至少有一个没有实数解.

35. 证明：对于一切 $x > 0, y > 0$，有

$$\frac{2xy}{x + y} + \sqrt{\frac{x^2 + y^2}{2}} \geq \frac{x + y}{2} + \sqrt{xy}$$

36. 已知对于一切实数 x，二次多项式 P，有 $P(x^3 + x) \geq P(x^2 + 1)$，求 P 的根的和.

37. 解方程

$$x^2 - 10x + 1 = \sqrt{x}(x + 1)$$

38. 已知多项式 $x^3 + ax^2 + bx + c$ 有三个实数根. 证明：如果 $-2 \leq a + b + c \leq 0$，那么至少有一个根属于 $[0, 2]$.

39. 考虑未知数为 x_1, x_2, x_3 的方程组

$$\begin{cases} a_{11}x_1 + a_{12}x_2 + a_{13}x_3 = 0 \\ a_{21}x_1 + a_{22}x_2 + a_{23}x_3 = 0 \\ a_{31}x_1 + a_{32}x_2 + a_{33}x_3 = 0 \end{cases}$$

假定：

(1) a_{11}, a_{22}, a_{33} 都是正数；

(2) 其余系数都是负数；

(3) 每个方程中的系数之和是正数.

证明：原方程组只有解 $x_1 = x_2 = x_3 = 0$.

40. 求一切正实数三数组 (x,y,z)，对于该三数组存在正实数 t，使得以下不等式同时成立

$$\frac{1}{x}+\frac{1}{y}+\frac{1}{z}+t\leqslant 4,x^2+y^2+z^2+\frac{2}{t}\leqslant 5$$

41. 证明：如果 $a+b+c=0$，那么

$$\left(\frac{a}{b-c}+\frac{b}{c-a}+\frac{c}{a-b}\right)\left(\frac{b-c}{a}+\frac{c-a}{b}+\frac{a-b}{c}\right)=9$$

42. 设 a,b,c,x,y,z,m,n 是正实数，且满足

$$\sqrt[3]{a}+\sqrt[3]{b}+\sqrt[3]{c}=\sqrt[3]{m},\sqrt{x}+\sqrt{y}+\sqrt{z}=\sqrt{n}$$

证明：$\dfrac{a}{x}+\dfrac{b}{y}+\dfrac{c}{z}\geqslant\dfrac{m}{n}$.

43. 求一切正整数三数组 x,y,z，使

$$x^2y+y^2z+z^2x=xy^2+yz^2+zx^2=111$$

44. 设 a,b,c 是非零实数，且满足

$$\frac{1}{a^3}+\frac{1}{b^3}+\frac{1}{c^3}=\frac{1}{a^3+b^3+c^3}$$

证明：$\dfrac{1}{a^5}+\dfrac{1}{b^5}+\dfrac{1}{c^5}=\dfrac{1}{a^5+b^5+c^5}$.

45. 求方程组

$$\begin{cases}\dfrac{7}{x}-\dfrac{27}{y}=2x^2\\[2mm]\dfrac{9}{y}-\dfrac{21}{x}=2y^2\end{cases}$$

的非零实数解.

46. 计算数

$$S=\sqrt{2}+\sqrt[3]{\frac{3}{2}}+\cdots+\sqrt[2013]{\frac{2\,013}{2\,012}}$$

的整数部分.

47. 证明：对于一切 $a>0,b>0,c>0$，有

$$\frac{a^3}{b^2+c^2}+\frac{b^3}{c^2+a^2}+\frac{c^3}{a^2+b^2}\geqslant\frac{a+b+c}{2}$$

48. 求方程 $x^3+1=2\sqrt[3]{2x-1}$ 的实数解.

49. 证明：对一切自然数 n，有 $(n\geqslant 1)$

$$\sum_{k=1}^{n^2}\{\sqrt{k}\}\leqslant\frac{n^2-1}{2}$$

50. 设 a, b 是实数,求方程组

$$\begin{cases} x + y = \sqrt[3]{a+b} \\ x^4 - y^4 = ax - by \end{cases}$$

的实数解.

51. 证明:对一切 $a > 0, b > 0, c > 0$,有

$$\frac{abc}{a^3 + b^3 + abc} + \frac{abc}{b^3 + c^3 + abc} + \frac{abc}{c^3 + a^3 + abc} \leqslant 1$$

52. 定义数列 $\{a_n, n \geqslant 1\}$

$$a_1 = 1, a_{n+1} = \frac{1 + 4a_n + \sqrt{1 + 24a_n}}{16}$$

求 a_n 的一个通项公式.

第 12 章 提 高 题

1. 如果 x, y 是正实数,定义

$$x * y = \frac{x+y}{1+xy}$$

求 $(\cdots(((2 * 3) * 4) * 5) \cdots) * 1\,995$.

2. 给出三个实数,其中每两个的积的分数部分都是 $\frac{1}{2}$,证明:这三个数都是无理数.

3. 设 a, b, c 是实数,且满足

$$\begin{cases} (a+b)(b+c)(c+a) = abc \\ (a^3+b^3)(b^3+c^3)(c^3+a^3) = a^3 b^3 c^3 \end{cases}$$

证明:$abc = 0$.

4. 实数 a, b 满足 $a^3 - 3a^2 + 5a - 17 = 0$ 和 $b^3 - 3b^2 + 5b + 11 = 0$,求 $a + b$ 的值.

5. 证明:$\sqrt{1 + \dfrac{1}{1^2} + \dfrac{1}{2^2}} + \sqrt{1 + \dfrac{1}{2^2} + \dfrac{1}{3^2}} + \cdots + \sqrt{1 + \dfrac{1}{1\,999^2} + \dfrac{1}{2\,000^2}}$ 是有理数,并将该数化为最简形式.

6. 求一个整系数多项式,它有一个根是 $\sqrt[5]{2+\sqrt{3}} + \sqrt[5]{2-\sqrt{3}}$.

7. 求方程

$$(3x+1)(4x+1)(6x+1)(12x+1) = 5$$

的实数解.

8. 设 n 是正整数,求方程

$$\lfloor x \rfloor + \lfloor 2x \rfloor + \cdots + \lfloor nx \rfloor = \frac{n(n+1)}{2}$$

的实数解.

9. 已知实数 a_1, a_2, a_3, a_4, a_5 中任何两数之差不小于 1. 此外,存在实数 k 满足

$$\begin{cases} a_1 + a_2 + a_3 + a_4 + a_5 = 2k \\ a_1^2 + a_2^2 + a_3^2 + a_4^2 + a_5^2 = 2k^2 \end{cases}$$

证明:$k^2 \geqslant \dfrac{25}{3}$.

10. 证明:如果 a,b,c,d 是非零实数,且各不相同,如果

$$a + \frac{1}{b} = b + \frac{1}{c} = c + \frac{1}{d} = d + \frac{1}{a}$$

那么 $|abcd| = 1$.

11. 已知三角形的三边长是一个有理系数的三次多项式的根. 证明:该三角形的三条高是一个有理系数的六次多项式的根.

12. 当 $x \in \mathbf{R}$ 时,求

$$\frac{(1+x)^8 + 16x^4}{(1+x^2)^4}$$

的最大值.

13. 设 x, y, z 是大于 -1 的实数,证明

$$\frac{1+x^2}{1+y+z^2} + \frac{1+y^2}{1+z+x^2} + \frac{1+z^2}{1+x+y^2} \geqslant 2$$

14. 设 a,b 是实数,证明:当且仅当 $a+b=2$ 时,有

$$a^3 + b^3 + (a+b)^3 + 6ab = 16$$

15. 如果 a,b 是非零实数,且

$$20a + 21b = \frac{a}{a^2 + b^2}, 21a - 20b = \frac{b}{a^2 + b^2}$$

求 $a^2 + b^2$ 的值.

16. 设 a,b 是方程 $x^4 + x^3 - 1 = 0$ 的解. 证明:ab 是方程 $x^6 + x^4 + x^3 - x^2 - 1 = 0$ 的解.

17. 求一切实数 x,使 $\sqrt{x + 2\sqrt{x + 2\sqrt{x + 2\sqrt{3x}}}} = x$.

18. 设 a_1, a_2, a_3, a_4, a_5 是实数,且对 $1 \leqslant k \leqslant 5$,满足

$$\frac{a_1}{k^2+1} + \frac{a_2}{k^2+2} + \frac{a_3}{k^2+3} + \frac{a_4}{k^2+4} + \frac{a_5}{k^2+5} = \frac{1}{k^2}$$

求 $\dfrac{a_1}{37} + \dfrac{a_2}{38} + \dfrac{a_3}{39} + \dfrac{a_4}{40} + \dfrac{a_5}{41}$ 的值.

19. 是否存在非零实数 a,b,c,对一切 $n > 3$,存在一个恰有 n 个(不必不同的)整数根的多项式 $P_n(x) = x^n + \cdots + ax^2 + bx + c$?

20. 设 $n > 1$ 是整数,$a_0, a_1, \cdots, a_n$ 是实数,且 $a_0 = \dfrac{1}{2}$,有

$$a_{k+1} = a_k + \frac{a_k^2}{n} \quad (k = 1, 2, \cdots, n)$$

证明:$1 - \dfrac{1}{n} < a_n < 1$.

21. 设 $x_i = \dfrac{i}{101}$，计算

$$\sum_{i=0}^{101} \frac{x_i^3}{1 - 3x_i + 3x_i^2}$$

22. 设 a, b 是实数，$f(x) = x^2 + ax + b$。假定 $f(f(x)) = 0$ 有四个不同的实数解，且其中两个解的和是 -1。证明：$b \leqslant -\dfrac{1}{4}$。

23. 设实数 a, b, c 满足

$$\frac{a}{a^2 - bc} + \frac{b}{b^2 - ca} + \frac{c}{c^2 - ab} = 0$$

证明

$$\frac{a}{(a^2 - bc)^2} + \frac{b}{(b^2 - ca)^2} + \frac{c}{(c^2 - ab)^2} = 0$$

24. 设 n 是正整数，$a_k = 2^{2^{k-n}} + k$。证明

$$(a_1 - a_0)(a_2 - a_1) \cdots (a_n - a_{n-1}) = \frac{7}{a_0 + a_1}$$

25. 求

$$1 + \frac{1}{\sqrt[3]{2^2}} + \frac{1}{\sqrt[3]{3^2}} + \cdots + \frac{1}{\sqrt[3]{(10^9)^2}}$$

的整数部分。

26. 是否存在正实数数列 $\{a_n, n \geqslant 1\}$，对于一切正整数 n，使

$$a_1 + a_2 + \cdots + a_n \leqslant n^2, \frac{1}{a_1} + \frac{1}{a_2} + \cdots + \frac{1}{a_n} \leqslant 2\,008$$

27. 是否存在整系数多项式 f，对于一切整数 x, y, z，使 $f(x, y, z)$ 与 $x + \sqrt[3]{2}y + \sqrt[3]{3}z$ 同号？

28. 证明：在数列 $\lfloor n\sqrt{2} \rfloor + \lfloor n\sqrt{3} \rfloor$（$n \geqslant 1$）中存在无穷多个奇数。

29. 证明：如果 $x_1 > 0, x_2 > 0, \cdots, x_n > 0$，满足 $x_1 x_2 \cdots x_n = 1$，那么

$$\left(\frac{x_1 + x_2 + \cdots + x_n}{n}\right)^{2n} \geqslant \frac{x_1^2 + x_2^2 + \cdots + x_n^2}{n}$$

30. 方程 $x^3 + x^2 - 2x - 1 = 0$ 有三个实数根 x_1, x_2, x_3，求 $\sqrt[3]{x_1} + \sqrt[3]{x_2} + \sqrt[3]{x_3}$ 的值。

31. 证明：对一切 $a \geqslant 0, b \geqslant 0, c \geqslant 0, x \geqslant 0, y \geqslant 0, z \geqslant 0$，有
$$(a^2 + x^2)(b^2 + y^2)(c^2 + z^2) \geqslant (ayz + bzx + cxy - xyz)^2$$

32. 定义数列 $a_1 = \dfrac{1}{2}$，当 $n \geqslant 1$ 时，有

$$a_{n+1} = \frac{a_n^2}{a_n^2 - a_n + 1}$$

证明:对一切正整数 n,有 $a_1 + a_2 + \cdots + a_n < 1$.

33. 证明:对于一切 $a > 0, b > 0, c > 0$,有

$$\frac{a+b+c}{\sqrt[3]{abc}} + \frac{8abc}{(a+b)(b+c)(c+a)} \geqslant 4$$

34. 求一切实数 x,使

$$\frac{x^2}{x-1} + \sqrt{x-1} + \frac{\sqrt{x-1}}{x^2} = \frac{x-1}{x^2} + \frac{1}{\sqrt{x-1}} + \frac{x^2}{\sqrt{x-1}}$$

35. 设 $x > 30$ 是实数,且 $\lfloor x \rfloor \cdot \lfloor x^2 \rfloor = \lfloor x^3 \rfloor$. 证明:$\{x\} < \dfrac{1}{2\,700}$.

36. 证明:对一切 $x > 0, y > 0$,有 $x^y + y^x > 1$.

37. 求方程组

$$\begin{cases} x^3 + x(y-z)^2 = 2 \\ y^3 + y(z-x)^2 = 30 \\ z^3 + z(x-y)^2 = 16 \end{cases}$$

的实数解.

38. 设 a, b, c, d 是正实数,且 $a + b + c + d = 4$. 证明:$\dfrac{a^4}{(a+b)(a^2+b^2)} +$

$\dfrac{b^4}{(b+c)(b^2+c^2)} + \dfrac{c^4}{(c+d)(c^2+d^2)} + \dfrac{d^4}{(d+a)(d^2+a^2)}$ 至少等于 1.

39. 非负数 a, b, c, d, e, f 加起来是 6,求 $abc + bcd + cde + def + efa + fab$ 的最大值.

40. 解以下方程

$$\lfloor x \rfloor + \lfloor 2x \rfloor + \lfloor 4x \rfloor + \lfloor 8x \rfloor + \lfloor 16x \rfloor + \lfloor 32x \rfloor = 12\,345$$

41. 设 x, y, z 是实数,$x + y + z = 0$. 证明

$$\frac{x(x+2)}{2x^2+1} + \frac{y(y+2)}{2y^2+1} + \frac{z(z+2)}{2z^2+1} \geqslant 0$$

42. 求方程组

$$\begin{cases} \dfrac{1}{x} + \dfrac{1}{2y} = (x^2 + 3y^2)(3x^2 + y^2) \\ \dfrac{1}{x} - \dfrac{1}{2y} = 2(y^4 - x^4) \end{cases}$$

的实数解.

43. 求一切同时满足不等式

$$x + y + z - 2xyz \leqslant 1 \text{ 和 } xy + yz + zx + \frac{1}{xyz} \leqslant 4$$

的正实数三数组 (x, y, z).

44. 设 a,b,c 是正实数，且 $x=a+\dfrac{1}{b},y=b+\dfrac{1}{c},z=c+\dfrac{1}{a}$. 证明

$$xy+yz+zx\geqslant 2(x+y+z)$$

45. 设 a,b 是非零实数，且对一切正整数 n，$\lfloor an+b\rfloor$ 是偶数. 证明：a 是偶数.

46. 设 a,b,c 是正实数，求一切实数，使

$$\begin{cases} ax+by=(x-y)^2 \\ by+cz=(y-z)^2 \\ cz+ax=(z-x)^2 \end{cases}$$

47. 正实数 a,b,c 加起来是 1，证明

$$(ab+bc+ca)\left(\dfrac{a}{b^2+b}+\dfrac{b}{c^2+c}+\dfrac{c}{a^2+a}\right)\geqslant \dfrac{3}{4}$$

48. 非负实数数列 $\{a_n,n\geqslant 1\}$ 对一切不同的正整数 m,n，满足

$$|a_m-a_n|\geqslant \dfrac{1}{m+n}$$

证明：如果对一切 $n\geqslant 1$，实数 c 大于 a_n，那么 $c\geqslant 1$.

49. 设 a,b,c,d 是实数，且 $a+b+c+d=0,a^7+b^7+c^7+d^7=0$. 求

$$a(a+b)(a+c)(a+d)$$

的一切可能的值.

50. 设 a,b,c 是实数，且 $a^2+b^2+c^2=9$. 证明

$$2(a+b+c)-abc\leqslant 10$$

51. 实数 $x>1$ 有以下性质：对一切 $n\geqslant 2\,013$，有 $x^n\{x^n\}<\dfrac{1}{4}$. 证明：x 是整数.

52. 是否存在实数数列 $\{a_n,n\geqslant 1\}$，对一切 $n\geqslant 1$，有 $a_n\in[0,4]$ 以及对一切不同的正整数 m,n，有

$$|a_m-a_n|\geqslant \dfrac{1}{m-n}$$

53. 设 $a,b,c,d\in\left[\dfrac{1}{2},2\right]$，且 $abcd=1$. 求

$$\left(a+\dfrac{1}{b}\right)\left(b+\dfrac{1}{c}\right)\left(c+\dfrac{1}{d}\right)\left(d+\dfrac{1}{a}\right)$$

的最大值.

第 13 章　入门题的解答

1. A,B 两人都在做一道分数减法题. A 总是做对,而 B 总是做错,且认为分数减法的规则是

$$\frac{x}{y} - \frac{z}{w} = \frac{x-z}{y+w}$$

但是对于某些正整数 a,b,c,d,在计算 $\frac{a}{b} - \frac{c}{d}$ 时,两人得到同样的结果. 如果 A 必须求 $\frac{a}{b^2} - \frac{c}{d^2}$ 的值时,他会得到什么结果?

解　由于 A 和 B 得到同一个结果,所以必有

$$\frac{ad-bc}{bd} = \frac{a}{b} - \frac{c}{d} = \frac{a-c}{b+d}$$

这也可以写成

$$(ad-bc)(b+d) = (a-c)bd$$

展开后得

$$abd + ad^2 - b^2c - bcd = abd - bcd$$

化简为 $ad^2 - b^2c = 0$. 于是 A 将会得

$$\frac{a}{b^2} - \frac{c}{d^2} = \frac{ad^2 - b^2c}{b^2d^2} = 0$$

2. 求一切实数 x,使

$$\sqrt[3]{20 + x\sqrt{2}} + \sqrt[3]{20 - x\sqrt{2}} = 4$$

解法 1　将原关系式立方,并利用恒等式

$$(a+b)^3 = a^3 + b^3 + 3ab(a+b)$$

得

$$64 = 40 + 3\sqrt[3]{400 - 2x^2} \cdot 4$$

于是 $x^2 = 196$,解是 $x = \pm 14$. 最后得到方程有两个解,即 14 和 -14.

解法 2　引进两个新的变量 $a = \sqrt[3]{20 + x\sqrt{2}}, b = \sqrt[3]{20 - x\sqrt{2}}$. 原方程就变为 $a + b = 4$,但是 a 和 b 之间还隐藏着一个关系. 事实上,将 a 和 b 分别立方,得

$$a^3 = 20 + x\sqrt{2}, b^3 = 20 - x\sqrt{2}$$

两者相加，得 $a^3 + b^3 = 40$. 另一方面，由于 $a + b = 4$，我们有

$$a^3 + b^3 = (a + b)(a^2 - ab + b^2) = 4\left[(a + b)^2 - 3ab\right] = 4(16 - 3ab) = 64 - 12ab$$

于是

$$ab = \frac{64 - 40}{12} = 2$$

另一方面，$ab = \sqrt[3]{400 - 2x^2}$，于是 $400 - 2x^2 = 8, x^2 = 196, x = \pm 14$. 原方程的解是 14 和 -14.

3. 证明：对于一切实数 a, b, c，有

$$ab(a - c)(c - b) + bc(b - a)(a - c) + ca(c - b)(b - a) \leqslant 0$$

证明 将左边展开，不等式变为

$$ab(ac - ab - c^2 + bc) + bc(ab - bc - a^2 + ca) + ca(bc - ca - b^2 + ab) \leqslant 0$$

转化为

$$a^2b^2 + b^2c^2 + c^2a^2 \geqslant abc(a + b + c)$$

等价于

$$(ab - bc)^2 + (bc - ca)^2 + (ca - ab)^2 \geqslant 0$$

于是得证.

4. 当 $x \geqslant 2$ 时，化简下式

$$\frac{x^3 - 3x + (x^2 - 1)\sqrt{x^2 - 4} - 2}{x^3 - 3x + (x^2 - 1)\sqrt{x^2 - 4} + 2}$$

解 分别考虑分子和分母. 对于分子研究 $x^3 - 3x - 2$. 当 $x = -1$ 和 $x = 2$ 时，$x^3 - 3x - 2$ 为 0，于是能分解因式

$$
\begin{aligned}
x^3 - 3x - 2 &= x^3 - x - 2(x + 1) \\
&= x(x - 1)(x + 1) - 2(x + 1) \\
&= (x + 1)(x^2 - x - 2) \\
&= (x + 1)(x - 2)(x + 1) \\
&= (x + 1)^2(x - 2)
\end{aligned}
$$

于是

$$
\begin{aligned}
x^3 - 3x + (x^2 - 1)\sqrt{x^2 - 4} - 2 &= (x + 1)^2(x - 2) + (x - 1)(x + 1)\sqrt{x^2 - 4} \\
&= (x + 1)\sqrt{x - 2}\left[(x + 1)\sqrt{x - 2} + (x - 1)\sqrt{x + 2}\right]
\end{aligned}
$$

对分母同样处理，分解因式

$$x^3 - 3x + 2 = x^3 - x - 2(x - 1) = (x - 1)(x^2 + x - 2) = (x - 1)^2(x + 2)$$

于是

$$x^3 - 3x + (x^2 - 1) \sqrt{x^2 - 4} + 2$$
$$= (x - 1) \sqrt{x + 2} \left[(x - 1) \sqrt{x + 2} + (x + 1) \sqrt{x - 2} \right]$$

最后,得

$$\frac{x^3 - 3x + (x^2 - 1) \sqrt{x^2 - 4} - 2}{x^3 - 3x + (x^2 - 1) \sqrt{x^2 - 4} + 2} = \frac{x + 1}{x - 1} \cdot \sqrt{\frac{x - 2}{x + 2}}$$

5. 证明:对一切整数 n

$$(n^3 - 3n + 2)(n^3 + 3n^2 - 4) \text{ 和} (n^3 - 3n - 2)(n^3 - 3n^2 + 4)$$

都是完全立方数.

证明 先处理第一个式子. 关键要看到当 $n = 1$ 时, $n^3 - 3n + 2$ 和 $n^2 + 3n^2 - 4$ 都变为零. 于是这两个式子都能分解出因式 $n - 1$. 事实上

$$n^3 - 3n + 2 = n^3 - n - 2n + 2$$
$$= n(n^2 - 1) - 2(n - 1)$$
$$= (n - 1)n(n + 1) - 2(n - 1)$$
$$= (n - 1)(n^2 + n - 2)$$

类似地,有

$$n^3 + 3n^2 - 4 = n^3 - 1 + 3n^2 - 3$$
$$= (n - 1)(n^2 + n + 1) + 3(n - 1)(n + 1)$$
$$= (n - 1)(n^2 + n + 1 + 3n + 3)$$

所以, $n^2 + n - 2$ 和 $n^2 + n + 1 + 3n + 3 = n^2 + 4n + 4$ 都很容易分解因式. 事实上,当 $n = 1$ 时,前者为零,于是 $n^2 + n - 2 = (n - 1)(n + 2)$,而后者等于 $(n + 2)^2$. 合起来得

$$(n^3 - 3n + 2)(n^3 + 3n^2 - 4) = (n - 1)^2(n + 2)(n - 1)(n + 2)^2$$
$$= (n - 1)^3(n + 2)^3$$
$$= \left[(n - 1)(n + 2) \right]^3$$

是一个完全立方数.

类似地,得

$$n^3 - 3n - 2 = n^3 - n - 2(n + 1)$$
$$= (n - 1)n(n + 1) - 2(n + 1)$$
$$= (n^2 - n - 2)(n + 1)$$
$$= (n + 1)^2(n - 2)$$

和

$$n^3 - 3n^2 + 4 = n^3 + n^2 - 4(n^2 - 1)$$
$$= n^2(n + 1) - 4(n - 1)(n + 1)$$
$$= (n + 1)(n - 2)^2$$

于是

$$(n^3 - 3n - 2)(n^3 - 3n^2 + 4) = [(n+1)(n-2)]^3$$

是一个完全立方数.

6. 设 a 和 b 是正实数,证明

$$(a+b)^5 \geqslant 12ab(a^3 + b^3)$$

证明 设 $s = a+b, p = ab$,则不等式归结为

$$s^4 \geqslant 12p(s^2 - 3p)$$

等价于

$$(s^2 - 6p)^2 \geqslant 0$$

证毕.

7. 证明

$$\sum_{n=1}^{9\,999} \frac{1}{(\sqrt{n} + \sqrt{n+1})(\sqrt[4]{n} + \sqrt[4]{n+1})} = 9$$

证明 关键在于等式

$$(\sqrt{a} + \sqrt{b})(\sqrt[4]{a} + \sqrt[4]{b}) = \frac{a-b}{\sqrt[4]{a} - \sqrt[4]{b}}$$

它来源于等式

$$(x-y)(x+y)(x^2+y^2) = x^4 - y^4$$

其中 $x = \sqrt[4]{a}, y = \sqrt[4]{b}$. 于是

$$\begin{aligned}
\sum_{n=1}^{9\,999} \frac{1}{(\sqrt{n} + \sqrt{n+1})(\sqrt[4]{n} + \sqrt[4]{n+1})} &= \sum_{n=1}^{9\,999} (\sqrt[4]{n+1} - \sqrt[4]{n}) \\
&= \sqrt[4]{10\,000} - \sqrt[4]{1} \\
&= 10 - 1 \\
&= 9
\end{aligned}$$

8. 求方程组

$$\begin{cases}
a^3 + 3ab^2 + 3ac^2 - 6abc = 1 \\
b^3 + 3ba^2 + 3bc^2 - 6abc = 1 \\
c^3 + 3cb^2 + 3ca^2 - 6abc = 1
\end{cases}$$

的实数解.

解 前两个方程相减,得

$$a^3 + 3ab^2 + 3ac^2 = b^3 + 3ba^2 + 3bc^2$$

这可分解因式

$$a^3 + 3ab^2 + 3ac^2 - b^3 - 3ba^2 - 3bc^2$$
$$= a^3 - b^3 + 3ab(b-a) + 3c^2(a-b)$$
$$= (a-b)(a^2 + ab + b^2 - 3ab + 3c^2)$$

于是,得

$$(a-b)\left[(a-b)^2 + 3c^2\right] = 0$$

这必有 $a = b$(因为 $(a-b)^2 + 3c^2 = 0$ 仍有 $a = b$). 对第二个和第三个方程同样处理,得到 $a = b = c$,所以 $a^3 = 1$,于是 $(1,1,1)$ 是原方程组的唯一解.

9. 实数 $x_1, x_2, \cdots, x_{2011}$ 使 $\dfrac{x_1 + x_2}{2}, \dfrac{x_2 + x_3}{2}, \cdots, \dfrac{x_{2011} + x_1}{2}$ 是 $x_1, x_2, \cdots, x_{2011}$ 的一个排列. 证明: $x_1 = x_2 = \cdots = x_{2011}$.

证法 1 设 $n = 2011$. 如果 $y_1, y_2, \cdots, y_n$ 是 $x_1, x_2, \cdots, x_n$ 的一个排列,那么必有

$$y_1^2 + y_2^2 + \cdots + y_n^2 = x_1^2 + x_2^2 + \cdots + x_n^2$$

在这种情况下,得

$$\frac{(x_1 + x_2)^2}{4} + \cdots + \frac{(x_n + x_1)^2}{4} = x_1^2 + x_2^2 + \cdots + x_n^2$$

展开后,得

$$x_1 x_2 + \cdots + x_n x_1 = x_1^2 + \cdots + x_n^2$$

也可写成

$$(x_1 - x_2)^2 + \cdots + (x_n - x_1)^2 = 0$$

必有 $x_1 = x_2 = \cdots = x_n$,问题解决.

证法 2 利用对于一切 $i = 1, 2, \cdots, n$,有

$$\frac{(x_i + x_{i+1})^2}{4} \leqslant \frac{x_i^2 + x_{i+1}^2}{2}$$

将这些所有不等式相加,由已知得到一个等式. 只有对一切 i 都有 $x_i = x_{i+1}$ 时,这每一个不等式都是等式时,原不等式才是等式.

10. 证明:对一切 $x, y, z \in (-1, 1)$,有

$$\frac{1}{(1-x)(1-y)(1-z)} + \frac{1}{(1+x)(1+y)(1+z)} \geqslant 2$$

证明 利用 AM-GM 不等式证明方法很简洁:由已知条件,左边和式中的两项都为正,所以可用不等式 $a + b \geqslant 2\sqrt{ab}$,得

$$\frac{1}{(1-x)(1-y)(1-z)} + \frac{1}{(1+x)(1+y)(1+z)} \geqslant 2 \cdot \frac{1}{\sqrt{(1-x^2)(1-y^2)(1-z^2)}}$$

于是只要证明 $(1-x^2)(1-y^2)(1-z^2) \leqslant 1$,因为 $1-x^2, 1-y^2, 1-z^2 \in (0,1]$,所以这显然成立. 当且仅当 $x = y = z = 0$ 时,等号成立.

11. 求一切实数 x,使

$$(x^2 - x - 2)^4 + (2x + 1)^4 = (x^2 + x - 1)^4$$

解 设 $a = x^2 - x - 2, b = 2x + 1.$ 于是 $a + b = x^2 + x - 1$,原方程就变为

$$a^4 + b^4 = (a + b)^4$$

展开

$$(a + b)^4 = a^4 + 4a^3 b + 6a^2 b^2 + 4ab^3 + b^4$$

得

$$2ab(2a^2 + 3ab + 2b^2) = 0$$

如果 $a = 0$,那么 $x^2 - x - 2 = 0$,于是 $x = -1$,或 $x = 2$,都是原方程的解.

如果 $b = 0$,那么 $x = -\dfrac{1}{2}$,这是另一个解. 最后,假定 $ab \neq 0$,由前面的讨论可知 $2a^2 + 3ab + 2b^2 = 0$. 把它看作 a 的二次方程,计算判别式 $\Delta = -7b^2 < 0$,于是该方程无解. 原方程有三解:$-1, -\dfrac{1}{2}, 2$.

12. 设

$$a_n = \sqrt{1 + \left(1 - \frac{1}{n}\right)^2} + \sqrt{1 + \left(1 + \frac{1}{n}\right)^2}$$

求 $\dfrac{1}{a_1} + \dfrac{1}{a_2} + \cdots + \dfrac{1}{a_{20}}$ 的值.

解 我们有

$$a_n = \sqrt{1 + \frac{n^2 - 2n + 1}{n^2}} + \sqrt{1 + \frac{n^2 + 2n + 1}{n^2}}$$

$$= \frac{1}{n}\left(\sqrt{2n^2 - 2n + 1} + \sqrt{2n^2 + 2n + 1}\right)$$

利用恒等式

$$\frac{1}{\sqrt{x} + \sqrt{y}} = \frac{\sqrt{x} - \sqrt{y}}{x - y}$$

可推得

$$\frac{1}{a_n} = \frac{\sqrt{2n^2 + 2n + 1} - \sqrt{2n^2 - 2n + 1}}{4}$$

于是

$$\frac{1}{a_1} + \frac{1}{a_2} + \cdots + \frac{1}{a_{20}} = \frac{\sqrt{5} - 1}{4} + \frac{\sqrt{13} - \sqrt{5}}{4} + \cdots + \frac{\sqrt{841} - \sqrt{761}}{4}$$

最后一个表达式实际上是一个只有两项的式子. 于是

$$\frac{1}{a_1}+\frac{1}{a_2}+\cdots+\frac{1}{a_{20}}=\frac{29-1}{4}=7$$

13. 设 $f(x)=ax^2+bx+c$，其中 a,b,c 是实数，且 $a>0$，$ab\geqslant\frac{1}{8}$.

证明：$f(b^2-4ac)\geqslant 0$.

证明　设 $\Delta=b^2-4ac$. 如果 $\Delta\leqslant 0$，那么对一切 $x\in\mathbf{R}$，有 $f(x)\geqslant 0$（因为已知 $a>0$），所以 $f(\Delta)\geqslant 0$. 如果 $\Delta>0$，$x_1<x_2$ 是方程 $f(x)=0$ 的两根，那么（因为 $a>0$）$f(\Delta)\geqslant 0$ 等价于

$$(\Delta-x_1)(\Delta-x_2)\geqslant 0$$

于是只要证明

$$\Delta\geqslant x_2=\frac{-b+\sqrt{\Delta}}{2a}$$

但是由 AM - GM 不等式可推出

$$\Delta+\frac{b}{2a}\geqslant 2\sqrt{\Delta\cdot\frac{b}{2a}}\tag{1}$$

由已知 $ab\geqslant\frac{1}{8}$，所以式(1)的右边大于或等于

$$2\sqrt{\Delta\cdot\frac{1}{16a^2}}=\frac{\sqrt{\Delta}}{2a}$$

于是

$$\Delta+\frac{b}{2a}\geqslant\frac{\sqrt{\Delta}}{2a}$$

即 $\Delta\geqslant x_2$.

14. 分解因式

$$(x^2-yz)(y^2-zx)+(y^2-zx)(z^2-xy)+(z^2-xy)(x^2-yz)$$

解　在没有想出好办法时，通常第一步是展开，所以得到（设原式为 E）

$$E=x^2y^2-x^3z-y^3z+z^2xy+y^2z^2-y^3x-z^3x+x^2yz+z^2x^2-z^3y-x^3y+y^2xz$$

很难看出什么迹象，但是另一个自然的想法是将类似的项放在一起，写成对称的形式

$$E=(x^2y^2+y^2z^2+z^2x^2)+xyz(x+y+z)-xy(x^2+y^2)-yz(y^2+z^2)-zx(z^2+x^2)$$

现在注意

$$xy(x^2+y^2)=xy(x^2+y^2+z^2)-xyz^2$$

类似的式子也同样处理，然后相加，得

$$xy(x^2+y^2)+yz(y^2+z^2)+zx(z^2+x^2)$$
$$=(xy+yz+zx)(x^2+y^2+z^2)-xyz^2-yzx^2-zxy^2$$

于是

$$E = x^2 y^2 + y^2 z^2 + z^2 x^2 + 2xyz(x + y + z) - (xy + yz + zx)(x^2 + y^2 + z^2)$$

现在放心了，因为

$$x^2 y^2 + y^2 z^2 + z^2 x^2 + 2xyz(x + y + z)$$
$$= (xy)^2 + (yz)^2 + (zx)^2 + 2(xy)(yz) + 2(yz)(zx) + 2(zx)(xy)$$
$$= (xy + yz + zx)^2$$

综合所有得到的结果，得

$$E = (xy + yz + zx)(xy + yz + zx - x^2 - y^2 - z^2)$$

15. 设 a, b, c 是正实数，且

$$\left(1 + \frac{a}{b}\right)\left(1 + \frac{b}{c}\right)\left(1 + \frac{c}{a}\right) = 9$$

证明

$$\frac{1}{a} + \frac{1}{b} + \frac{1}{c} = \frac{10}{a + b + c}$$

证明 从两个不同的方向着手：改写已知条件和化简结论. 首先，将已知条件展开

$$\left(1 + \frac{a}{b}\right)\left(1 + \frac{b}{c}\right)\left(1 + \frac{c}{a}\right) = 1 + \frac{a}{b} + \frac{b}{c} + \frac{c}{a} + \frac{a}{b} \cdot \frac{b}{c} + \frac{b}{c} \cdot \frac{c}{a} + \frac{c}{a} \cdot \frac{a}{b} + 1 = 9$$

于是

$$7 = \frac{a}{b} + \frac{b}{c} + \frac{c}{a} + \frac{a}{c} + \frac{b}{a} + \frac{c}{b} \tag{1}$$

由于没有明显的方法化简式(1)，所以转向结论

$$10 = (a + b + c)\left(\frac{1}{a} + \frac{1}{b} + \frac{1}{c}\right) = 1 + \frac{a}{b} + \frac{a}{c} + \frac{b}{a} + 1 + \frac{b}{c} + \frac{c}{a} + \frac{c}{b} + 1$$

考虑一下这个等式，就是化简已知条件所得的等式.

16. 当 $x, y \in \mathbf{R}$ 时，求

$$\frac{(x + y)(1 - xy)}{(1 + x^2)(1 + y^2)}$$

的最大值.

解 关键的想法是用拉格朗日恒等式

$$(1 + x^2)(1 + y^2) = (x + y)^2 + (1 - xy)^2$$

设 $a = x + y, b = 1 - xy$，得

$$\frac{(x + y)(1 - xy)}{(1 + x^2)(1 + y^2)} = \frac{ab}{a^2 + b^2} \leqslant \frac{1}{2}$$

余下的问题是要看看 $\frac{1}{2}$ 是否能够取到（如果不能取到，那么我们将前功尽弃）. 当且仅当 $\frac{ab}{a^2 + b^2} = \frac{1}{2}$ 时，才能取到. $\frac{ab}{a^2 + b^2} = \frac{1}{2}$ 可改写为 $(a - b)^2 = 0$，或 $a = b$. 所以只需要求出

$x + y = 1 - xy$. 那么, 就选取 $y = 0, x = 1$.

17. 设 a, b 是有理数, 且

$$|a| \leqslant \frac{47}{|a^2 - 3b^2|}, |b| \leqslant \frac{52}{|b^2 - 3a^2|}$$

证明: $a^2 + b^2 \leqslant 17$.

证明　把已知条件改写为 $|a^2 - 3b^2||a| \leqslant 47$ 和 $|b^2 - 3a^2||b| \leqslant 52$.

设

$$x = a^3 - 3ab^2, y = b^3 - 3a^2 b$$

于是

$$
\begin{aligned}
x^2 + y^2 &= a^6 - 6a^4 b^2 + 9a^2 b^4 + b^6 - 6a^2 b^4 + 9a^4 b^2 \\
&= a^6 + 3a^4 b^2 + 3a^2 b^4 + b^6 \\
&= (a^2 + b^2)^3
\end{aligned}
$$

由此得

$$(a^2 + b^2)^3 = x^2 + y^2 \leqslant 47^2 + 52^2$$

幸运的是 $47^2 + 52^2 = 17^3$, 这就是所求的结果.

18. 证明: 如果 n 是正整数, 那么

$$(1^4 + 1^2 + 1)(2^4 + 2^2 + 1) \cdots (n^4 + n^2 + 1)$$

不是完全平方数.

证明　关键在于分解因式.

$$
\begin{aligned}
n^4 + n^2 + 1 &= n^4 + 2n^2 + 1 - n^2 \\
&= (n^2 + 1)^2 - n^2 \\
&= (n^2 - n + 1)(n^2 + n + 1)
\end{aligned}
$$

设 $x_n = n^2 - n + 1 = n(n - 1) + 1$, 则

$$n^2 + n + 1 = n(n + 1) + 1 = x_{n+1}$$

于是

$$
\begin{aligned}
&(1^4 + 1^2 + 1)(2^4 + 2^2 + 1) \cdots (n^4 + n^2 + 1) \\
&= (x_1 x_2)(x_2 x_3) \cdots (x_{n-1} x_n)(x_n x_{n+1}) \\
&= x_1 (x_2 x_3 \cdots x_{n-1} x_n)^2 x_{n+1}
\end{aligned}
$$

由于 $x_1 = 1$, 所以由上述结果只要证明 x_{n+1} 不是完全平方数. 但这是显然的, 因为

$$n^2 < n^2 + n + 1 < (n + 1)^2$$

19. 设 x, y 是实数, 且

$$(x + \sqrt{x^2 + 1})(y + \sqrt{y^2 + 1}) = 1$$

证明: $x + y = 0$.

证明 考虑乘以一个共轭根式. 关键是对任何 x 都有

$$(x + \sqrt{x^2 + 1})(x - \sqrt{x^2 + 1}) = -1$$

乘以关于 x 的共轭根式，得

$$y + \sqrt{y^2 + 1} = -x + \sqrt{x^2 + 1}$$

乘以关于 y 的共轭根式，得

$$x + \sqrt{x^2 + 1} = -y + \sqrt{y^2 + 1}$$

将这两式相加消去根式，得 $2(x + y) = 0$ 或 $x + y = 0$.

20. 证明：对一切 $x \geq 0, y \geq 0, z \geq 0$，有

$$x^2 + xy^2 + xyz^2 \geq 4xyz - 4$$

证法 1 把原不等式改写为

$$x^2 + 4 + xy^2 + xyz^2 \geq 4xyz$$

这里有一个消去 x 的很好方法：就是用 $x^2 + 4 \geq 4x$（等价于 $(x-2)^2 \geq 0$）. 于是只要证明

$$4 + y^2 + yz^2 \geq 4yz$$

现在重复上面的步骤：$4 + y^2 \geq 4y$，问题就归结为 $4 + z^2 \geq 4z$，这等价于

$$(z - 2)^2 \geq 0$$

证毕.

证法 2 利用 AM – GM 不等式的很巧妙的解法

$$x^2 + 4 + xy^2 + xyz^2 = x^2 + 4 + \frac{xy^2}{2} + \frac{xy^2}{2} + \frac{xyz^2}{4} + \cdots + \frac{xyz^2}{4}$$

$$\geq 8 \sqrt[8]{4 \cdot x^2 \cdot \frac{x^2 y^4}{4} \cdot \frac{x^4 y^4 z^8}{4^4}} = 4xyz$$

最后我们还可以设法配方，得到等价的不等式

$$xy(z - 2)^2 + x(y - 2)^2 + (x - 2)^2 \geq 0$$

这显然成立.

21. 设 x, y, a 是实数，且

$$x + y = x^3 + y^3 = x^5 + y^5 = a$$

求 a 的一切可能的值.

解 由已知条件得

$$(x + y)(x^5 + y^5) = (x^3 + y^3)^2$$

可化为

$$x^6 + xy^5 + x^5 y + y^6 = x^6 + y^6 + 2x^3 y^3$$

即

$$xy(x^4 + y^4 - 2x^2 y^2) = 0 \text{ 或 } xy(x^2 - y^2)^2 = 0$$

下面讨论几种情况:(1)如果 $x = 0$,那么原方程变为 $y = y^3 = y^5 = a$. 推得 $y \in \{-1, 0, 1\}$,所以 $a \in \{-1, 0, 1\}$,这是 a 的所有可能的值. $y = 0$ 的情况类似, a 也是同样一些值. 于是假定 $xy \neq 0$,由前面的讨论,必有 $x^2 = y^2$,即 $x = y$ 或 $x = -y$. (2)如果 $x = -y$,那么所有的方程都归结为 $a = 0$,所以假定 $x = y$. 此时原方程变为 $2x = 2x^3 = 2x^5 = a$. 又我们得到 $x \in \{-1, 0, 1\}$,所以 $a \in \{-2, 0, 2\}$. 所有这些都是允许值. 于是本题的答案是 $a \in \{-2, -1, 0, 1, 2\}$.

22. 设 a 和 n 是正整数,且 $n > 1$,求

$$(\sqrt[n]{a} - \sqrt[n]{a+1} + \sqrt[n]{a+2})^n$$

的整数部分.

解 由于 $a + 2 > a + 1$,显然有

$$\sqrt[n]{a} - \sqrt[n]{a+1} + \sqrt[n]{a+2} > \sqrt[n]{a}$$

于是

$$(\sqrt[n]{a} - \sqrt[n]{a+1} + \sqrt[n]{a+2})^n > a$$

我们将证明

$$(\sqrt[n]{a} - \sqrt[n]{a+1} + \sqrt[n]{a+2})^n < a+1, \text{ 或 } \sqrt[n]{a} - \sqrt[n]{a+1} + \sqrt[n]{a+2} < \sqrt[n]{a+1}$$

这表示本题的答案就是 a. 为了证明上面的不等式改写为

$$\sqrt[n]{a+2} - \sqrt[n]{a+1} < \sqrt[n]{a+1} - \sqrt[n]{a}$$

或等价于

$$\frac{1}{\sqrt[n]{(a+2)^{n-1}} + \cdots + \sqrt[n]{(a+1)^{n-1}}} < \frac{1}{\sqrt[n]{(a+1)^{n-1}} + \cdots + \sqrt[n]{a^{n-1}}}$$

但这是显然的,因为

$$\sqrt[n]{(a+2)^{n-1}} > \sqrt[n]{(a+1)^{n-1}}, \cdots, \sqrt[n]{(a+1)^{n-1}} > \sqrt[n]{a^{n-1}}$$

23. 设 $f(x) = (x^2 + x)(x^2 + x + 1) + \dfrac{x^5}{5}$,求 $f(\sqrt[5]{5} - 1)$ 的值.

解 肯定不能将 $x = \sqrt[5]{5} - 1$ 直接代入 $f(x)$ 中,因为这样会造成很大的麻烦. 可是只要稍微把 $f(x)$ 动一动,展开后重新排列各项

$$f(x) = x^4 + x^3 + x^2 + x^3 + x^2 + x + \frac{x^5}{5}$$

$$= x^4 + 2x^3 + 2x^2 + x + \frac{x^5}{5}$$

$$= \frac{x^5 + 5x^4 + 10x^3 + 10x^2 + 5x}{5}$$

我们发现分子各项恰是 $(x+1)^5$ 的展开式中的项,所以

$$f(x) = \frac{(x+1)^5 - 1}{5}$$

于是 $f(\sqrt[5]{5} - 1) = \frac{4}{5}$.

24. 设 a, b, c 是正实数, 且

$$\frac{1}{a} + \frac{1}{b} + \frac{1}{c} = 1$$

证明

$$\frac{1}{a+bc} + \frac{1}{b+ca} + \frac{1}{c+ab} = \frac{2}{\left(1+\frac{a}{b}\right)\left(1+\frac{b}{c}\right)\left(1+\frac{c}{a}\right)}$$

证明 首先选择较好的变量: 设

$$x = \frac{1}{a}, y = \frac{1}{b}, z = \frac{1}{c}$$

由已知得

$$x + y + z = 1$$

另一方面

$$\frac{1}{a+bc} = \frac{1}{\frac{1}{x} + \frac{1}{yz}} = \frac{xyz}{x+yz}$$

$$\frac{2}{\left(1+\frac{a}{b}\right)\left(1+\frac{b}{c}\right)\left(1+\frac{c}{a}\right)} = \frac{2xyz}{(x+y)(y+z)(z+x)}$$

于是只要证明

$$\frac{1}{x+yz} + \frac{1}{y+zx} + \frac{1}{z+xy} = \frac{2}{(x+y)(y+z)(z+x)}$$

观察到

$$x + yz = x(x+y+z) + yz = x^2 + xy + xz + yz$$

再写出类似的式子, 得

$$\frac{1}{x+yz} + \frac{1}{y+zx} + \frac{1}{z+xy} = \frac{1}{(x+y)(x+z)} + \frac{1}{(y+x)(y+z)} + \frac{1}{(z+x)(z+y)}$$

$$= \frac{(x+y) + (y+z) + (z+x)}{(x+y)(y+z)(z+x)}$$

$$= \frac{2}{(x+y)(y+z)(z+x)}$$

最后一个等式是由已知条件得到的.

25. 解方程
$$\frac{8}{\{x\}} = \frac{9}{x} + \frac{10}{\lfloor x \rfloor}$$

解　设 $a = \{x\}, b = \lfloor x \rfloor$，则 $x = a + b$，于是原方程变为
$$\frac{8}{a} = \frac{9}{a+b} + \frac{10}{b}$$

去分母，得到等价的方程
$$8b(a+b) = 9ab + 10a(a+b)$$

可进一步写成
$$10a^2 + 11ab - 8b^2 = 0$$

这是关于 a 和 b 的二次齐次方程，所以设 $c = \dfrac{a}{b}$，得到二次方程 $10c^2 + 11c - 8 = 0$. 用常规解法得到 $c = -\dfrac{8}{5}$ 或 $c = \dfrac{1}{2}$. 回到所设的式子，得

$$\{x\} = \frac{1}{2}\lfloor x \rfloor \text{ 或 } \{x\} = -\frac{8}{5}\lfloor x \rfloor$$

由于 $\lfloor x \rfloor$ 出现在原方程的分母中，所以 $\lfloor x \rfloor$ 是非零整数，于是 $-\dfrac{8}{5}\lfloor x \rfloor$ 必定不属于 $[0, 1)$. 由于对所有的 x，$\{x\}$ 都属于 $[0, 1)$，所以方程 $\{x\} = -\dfrac{8}{5}\lfloor x \rfloor$ 无解. 于是留下的是解 $\{x\} = \dfrac{1}{2}\lfloor x \rfloor$. 又因为 $\{x\} \in [0, 1)$ 以及 $\lfloor x \rfloor$ 是非零整数，所以必有 $\lfloor x \rfloor = 1$，于是 $\{x\} = \dfrac{1}{2}$.

最后得到 $x = 1 + \dfrac{1}{2} = \dfrac{3}{2}$，是本题的唯一解.

26. 设 a, b, c 是不超过 1 的正实数. 证明
$$(a + b + c)(abc + 1) \geq ab + bc + ca + 3abc$$

证明　将原不等式改写为
$$abc(a + b + c) + a + b + c \geq ab + bc + ca + 3abc$$

等价的
$$abc(3 - a - b - c) \leq b(1 - a) + c(1 - b) + a(1 - c)$$

由已知 $a, b, c \in [0, 1]$，于是
$$abc(1 - a) \leq b(1 - a)$$

由于 $1 - a \geq 0, 0 \leq abc \leq b$. 类似地，得
$$abc(1 - b) \leq c(1 - b), abc(1 - c) \leq a(1 - c)$$

将这些不等式相加就得到结果了.

27. 求方程组

$$\begin{cases} (x-2y)(x-4z)=3 \\ (y-2z)(y-4x)=5 \\ (z-2x)(z-4y)=-8 \end{cases}$$

的实数解.

解 由于原方程组没有明显的对称性,所以将左边的因式乘出,再将乘出后的方程相加(由于隐含着 $3+5-8=0$,因此左边各项是齐次式). 最后以

$$x^2+y^2+z^2+2(xy+yz+zx)=0 \tag{1}$$

结束,方程(1)等价于 $(x+y+z)^2=0$,于是 $x=-y-z$. 将 x 的这个值代入第一个和第二个方程,得到以 y,z 为未知数的方程组

$$\begin{cases} 3y^2+16yz+5z^2=3 \\ 5y^2-6zy-8z^2=5 \end{cases}$$

下面,利用 $3\times5-5\times3=0$,将第一个方程乘以 5,将第二个方程乘以 3,然后将所得的关系式相减,得

$$49z^2+98yz=0$$

即

$$z(2y+z)=0$$

现在讨论两种情况:(1)如果 $z=0$,那么前面的方程组就变为 $3y^2=3$ 和 $5y^2=5$,有两个解 $y=\pm1$. 由 $x=-y-z$,得到原方程组的两组解 $(x,y,z)=\{(1,-1,0),(-1,1,0)\}$.
(2)如果 $z=-2y$,那么前面的方程组的第一个方程变为

$$3y^2-32y^2+20y^2=3$$

即 $-9y^2=3$,显然没有实数解. 由于第二种情况不可能,所以原方程组的解为 $(1,-1,0)$,$(-1,1,0)$.

28. 如果 a,b,c,d 是实数,且 $a^2+b^2+(a+b)^2=c^2+d^2+(c+d)^2$. 证明

$$a^4+b^4+(a+b)^4=c^4+d^4+(c+d)^4$$

证明 先将已知条件写成较简单的形式,展开后,重新排列各项,再除以 2,得到与已知条件等价的式子

$$a^2+b^2+a^2+2ab+b^2=c^2+d^2+c^2+2cd+d^2$$

或

$$a^2+ab+b^2=c^2+cd+d^2$$

对结论做同样的处理. 回忆起二项式公式将是有用的.

$$(a+b)^4=a^4+4a^3b+6a^2b^2+4ab^3+b^4$$

于是结论可改写成

$$2(a^4+b^4)+4a^3b+6a^2b^2+4ab^3=2(c^4+d^4)+4c^3d+4cd^3+6c^2d^2$$

或等价于除以 2 后的

$$a^4+2a^3b+3a^2b^2+2ab^3+b^4=c^4+2c^3d+3c^2d^2+2cd^3+d^4$$

上面的等式的两边看上去接近于平方式 $(a^2+ab+b^2)^2$ 和 $(c^2+cd+d^2)^2$. 岂止是看上去而是接近于,实际上就是平方式. 于是将 $a^2+ab+b^2=c^2+cd+d^2$ 的两边平方就得到结论了.

注意,上面的证明表明对一切实数 a,b,有

$$\frac{a^4+b^4+(a+b)^4}{2}=\left[\frac{a^2+b^2+(a+b)^2}{2}\right]^2$$

29. 已知多项式 $P(x)=x^3+ax^2+bx+c$ 有三个不同的实数根,多项式 $P[Q(x)]$ 没有实数根,其中 $Q(x)=x^2+x+2\,001$. 证明:$P(2\,001)>\dfrac{1}{64}$.

证明 设 x_1,x_2,x_3 是多项式 P 的根,所以对一切 x,有

$$P(x)=(x-x_1)(x-x_2)(x-x_3)$$

于是

$$P(Q(x))=(x^2+x+2\,001-x_1)(x^2+x+2\,001-x_2)(x^2+x+2\,001-x_3)\quad(1)$$

由已知条件可知,方程(1)的右边恒为非零,所以对 $i=1,2,3$,方程 $x^2+x+2\,001-x_i=0$ 无实数解. 于是得到相应的判别式为负,即对 $i=1,2,3$,有

$$2\,001-x_i>\frac{1}{4}$$

最后,得

$$P(2\,001)=(2\,001-x_1)(2\,001-x_2)(2\,001-x_3)>\frac{1}{4^3}=\frac{1}{64}$$

30. 对 $\{a_n,n\ge0\}$,定义数列 $a_n:a_0=1$ 和

$$a_{n+1}=a_{\left\lfloor\frac{7n}{9}\right\rfloor}+a_{\left\lfloor\frac{n}{9}\right\rfloor}$$

证明:存在 n,使 $a_n<\dfrac{n}{2\,001!}$.

证明 注意到 $a_0=1$.用加强的归纳法对 $n\ge1$ 证明 $a_n<2n$. 当 $n=1$ 时,命题已经成立. 利用递推关系容易算出

$$a_2=2,a_3=a_4=3,a_5=a_6=a_7=4,a_8=5,a_9=5$$

所以当 $1\le n\le9$ 时,有 $a_n\le2n$. 假定一直到 $n\ge9$,不等式 $a_n\le2n$ 都成立,那么

$$a_{n+1}=a_{\left\lfloor\frac{7n}{9}\right\rfloor}+a_{\left\lfloor\frac{n}{9}\right\rfloor}\le2\left\lfloor\frac{7n}{9}\right\rfloor+2\left\lfloor\frac{n}{9}\right\rfloor\le2\cdot\frac{8n}{9}\le2(n+1)$$

归纳部分已证.

接着,如果 $n\ge9$,那么 $\left\lfloor\dfrac{n}{9}\right\rfloor$ 和 $\left\lfloor\dfrac{7n}{9}\right\rfloor\ge1$,于是,与上面的论证同理,得

$$a_{n+1} = a_{\lfloor \frac{7n}{9} \rfloor} + a_{\lfloor \frac{n}{9} \rfloor} \leqslant 2 \cdot \frac{8n}{9}$$

于是当 $n \geqslant 10$ 时，有 $a_n \leqslant 2 \cdot \frac{8n}{9}$. 于是当 $n \geqslant 90$ 时，有

$$a_{n+1} \leqslant 2 \cdot \frac{8n}{9} \cdot \left(2 \lfloor \tfrac{7n}{9} \rfloor + 2 \lfloor \tfrac{n}{9} \rfloor \right) \leqslant 2 \cdot \frac{8^2}{9^2} n$$

所以当 $n \geqslant 91$ 时，$a_n \leqslant 2 \cdot \frac{8^2}{9^2} n$. 于是直接归纳表明，对一切 $n \geqslant x_k$，有 $a_n \leqslant 2 \cdot \frac{8^k}{9^k} n$，其中 $x_0 = 1, x_{k+1} = 9x_k + 1$. 这就是说，由于 $\frac{8}{9} < 1$，所以能找到 k 使 $\frac{8^k}{9^k} < \frac{1}{2 \cdot 2\,001!}$. 于是上面的讨论表明对一切 $n \geqslant x_k$，有 $a_n < \frac{n}{2\,001!}$，这就是我们要证的.

31. 证明：如果实数 a, b 满足
$$a^2(2a^2 - 4ab + 3b^2) = 3, \quad b^2(3a^2 - 4ab + 2b^2) = 5$$
那么 $a^3 + b^3 = 2(a+b)$.

证法 1 与其考虑复杂的已知条件，还不如首先分析结论可能比较容易得到一些信息. 理由是 $a^3 + b^3 = 2(a+b)$ 等价于 $(a+b)(a^2 - ab + b^2) = 2(a+b)$，所以导致 $a + b = 0$ 或 $a^2 - ab + b = 2$. 如果 $a + b = 0$，那么将 b 换成 $-a$ 代入已知中，推得两个式子矛盾. 所以实际上要证明的是 $a^2 - ab + b^2 = 2$. 现在已知条件是 a 与 b 的四次多项式，所以自然要以同样的方式表示结论. 当然这意味着将 $a^2 - ab + b^2$ 平方. 于是（因为 $a^2 - ab + b^2 = (a - \frac{b}{2})^2 + \frac{3b^2}{4}$ 非负）结论等价于

$$4 = (a^2 - ab + b^2)^2 = a^4 + a^2b^2 + b^4 - 2a^3b - 2ab^3 + 2a^2b^2$$

或等价于

$$a^4 - 2a^3b + 3a^2b^2 - 2ab^3 + b^4 = 4$$

另一方面，已知条件可写成

$$2a^4 - 4a^3b + 3a^2b^2 = 3, \quad 3a^2b^2 - 4ab^3 + 2b^4 = 5$$

将这两个式子相加后除以 2 就发生奇迹了，我们得到的恰恰是所需要的结果.

证法 2 先将两个已知条件相加

$$2a^4 - 4a^3b + 6a^2b^2 - 4ab^4 + 2b^4 = 8$$

这是显然要想除以 2，但是最好避免这样做，而是把左边改写成 $a^4 + b^4 + (a-b)^4$，于是

$$a^4 + b^4 + (a-b)^4 = 8$$

再利用第 28 题的解中建立的恒等式

$$\frac{a^4 + b^4 + (a+b)^4}{2} = \left[\frac{a^2 + b^2 + (a+b)^2}{2} \right]^2$$

于是推出

$$a^2 - ab + b^2 = \frac{a^2 + b^2 + (a-b)^2}{2} = 2$$

再乘以 $a + b$ 就得到所需的结果.

32. 如果 x, y 是实数, 且 $\dfrac{x^2 + y^2}{x^2 - y^2} + \dfrac{x^2 - y^2}{x^2 + y^2} = k$, 用 k 表示

$$\frac{x^8 + y^8}{x^8 - y^8} + \frac{x^8 - y^8}{x^8 + y^8}$$

解法 1 通分后, 得

$$k = \frac{(x^2 + y^2)^2 + (x^2 - y^2)^2}{(x^2 + y^2)(x^2 - y^2)} = 2 \cdot \frac{x^4 + y^4}{x^4 - y^4}$$

注意到这有点像 k 的公式部分, 再用这个结果, 得

$$\frac{k}{2} + \frac{2}{k} = \frac{x^4 + y^4}{x^4 - y^4} + \frac{x^4 - y^4}{x^4 + y^4} = 2 \cdot \frac{x^8 + y^8}{x^8 - y^8}$$

于是

$$\frac{x^8 + y^8}{x^8 - y^8} + \frac{x^8 - y^8}{x^8 + y^8} = \frac{k}{4} + \frac{1}{k} + \frac{2}{\dfrac{k}{2} + \dfrac{2}{k}} = \frac{k}{4} + \frac{1}{k} + \frac{4k}{k^2 + 4}$$

解法 2 关键在于如果用同一个数乘以 x 和 y, 那么已知条件和结论都不变. 实际的情况并不是 x 和 y, 而是用同一个数乘以 x^2 和 y^2 也行. 这使我们只要设一个变量 $t = \dfrac{x^2}{y^2}$ 就可以了. 不错, 准确地说, y 不是零才可以. 所以从最简单的 $y = 0$ 的情况开始. 这样, 已知条件就变为 $2 = k$, 于是

$$\frac{x^8 + y^8}{x^8 - y^8} + \frac{x^8 - y^8}{x^8 + y^8} = 2$$

现在假定 $y \neq 0$, 并设 $t = \dfrac{x^2}{y^2}$. 于是 $x^2 = t y^2$, 于是已知条件就变为

$$\frac{x^2(t+1)}{x^2(t-1)} + \frac{x^2(t-1)}{x^2(t+1)} = k$$

或等价的

$$\frac{t+1}{t-1} + \frac{t-1}{t+1} = k \tag{1}$$

下面设法用 k 表示 t. 对方程 (1) 去分母后, 得

$$(t+1)^2 + (t-1)^2 = k(t^2 - 1), \text{或} 2(t^2 + 1) = k(t^2 - 1)$$

最后有 $t^2(k-2) = k+2$. 所以 $k \neq 2$ (否则又得到 $k = -2$), 于是

$$t^2 = \frac{k+2}{k-2}$$

应计算

$$\frac{x^8+y^8}{x^8-y^8}+\frac{x^8-y^8}{x^8+y^8}=\frac{t^4+1}{t^4-1}+\frac{t^4-1}{t^4+1}$$

因为 $t^2=\dfrac{k+2}{k-2}$,所以

$$t^4-1=\frac{(k+2)^2}{(k-2)^2}-1=\frac{k^2+4k+4-(k^2-4k+4)}{(k-2)^2}=\frac{8k}{(k-2)^2}$$

$$t^4+1=\frac{(k+2)^2}{(k-2)^2}+1=\frac{k^2+4k+4+(k^2-4k+4)}{(k-2)^2}=\frac{2k^2+8}{(k-2)^2}$$

最后得

$$\frac{t^4+1}{t^4-1}+\frac{t^4-1}{t^4+1}=\frac{8k}{8+2k^2}+\frac{8+2k^2}{8k}=\frac{4k}{4+k^2}+\frac{4+k^2}{4k}$$

注意,如果 $y=0$,那么得到同样的答案(因为当 $k=2$ 时,上面最后的式子等于 2). 所以在各种情况下,都有

$$\frac{x^8+y^8}{x^8-y^8}+\frac{x^8-y^8}{x^8+y^8}=\frac{4k}{4+k^2}+\frac{4+k^2}{4k}$$

33. 求满足

$$x+\frac{y}{z}=y+\frac{z}{x}=z+\frac{x}{y}=2$$

的一切正实数 x,y,z.

解 已知 x,y,z 是正实数,暗示我们应考虑不等式在本题中的作用,将这三个方程相加,得

$$x+y+z+\frac{y}{z}+\frac{z}{x}+\frac{x}{y}=6$$

用 AM – GM 不等式,得

$$\frac{y}{z}+\frac{z}{x}+\frac{x}{y}\geqslant 3$$

于是必有 $x+y+z\leqslant 3$. 另一方面,原方程组可改写为

$$xz+y=2z,\quad xy+z=2x,\quad yz+x=2y$$

将这三个式子相加,得

$$xy+yz+zx=x+y+z$$

另一方面,因为 $x^2+y^2+z^2\geqslant xy+yz+zx$,得

$$x+y+z=xy+yz+zx\leqslant\frac{(x+y+z)^2}{3}$$

所以 $x+y+z\geqslant 3$. 由于已经得到 $x+y+z\leqslant 3$,于是 $x+y+z=3$. 由此可知,前面所有的不等式都变为等式,即当且仅当 $x=y=z$ 时,等式成立. 所以推得原方程组有唯一解 $x=y=$

$z = 1$.

34. 已知二次多项式 $f(x)$ 和 $g(x)$ 的首项系数是 1,且方程 $f(g(x)) = 0$ 和 $g(f(x)) = 0$ 没有实数解. 证明: $f(f(x)) = 0$ 和 $g(g(x)) = 0$ 中至少有一个没有实数解.

证明 用反证法,假定两个方程 $f(f(x)) = 0$ 和 $g(g(x)) = 0$ 都至少有一个实数根,于是存在 $f(x)$ 的一个根 a,使方程 $f(x) = a$ 有一个实数解,于是多项式 $f(x) - a$ 的判别式非负. 设 Δ_1 是 $f(x)$ 的判别式. 这就是说,$\Delta_1 + 4a \geqslant 0$. 类似地,存在 $g(x)$ 的一个根 b,使方程 $g(x) = b$ 有实数解,于是设 Δ_2 是 $g(x)$ 的判别式,有 $\Delta_2 + 4b \geqslant 0$.

但是,因为 $f(g(x))$ 和 $g(f(x))$ 没有实数解,所以多项式 $g(x) - a$ 和 $f(x) - b$ 都必定没有实数解. 它们的判别式必为负,即 $\Delta_2 + 4a < 0, \Delta_1 + 4b < 0$. 将前两个不等式相加,得 $\Delta_1 + \Delta_2 + 4a + 4b \geqslant 0$,将后两个不等式相加,得 $\Delta_1 + \Delta_2 + 4a + 4b < 0$,这是一个矛盾.

35. 证明:对于一切 $x > 0, y > 0$,有

$$\frac{2xy}{x+y} + \sqrt{\frac{x^2+y^2}{2}} \geqslant \frac{x+y}{2} + \sqrt{xy}$$

证明 稍稍改变一下原不等式

$$\sqrt{\frac{x^2+y^2}{2}} - \sqrt{xy} \geqslant \frac{x+y}{2} - \frac{2xy}{x+y}$$

两边都进行变形

$$\sqrt{\frac{x^2+y^2}{2}} - \sqrt{xy} = \frac{\frac{x^2+y^2}{2} - xy}{\sqrt{xy} + \sqrt{\frac{x^2+y^2}{2}}} = \frac{(x-y)^2}{2\left(\sqrt{xy} + \sqrt{\frac{x^2+y^2}{2}}\right)}$$

$$\frac{x+y}{2} - \frac{2xy}{x+y} = \frac{(x+y)^2 - 4xy}{2(x+y)} = \frac{(x-y)^2}{2(x+y)}$$

于是,原不等式等价于

$$\frac{1}{2\left(\sqrt{xy} + \sqrt{\frac{x^2+y^2}{2}}\right)} \geqslant \frac{1}{2(x+y)}$$

或

$$\sqrt{xy} + \sqrt{\frac{x^2+y^2}{2}} \leqslant x+y$$

这很容易利用 Cauchy-Schwarz 不等式,得

$$\left(\sqrt{xy} + \sqrt{\frac{x^2+y^2}{2}}\right)^2 \leqslant 2\left(\frac{x^2+y^2}{2} + xy\right) = (x+y)^2$$

36. 对于一切实数 x,二次多项式 P 有 $P(x^3+x) \geqslant P(x^2+1)$,求 P 的两根之和.

解 设 $P(x) = ax^2 + bx + c$,于是

$$P(x^3+x) - P(x^2+1) = ax^2(x^2+1)^2 + bx(x^2+1) - a(x^2+1)^2 - b(x^2+1)$$
$$= a(x^2+1)^2(x^2-1) + b(x-1)(x^2+1)$$
$$= (x-1)(x^2+1)[a(x+1)(x^2+1)+b] \qquad (1)$$

因为式(1)恒为非负，所以对一切 x，有

$$(x-1)[a(x+1)(x^2+1)+b] \geq 0$$

取 $x = 1+u$，可推得对一切 $u \neq 0$，$a(u+2)[1+(1+u)^2]+b$ 与 u 同号. 当 u 为负数，且十分接近于 0 时，$a(u+2)[1+(1+u)^2]+b$ 十分接近于 $4a+b$，所以 $4a+b$ 必定非正. 同理，当 u 为正数，且十分接近于 0 时，可得 $4a+b$ 必定非负. 于是 $4a+b=0$，所以 P 的两根的和是 $-\dfrac{b}{a} = 4$.

注 本题所用的关键事实是：如果 $Q(x)$ 是对一切实数 x 都有 $Q(x) \geq 0$ 的多项式，那么 Q 的每一个根都是偶数重根. 为了弄清楚这一点，我们注意到，如果 $x=a$ 是奇数 m 重根，那么可写成 $Q(x) = (x-a)^m G(x)$，其中 $G(x)$ 是某个使 $G(a) \neq 0$ 的多项式. 于是 $G(x)$ 在以 a 为中心的某个区间上与 $G(a)$ 同号. 但是当 $x > a$ 时，$(x-a)^m$ 为正；当 $x < a$ 时，$(x-a)^m$ 为负，即 $Q(x)$ 在 a 的两侧中的一侧为负，这与对一切实数 x 都有 $Q(x) \geq 0$ 矛盾.

在本题中，我们设 $P(x) = ax^2 + bx + c$，并取

$$Q(x) = P(x^3+x) - P(x^2+1)$$
$$= a(x^3+x)^2 + b(x^3+x) - a(x^2+1)^2 - b(x^2+1)$$
$$= ax^6 + ax^4 + bx^3 - (a+b)x^2 + bx - a - b$$

根据定义，$Q(1) = P(2) - P(2) = 0$，所以 $x=1$ 是根，于是分解因式，得

$$Q(x) = (x-1)[ax^5 + ax^4 + 2ax^3 + (2a+b)x^2 + ax + a + b]$$

上面的 $Q(x) \geq 0$ 这一结果表示 $x=1$ 必是 Q 的二重根，于是 $8a+2b=0$，两根之和是 $-\dfrac{b}{a} = 4$.

37. 解方程

$$x^2 - 10x + 1 = \sqrt{x}(x+1)$$

解 设 x 是方程的解，于是 $x \geq 0$，实际上是 $x > 0$，因为 $x = 0$ 显然不是解. 现在我们要用的是间接证法：两边除以 x，得等价的方程

$$x - 10 + \frac{1}{x} = \sqrt{x} + \frac{1}{\sqrt{x}}$$

设 $y = \sqrt{x} + \dfrac{1}{\sqrt{x}}$，关键在于 $x + \dfrac{1}{x} + 2 = y^2$. 于是原方程也可写成 $y^2 - 12 = y$. 这个二次方程很容易解，得到两个解 $y = 4$ 和 $y = -3$. 但是根据定义 $y > 0$，于是 $y = 4$，就有 $x + \dfrac{1}{x} =$

$y^2 - 2 = 14$. 解这个新的二次方程 $x^2 - 14x + 1 = 0$, 最后得到解 $x = 7 \pm \sqrt{3}$. 因为这两个解都是正的, 所以都是原方程的解.

38. 已知多项式 $x^3 + ax^2 + bx + c$ 有三个实数根, 证明: 如果 $-2 \leqslant a + b + c \leqslant 0$, 那么至少有一个根属于 $[0,2]$.

证明 设 x_1, x_2, x_3 是原多项式的根, 所以对任何 x 都有
$$x^3 + ax^2 + bx + c = (x - x_1)(x - x_2)(x - x_3)$$
取 $x = 1$, 得
$$1 + a + b + c = (1 - x_1)(1 - x_2)(1 - x_3)$$
与已知条件联立, 得
$$|1 - x_1| \cdot |1 - x_2| \cdot |1 - x_3| = |1 + a + b + c| \leqslant 1$$
不失一般性, 设 $|1 - x_1|, |1 - x_2|, |1 - x_3|$ 中最小的是 $|1 - x_1|$, 则 $|1 - x_1|$ 不超过 1. 于是 $x_1 \in [0,2]$. 证毕.

39. 考虑未知数为 x_1, x_2, x_3 的方程组
$$\begin{cases} a_{11}x_1 + a_{12}x_2 + a_{13}x_3 = 0 \\ a_{21}x_1 + a_{22}x_2 + a_{23}x_3 = 0 \\ a_{31}x_1 + a_{32}x_2 + a_{33}x_3 = 0 \end{cases}$$
假定:
(1) a_{11}, a_{22}, a_{33} 都是正数;
(2) 其余系数都是负数;
(3) 每个方程中的各系数之和是正数.
证明: 原方程组只有解 $x_1 = x_2 = x_3 = 0$.

证明 假定 x_1, x_2, x_3 是方程组的解. 由对称性, 可以假定 $|x_1|$ 是 $|x_1|, |x_2|$ 和 $|x_3|$ 中最大的. 由第一个方程, 得
$$|a_{11}x_1| = |a_{12}x_2 + a_{13}x_3|$$
$$\leqslant |a_{12}| \cdot |x_2| + |a_{13}| \cdot |x_3|$$
$$\leqslant (|a_{12}| + |a_{13}|)|x_1|$$
于是
$$(|a_{11}| - |a_{12}| - |a_{13}|)|x_1| \leqslant 0$$
已知条件可以确定
$$|a_{11}| - |a_{12}| - |a_{13}| = a_{11} + a_{12} + a_{13} > 0$$
所以由前面的不等式得到 $|x_1| \leqslant 0$, 于是 $x_1 = 0$. 因为 $|x_1|$ 是 $|x_1|, |x_2|$ 和 $|x_3|$ 中最大的, 所以 $x_1 = x_2 = x_3 = 0$. 证毕.

40. 求一切正实数三数组 (x,y,z), 对于该三数组存在正实数 t 使得以下不等式同时

成立

$$\frac{1}{x}+\frac{1}{y}+\frac{1}{z}+t\leqslant4,\, x^2+y^2+z^2+\frac{2}{t}\leqslant5$$

解 设 x,y,z,t 满足本题中的不等式，那么将不等式

$$8\geqslant2t+\frac{2}{x}+\frac{2}{y}+\frac{2}{z}$$

与

$$5\geqslant x^2+y^2+z^2+\frac{2}{t}$$

相加，得

$$13\geqslant2\left(t+\frac{1}{t}\right)+x^2+\frac{2}{x}+y^2+\frac{2}{y}+z^2+\frac{2}{z}$$

接着用 AM – GM 不等式，得

$$x^2+\frac{2}{x}\geqslant x^2+\frac{1}{x}+\frac{1}{x}\geqslant3\sqrt[3]{x^2\cdot\frac{1}{x^2}}=3$$

写出类似的不等式后，相加，得

$$13\geqslant9+2\left(t+\frac{1}{t}\right)$$

推得 $t+\frac{1}{t}\leqslant2$，于是 $(t-1)^2\leqslant0$. 这不仅仅是 $t=1$，而且前面的所有不等式实际上都是等式. 特别是，在利用 AM – GM 不等式时，只有当 $x=y=z=1$ 时，等号成立. 所以结论 $(x,y,z)=(1,1,1)$ 是本题的唯一解（这种情况下，可取 $t=1$）.

41. 证明：如果 $a+b+c=0$，那么

$$\left(\frac{a}{b-c}+\frac{b}{c-a}+\frac{c}{a-b}\right)\left(\frac{b-c}{a}+\frac{c-a}{b}+\frac{a-b}{c}\right)=9$$

证明 分别处理每个因式，有

$$\frac{a}{b-c}+\frac{b}{c-a}+\frac{c}{a-b}$$

$$=\frac{a(c-a)(a-b)+b(b-c)(a-b)+c(b-c)(c-a)}{(a-b)(b-c)(c-a)}$$

将分子展开后，重新排列

$$a(c-a)(a-b)+b(b-c)(a-b)+c(b-c)(c-a)$$
$$=a^2(b+c)+b^2(c+a)+c^2(a+b)-(a^3+b^3+c^3+3abc)$$

因为 $a+b+c=0$，所以

$$a^3+b^3+c^3=3abc$$

以及

$$a^2(b+c)+b^2(c+a)+c^2(a+b) = -(a^3+b^3+c^3) = -3abc$$

于是

$$\frac{a}{b-c}+\frac{b}{c-a}+\frac{c}{a-b} = -\frac{9abc}{(a-b)(b-c)(c-a)}$$

因为可用 $-[(a-b)+(b-c)]$ 代替 $c-a$，所以处理第二个因式就容易多了.

$$\frac{b-c}{a}+\frac{c-a}{b}+\frac{a-b}{c} = \frac{b-c}{a}-\frac{a-b}{b}-\frac{b-c}{b}+\frac{a-b}{c}$$

$$= (b-c)\left(\frac{1}{a}-\frac{1}{b}\right)+(a-b)\left(\frac{1}{c}-\frac{1}{b}\right)$$

$$= -\frac{(a-b)(b-c)}{ab}+\frac{(a-b)(b-c)}{bc}$$

$$= -\frac{(a-b)(b-c)(c-a)}{abc}$$

将前两个式子合起来,就得到所求的结果.

42. 设 a,b,c,x,y,z,m,n 是正实数,且满足

$$\sqrt[3]{a}+\sqrt[3]{b}+\sqrt[3]{c} = \sqrt[3]{m}, \sqrt{x}+\sqrt{y}+\sqrt{z} = \sqrt{n}$$

证明: $\dfrac{a}{x}+\dfrac{b}{y}+\dfrac{c}{z} \geqslant \dfrac{m}{n}$.

证明 设 $A=\sqrt[3]{a},B=\sqrt[3]{b},C=\sqrt[3]{c}$ 和 $X=\sqrt{x},Y=\sqrt{y},Z=\sqrt{z}$.

于是,已知条件可写成

$$m=(A+B+C)^3, n=(X+Y+Z)^2$$

所以结论等价于

$$\frac{A^3}{X^2}+\frac{B^3}{Y^2}+\frac{C^3}{Z^2} \geqslant \frac{(A+B+C)^3}{(X+Y+Z)^2}$$

这是不容易看出的 Hölder 不等式,因为

$$(X+Y+Z)(X+Y+Z)\left(\frac{A^3}{X^2}+\frac{B^3}{Y^2}+\frac{C^3}{Z^2}\right)$$

$$\geqslant \left(\sqrt[3]{X^2\cdot\frac{A^3}{X^2}}+\sqrt[3]{Y^2\cdot\frac{B^3}{Y^2}}+\sqrt[3]{Z^2\cdot\frac{C^3}{Z^2}}\right)^3$$

$$= (A+B+C)^3$$

43. 求一切正整数三数组 x,y,z,使

$$x^2y+y^2z+z^2x = xy^2+yz^2+zx^2 = 111$$

解 关键的关系式是

$$x^2y+y^2z+z^2x = xy^2+yz^2+zx^2$$

可写成

$$xy(x-y) + yz(y-z) + zx(z-x) = 0 \tag{1}$$

由于 $z-x = -\left[(x-y) + (y-z)\right]$，所以方程 (1) 又可以写成

$$xy(x-y) + yz(y-z) - zx(x-y) - zx(y-z) = 0$$

即

$$(xy - zx)(x-y) + (yz - zx)(y-z) = 0$$

或

$$(x-y)(y-z)(z-x) = 0$$

因此，第一个方程等价于 $(x-y)(y-z)(z-x) = 0$，也就是说，x,y,z 中有两个相等. 不失一般性，设 $y = z$，于是第二个方程就变为

$$xy^2 + y^3 + yx^2 = 111$$

或

$$y(xy + y^2 + x^2) = 111$$

因为 $111 = 3 \times 37$，又 x,y,z 是正整数，所以 $xy + y^2 + x^2 > y$，于是必有 $y = 1$ 或 $y = 3$. 若 $y = 1$，则 $x^2 + x + 1 = 111$，可写成 $(x-10)(x+11) = 0$，正整数解是 $x = 10$. 若 $y = 3$，则 $x^2 + 3x + 9 = 37$，可写成 $(x-4)(x+7) = 0$，有解 $x = 4$. 总的来说，解是 $(x,y,z) = \{(10,1,1), (4,3,3)\}$ 以及它们的排列.

44. 设 a,b,c 是非零实数，且满足

$$\frac{1}{a^3} + \frac{1}{b^3} + \frac{1}{c^3} = \frac{1}{a^3 + b^3 + c^3}$$

证明：$\dfrac{1}{a^5} + \dfrac{1}{b^5} + \dfrac{1}{c^5} = \dfrac{1}{a^5 + b^5 + c^5}$.

证明 在考虑已知中的两个式子时，自然会想到这样的问题：

对于某些非零实数 x,y,z，何时有

$$\frac{1}{x} + \frac{1}{y} + \frac{1}{z} = \frac{1}{x+y+z}$$

当且仅当

$$\frac{1}{x} + \frac{1}{y} = \frac{1}{x+y+z} - \frac{1}{z}$$

时，上式成立. 后者也可改写为

$$\frac{x+y}{xy} = -\frac{x+y}{z(x+y+z)}$$

这已经表明，如果 $x+y = 0$，那么上述关系式成立. 假定 $x+y \neq 0$，那么上述关系式就变为

$$\frac{1}{xy} = -\frac{1}{z(x+y+z)}$$

或

$$zx + zy + z^2 + xy = 0$$

重新排列最后一式的各项后,等价于 $(z+x)(z+y)=0$. 于是推得:当且仅当 x,y,z 中有两数之和为零时, $\dfrac{1}{x} + \dfrac{1}{y} + \dfrac{1}{z} = \dfrac{1}{x+y+z}$.

现在很容易解决本题了. 已知条件告诉我们, a^3, b^3, c^3 这三数中有两个数之和为 0,例如 $a^3 + b^3 = 0$. 因为 a,b 是实数,所以 $a = -b, a^5 + b^5 = 0$, 于是,得到我们所要证明的

$$\frac{1}{a^5} + \frac{1}{b^5} + \frac{1}{c^5} = \frac{1}{a^5 + b^5 + c^5}$$

45. 求方程组

$$\begin{cases} \dfrac{7}{x} - \dfrac{27}{y} = 2x^2 \\ \dfrac{9}{y} - \dfrac{21}{x} = 2y^2 \end{cases}$$

的非零实数解.

解　首先消去第一个方程中的 $\dfrac{1}{y}$ 和第二个方程中 $\dfrac{1}{x}$,分别得到

$$\frac{-28}{x} = x^2 + 3y^2 \text{ 和 } \frac{-36}{y} = 3x^2 + y^2$$

将这两个方程分别乘以 x,y,得到等价的方程组

$$\begin{cases} x^3 + 3xy^2 = -28 \\ 3x^2y + y^3 = -36 \end{cases}$$

我们发现这些项就是将 $(x+y)^3$ 和 $(x-y)^3$ 展开后得到的,所以可写成另一种形式

$$\begin{cases} (x+y)^3 = -64 \\ (x-y)^3 = 8 \end{cases}$$

解这方程组就容易了,因为它等价于 $x+y = -4$ 和 $x-y = 2$,于是 $x = -1, y = -3$.

46. 计算数

$$S = \sqrt{2} + \sqrt[3]{\frac{3}{2}} + \cdots + \sqrt[2\,013]{\frac{2\,013}{2\,012}}$$

的整数部分.

解　我们有

$$S = \sum_{k=1}^{2\,012} \sqrt[k+1]{1 + \frac{1}{k}}$$

另一方面,我们有

$$1 < \sqrt[k+1]{1 + \frac{1}{k}} \leq 1 + \frac{1}{k(k+1)}$$

最后一个不等式是伯努利(Bernoulli)不等式的结论(是二项公式的特殊情况)

$$\left[1+\frac{1}{k(k+1)}\right]^{k+1} \geqslant 1+(k+1)\cdot\frac{1}{k(k+1)} = 1+\frac{1}{k}$$

于是

$$2\,012 < S < 2\,012 + \sum_{k=1}^{2\,012}\frac{1}{k(k+1)}$$

因为

$$\sum_{k=1}^{2\,012}\frac{1}{k(k+1)} = \sum_{k=1}^{2\,012}\left(\frac{1}{k}-\frac{1}{k+1}\right) = 1-\frac{1}{2\,013} < 1$$

所以得到 $\lfloor S \rfloor = 2\,012$.

47. 证明：对于一切 $a>0, b>0, c>0$，有

$$\frac{a^3}{b^2+c^2}+\frac{b^3}{c^2+a^2}+\frac{c^3}{a^2+b^2} \geqslant \frac{a+b+c}{2}$$

解 首先变形

$$\frac{a^3}{b^2+c^2}-\frac{a}{2} = \frac{a(2a^2-b^2-c^2)}{2(b^2+c^2)} = \frac{a(a^2-b^2)}{2(b^2+c^2)}+\frac{a(a^2-c^2)}{2(b^2+c^2)}$$

按分子的项，进行重新组合(cyc 意指轮换，译者注)

$$\frac{a^3}{b^2+c^2}+\frac{b^3}{c^2+a^2}+\frac{c^3}{a^2+b^2}-\frac{a+b+c}{2} = \sum_{cyc}\left[\frac{a(a^2-b^2)}{2(b^2+c^2)}+\frac{b(b^2-a^2)}{2(a^2+c^2)}\right]$$

$$= \sum_{cyc}(a^2-b^2)\left[\frac{a}{2(b^2+c^2)}-\frac{b}{2(a^2+c^2)}\right]$$

当 $a=b$ 时，最后一个式子为零，于是通分后提取公因式 $a-b$，得

$$\frac{a}{2(b^2+c^2)}-\frac{b}{2(a^2+c^2)} = \frac{a(a^2+c^2)-b(b^2+c^2)}{2(a^2+c^2)(b^2+c^2)}$$

$$= \frac{(a-b)(a^2+ab+b^2+c^2)}{2(a^2+c^2)(b^2+c^2)}$$

将该式代入上面的式子，并注意到 $(a+b)(a^2+ab+b^2+c^2)>0$，得

$$\frac{a^3}{b^2+c^2}+\frac{b^3}{c^2+a^2}+\frac{c^3}{a^2+b^2}-\frac{a+b+c}{2} = \sum_{cyc}\frac{(a-b)^2(a+b)(a^2+ab+b^2+c^2)}{2(a^2+c^2)(b^2+c^2)}$$

$$\geqslant 0$$

当且仅当 $a=b=c$ 时，等号成立.

48. 求方程 $x^3+1 = 2\sqrt[3]{2x-1}$ 的实数解.

解 直接解这个方程有点难度，所以引进新的变量 $y=\sqrt[3]{2x-1}$. 于是，有 $x^3+1=2y$ 和 $y^3=2x-1$，即 $y^3+1=2x$. 假定 $x>y$，于是 $x^3+1>y^3+1$，即 $2y>2x$，于是 $y>x$，产生矛盾. 同样证明也不能有 $y<x$，所以 $x=y$，于是 $x^3-2x+1=0$. 显然有解 $x=1$，于是能提取因

式 $x-1$, 得

$$x^3 - 2x + 1 = x^3 - x - (x-1) = (x-1)(x^2 + x - 1)$$

由方程 $x^2 + x - 1 = 0$ 得到解 $x = \dfrac{-1 \pm \sqrt{5}}{2}$. 所以原方程有三解, 即 $1, \dfrac{-1 \pm \sqrt{5}}{2}$.

49. 证明:对一切自然数 n, 有

$$\sum_{k=1}^{n^2} \{\sqrt{k}\} \leqslant \frac{n^2 - 1}{2}$$

证明 用归纳法证明. 当 $n=1$ 时, 结论显然成立. 假定结论对 n 成立, 要证明结论对 $n+1$ 也成立. 由于

$$\sum_{k=1}^{(n+1)^2} \{\sqrt{k}\} = \sum_{k=1}^{n^2} \{\sqrt{k}\} + \sum_{k=n^2+1}^{(n+1)^2} \{\sqrt{k}\}$$

于是, 只要证明

$$\sum_{k=n^2+1}^{(n+1)^2} \{\sqrt{k}\} \leqslant \frac{(n+1)^2 - 1 - (n^2-1)}{2} = \frac{2n+1}{2}$$

如果 $n^2 + 1 \leqslant k < (n+1)^2$, 那么 $\lfloor \sqrt{k} \rfloor = n$, 而对 $k = (n+1)^2$, 有 $\{\sqrt{k}\} = 0$. 于是只要证明

$$\sum_{k=n^2+1}^{(n+1)^2-1} (\sqrt{k} - n) \leqslant \frac{2n+1}{2} \tag{1}$$

式(1)也等价于

$$\sum_{k=1}^{2n} (\sqrt{k+n^2} - n) \leqslant \frac{2n+1}{2}$$

因为

$$\sqrt{k+n^2} - n = \frac{k+n^2-n^2}{n + \sqrt{k+n^2}} < \frac{k}{2n}$$

所以

$$\sum_{k=1}^{2n} (\sqrt{k+n^2} - n) < \sum_{k=1}^{2n} \frac{k}{2n} = \frac{2n(2n+1)}{4n} = \frac{2n+1}{2}$$

这正是我们所需证明的.

50. 设 a, b 是实数, 求方程组

$$\begin{cases} x + y = \sqrt[3]{a+b} \\ x^4 - y^4 = ax - by \end{cases}$$

的实数解.

解 把原方程组改写为

$$\begin{cases} (x+y)^3 = a+b \\ x^4 - y^4 = ax - by \end{cases}$$

将该方程组作为 a,b 的线性方程组考虑,由第一个方程得到 $b=(x+y)^3-a$,然后代入第二个方程,得到 $x^4-y^4=ax-y(x+y)^3+ay$.

也可写成

$$a(x+y)=y(x+y)^3+x^4-y^4$$
$$=(x+y)[y(x+y)^2+(x-y)(x^2+y^2)]$$

假定 $x+y=0$,那么回到原方程组得到 $a+b=0$. 于是,如果 $a+b\neq 0$,没有解满足方程 $x+y=0$. 但如果 $a+b=0$,那么所有的 $t\in\mathbf{R}$,$(t,-t)$ 都是原方程组的解. 现在假定 $x+y\neq 0$,那么前面的方程除以 $x+y$ 后就变成

$$a=y(x+y)^2+(x-y)(x+y)^2$$
$$=y(x^2+2xy+y^2)+x^3+xy^2-x^2y-y^3$$
$$=3xy^2+x^3$$

于是

$$b=(x+y)^3-a=(x+y)^3-3xy^2-x^3=y^3+3x^2y$$

最后

$$a-b=x^3+3xy^2-3x^2y-y^3=(x-y)^3$$

于是

$$\begin{cases} x+y=\sqrt[3]{a+b} \\ x-y=\sqrt[3]{a-b} \end{cases}$$

最后求得

$$x=\frac{\sqrt[3]{a+b}+\sqrt[3]{a-b}}{2},y=\frac{\sqrt[3]{a+b}-\sqrt[3]{a-b}}{2}$$

51. 证明:对一切 $a>0,b>0,c>0$,有

$$\frac{abc}{a^3+b^3+abc}+\frac{abc}{b^3+c^3+abc}+\frac{abc}{c^3+a^3+abc}\leqslant 1$$

证明 由

$$a^3+b^3=(a+b)(a^2-ab+b^2)\geqslant(a+b)ab$$

得

$$a^3+b^3+abc\geqslant ab(a+b+c)$$

和

$$\frac{abc}{a^3+b^3+abc}\leqslant\frac{c}{a+b+c}$$

将 a,b,c 轮换,再写两个类似的不等式后相加,就得到所求的式子.

52. 定义数列 $\{a_n,n\geqslant 1\}$

$$a_1 = 1, a_{n+1} = \frac{1 + 4a_n + \sqrt{1 + 24a_n}}{16}$$

求 a_n 的一个通项公式.

解 首先引进数列 $b_n = \sqrt{1 + 24a_n}$,将该问题稍稍化简一下. 于是 $a_n = \frac{b_n^2 - 1}{24}$,代入原关系式中,得

$$\frac{4}{6}(b_{n+1}^2 - 1) = 1 + \frac{b_n^2 - 1}{6} + b_n$$

再化简为

$$4b_{n+1}^2 = b_n^2 + 6b_n + 9 = (b_n + 3)^2$$

因为 $b_n > 0, b_{n+1} > 0$,这就转化为等价的

$$2b_{n+1} = b_n + 3$$

因为现在必须解一个一阶线性递推数列,所以问题容易多了. 要寻找一个 α,使 $2(b_{n+1} - \alpha) = b_n - \alpha$ 对一切 n 成立. 上面的关系式给出 $\alpha = 3$. 现在数列 $\{b_n - 3\}$ 是公比为 $\frac{1}{2}$ 的等比数列,首项为

$$b_1 - 3 = \sqrt{1 + 24a_1} - 3 = 5 - 3 = 2$$

于是

$$b_n - 3 = 2 \times 2^{1-n}$$

所以

$$b_n = 3 + 2 \times 2^{1-n}$$

最后代入 $a_n = \frac{b_n^2 - 1}{24}$ 后,给出通项

$$a_n = \frac{(3 + 2^{2-n})^2 - 1}{24}$$

第 14 章　提高题的解答

1. 如果 x,y 是正实数,定义

$$x*y=\frac{x+y}{1+xy}$$

求 $(\cdots(((2*3)*4)*5)\cdots)*1\,995$ 的值.

解　关键在于是看出

$$\frac{1+x*y}{1-x*y}=\frac{1+\dfrac{x+y}{1+xy}}{1-\dfrac{x+y}{1+xy}}=\frac{(1+x)(1+y)}{(1-x)(1-y)}=\frac{1+x}{1-x}\cdot\frac{1+y}{1-y}$$

如果设 $z=(\cdots((x_1*x_2)*x_3)*\cdots)*x_k$,则直接归纳,得

$$\frac{1+z}{1-z}=\frac{1+x_1}{1-x_1}\cdot\cdots\cdot\frac{1+x_k}{1-x_k}$$

事实上,我们有

$$\frac{1+(\cdots(((2*3)*4)*5)\cdots)*1\,995}{1-(\cdots(((2*3)*4)*5)\cdots)*1\,995}=\frac{1+2}{1-2}\cdot\frac{1+3}{1-3}\cdot\cdots\cdot\frac{1+1\,995}{1-1\,995}$$

$$=\frac{3\cdot4\cdot\cdots\cdot1\,996}{(-1)^{1\,994}1\cdot2\cdot\cdots\cdot1\,994}$$

$$=\frac{1\,995\cdot1\,996}{2}$$

解上述方程,得

$$(\cdots(((2*3)*4)*5)\cdots)*1\,995=\frac{1\,991\,009}{1\,991\,001}$$

2. 给出三个实数,其中每两个积的分数部分都是 $\dfrac{1}{2}$,证明:这三个数都是无理数.

证明　设 a,b,c 是给定的实数,由已知条件可求出整数 x,y,z,使

$$bc=x+\frac{1}{2},ca=y+\frac{1}{2},ab=z+\frac{1}{2}$$

如果我们能设法证明 abc 是无理数,那就证得了. 这是因为 $a=\dfrac{abc}{bc}=\dfrac{abc}{x+\dfrac{1}{2}}$ 是无理数,

同理,对 b,c 也是如此,所以假定 abc 是有理数. 将上面的关系式相乘,得

$$(abc)^2 = \left(x+\frac{1}{2}\right)\left(y+\frac{1}{2}\right)\left(z+\frac{1}{2}\right)$$

或

$$2(2abc)^2 = (2x+1)(2y+1)(2z+1)$$

设 $2abc = \dfrac{p}{q}$(这里 p,q 互素,$q \neq 0$),于是 2 整除 $(2x+1)(2y+1)(2z+1)q^2$,于是 2 整除 q^2,这就是说 q 是偶数. 但是 4 整除

$$(2x+1)(2y+1)(2z+1)q^2 = 2p^2$$

于是 2 整除 p^2,从而 p 是偶数. 这与 p,q 互素矛盾,所以 abc 是无理数的证明结束. 读者可能已经注意到本题是证明 $\sqrt{2}$ 是无理数的标准证法的变式.

3. 设 a,b,c 是实数,且满足

$$\begin{cases}(a+b)(b+c)(c+a) = abc \\ (a^3+b^3)(b^3+c^3)(c^3+a^3) = a^3b^3c^3\end{cases}$$

证明:$abc = 0$.

证明　用反证法. 假定 a,b,c 这三个数都不是零,则第二个方程可写成

$$(a+b)(b+c)(c+a)(a^2-ab+b^2)(b^2-bc+c^2)(c^2-ca+a^2) = (abc)^3$$

与第一个方程相结合,再除以 $abc \neq 0$,得

$$(a^2-ab+b^2)(b^2-bc+c^2)(c^2-ca+a^2) = a^2b^2c^2$$

另一方面,由 AM – GM 不等式,得

$$a^2+b^2 \geqslant 2|ab| \geqslant ab + |ab|$$

于是 $a^2-ab+b^2 \geqslant |ab|$.

当且仅当 $|a|=|b|$ 以及 $ab=|ab|$ 时,等号成立,这就是说,$a=b$,再写两个类似的不等式后相乘,得

$$(a^2-ab+b^2)(b^2-bc+c^2)(c^2-ca+a^2) \geqslant |ab| \cdot |bc| \cdot |ca| = a^2b^2c^2$$

根据假定,在前面的不等式中等号成立,所以上面所写的不等式中等号都成立. 于是 $a=b=c$. 但此时第一个方程变为 $8a^3 = a^3$,所以 $a=0$,这与假定矛盾. 于是,原来的假定错误,确实有 $abc = 0$.

4. 实数 a,b 满足 $a^3-3a^2+5a-17=0$ 和 $b^3-3b^2+5b+11=0$,求 $a+b$ 的值.

解　设 $x=a-1,y=b-1$. 由于

$$\begin{aligned}a^3-3a^2+5a-17 &= a^3-3a^2+3a-1+2a-16 \\ &= x^3+2(a-1)-14 \\ &= x^3+2x-14\end{aligned}$$

得 $x^3+2x=14$. 类似地,第二个方程可写成 $y^3+2y=-14$. 将这两式相加,得

$$x^3 + y^3 + 2(x+y) = 0$$

即

$$(x+y)(x^2 - xy + y^2 + 2) = 0$$

因为

$$x^2 - xy + y^2 + 2 = (x - \frac{y}{2})^2 + \frac{3y^2}{4} + 2 > 0$$

所以 $x + y = 0$,于是 $a + b = 2$. 另一种推导我们刚才证明的等式 $x^3 + y^3 + 2(x+y) = 0$ 的方法是注意到映射 $f(x) = x^3 + 2x$ 在 $\mathbf{R}$ 上单调递增(因为它是两个增函数的和),而这个关系式可写成 $f(x) = f(-y)$. 于是必有 $x = -y$,于是 $x + y = 0$.

5. 证明:$\sqrt{1 + \frac{1}{1^2} + \frac{1}{2^2}} + \sqrt{1 + \frac{1}{2^2} + \frac{1}{3^2}} + \cdots + \sqrt{1 + \frac{1}{1\ 999^2} + \frac{1}{2\ 000^2}}$ 是有理数,并将该数化为最简形式.

证明 让我们关注一般的公式

$$\sqrt{1 + \frac{1}{n^2} + \frac{1}{(n+1)^2}} = \frac{\sqrt{n^2(n+1)^2 + n^2 + (n+1)^2}}{n(n+1)}$$

另一方面,将每一项展开,然后整理,得

$$n^2(n+1)^2 + n^2 + (n+1)^2 = n^4 + 2n^3 + n^2 + n^2 + n^2 + 2n + 1$$
$$= n^4 + 2n^3 + 3n^2 + 2n + 1$$
$$= (n^2 + n + 1)^2$$

于是,推得

$$\sqrt{1 + \frac{1}{n^2} + \frac{1}{(n+1)^2}} = \frac{n^2 + n + 1}{n(n+1)} = 1 + \frac{1}{n(n+1)} = 1 + \frac{1}{n} - \frac{1}{n+1}$$

这也推出本题中的这个数显然是有理数. 为了更清楚地算出这个数,注意得到一个和式是简缩形式

$$\sqrt{1 + \frac{1}{1^2} + \frac{1}{2^2}} + \sqrt{1 + \frac{1}{2^2} + \frac{1}{3^2}} + \cdots + \sqrt{1 + \frac{1}{1\ 999^2} + \frac{1}{2\ 000^2}}$$

$$= (1 + \frac{1}{1} - \frac{1}{2}) + (1 + \frac{1}{2} - \frac{1}{3}) + \cdots + (1 + \frac{1}{1\ 999} - \frac{1}{2\ 000})$$

$$= 1\ 999 + \frac{1}{1} - \frac{1}{2\ 000}$$

$$= 2\ 000 - \frac{1}{2\ 000}$$

$$= \frac{3\ 999\ 999}{2\ 000}$$

这就是本题的答案.

6. 求一个整系数多项，它的一个根是 $\sqrt[5]{2+\sqrt{3}} + \sqrt[5]{2-\sqrt{3}}$.

解　设 $a = \sqrt[5]{2+\sqrt{3}}$，$b = \sqrt[5]{2-\sqrt{3}}$. 关键式子是

$$ab = \sqrt[5]{(2+\sqrt{3})(2-\sqrt{3})} = 1$$

一方面，我们有 $a^5 + b^5 = 4$. 需要求出有一个根是 $S = a + b$ 的整系数多项式. 因为 $ab = 1$，所以

$$
\begin{aligned}
4 &= a^5 + b^5 \\
&= (a+b)(a^4 - a^3 b + a^2 b^2 - ab^3 + b^4) \\
&= S\left[(a^4 + b^4) - (a^2 + b^2) + 1 \right]
\end{aligned}
$$

另一方面

$$a^2 + b^2 = S^2 - 2ab = S^2 - 2$$

和

$$a^4 + b^4 = (a^2 + b^2)^2 - 2a^2 b^2 = (S^2 - 2)^2 - 2 = S^4 - 4S^2 + 2$$

于是

$$4 = S(S^4 - 4S^2 + 2 - S^2 + 2 + 1)$$

所以

$$x^5 - 5x^3 + 5x - 4 = 0$$

这表明多项式 $x^5 - 5x^3 + 5x - 4$ 是本题的一个解（实际上可以证明以 $\sqrt[5]{2+\sqrt{3}} + \sqrt[5]{2-\sqrt{3}}$ 为根的整系数多项式的次数最小是 5）.

7. 求方程

$$(3x+1)(4x+1)(6x+1)(12x+1) = 5$$

的实数解.

解　适当地将左边的每个因式乘以一个数，然后把原方程归结为某个二次方程. 为此，将 $3x+1$ 乘以 4，$4x+1$ 乘以 3，$6x+1$ 乘以 2. 这个新的（等价的）方程就是

$$(12x+4)(12x+3)(12x+2)(12x+1) = 120$$

设 $t = 12x$，于是

$$(t+4)(t+3)(t+2)(t+1) = 120$$

将第一个因式和最后一个因式配对（同样将第二个因式和第三个因式配对），相乘后，得

$$(t^2 + 5t + 4)(t^2 + 5t + 6) = 120$$

在设 $y = t^2 + 5t + 4$ 后得到 $y(y+2) = 120$. 解这个方程得到 $y = -12$ 和 $y = 10$. 现在问题归结为 $t^2 + 5t + 16 = 0$ 或 $t^2 + 5t - 6 = 0$. 第一个方程没有解，因为判别式为负. 第二个方程有解 $t = -6$ 和 $t = 1$. 考虑到 $t = 12x$，最后得到解 $x = \dfrac{1}{12}, -\dfrac{1}{2}$.

8. 设 n 是正整数，求方程

$$\lfloor x \rfloor + \lfloor 2x \rfloor + \cdots + \lfloor nx \rfloor = \frac{n(n+1)}{2}$$

的实数解.

解 设 x 是原方程的解. 此时必有

$$\frac{n(n+1)}{2} = \lfloor x \rfloor + \lfloor 2x \rfloor + \cdots + \lfloor nx \rfloor \leq x + 2x + \cdots + nx = \frac{n(n+1)}{2}x$$

于是 $x \geq 1$. 设 $x = 1 + y (y \geq 0)$，则

$$\lfloor kx \rfloor = k + \lfloor ky \rfloor$$

所以原方程可以写为

$$1 + \lfloor y \rfloor + 2 + \lfloor 2y \rfloor + \cdots + n + \lfloor ny \rfloor = \frac{n(n+1)}{2}$$

即

$$\lfloor y \rfloor + \lfloor 2y \rfloor + \cdots + \lfloor ny \rfloor = 0$$

现在这个形式很好，因为 $\lfloor y \rfloor, \cdots, \lfloor ny \rfloor$ 都是非负的（因为 y 非负），所以 $\lfloor y \rfloor, \cdots, \lfloor ny \rfloor$ 这些数都是 0. 当且仅当 $y < \frac{1}{n}$ 时，才会成立，所以解是 $x \in [1, 1 + \frac{1}{n})$.

9. 已知实数 a_1, a_2, a_3, a_4, a_5 中任何两数之差不小于 1. 此外，存在实数 k 满足

$$\begin{cases} a_1 + a_2 + a_3 + a_4 + a_5 = 2k \\ a_1^2 + a_2^2 + a_3^2 + a_4^2 + a_5^2 = 2k^2 \end{cases}$$

证明：$k^2 \geq \frac{25}{3}$.

证明 由对称性，可设 $a_5 > a_4 > a_3 > a_2 > a_1$. 与已知条件相结合，得到对一切 i，有 $a_{i+1} - a_i \geq 1$，于是对一切 $5 \geq i > j \geq 1$，有

$$a_i - a_j = a_i - a_{i-1} + a_{i-1} - a_{i-2} + \cdots + a_{j+1} - a_j \geq i - j$$

于是

$$\sum_{1 \leq j < i \leq 5} (a_i - a_j)^2 \geq \sum_{1 \leq j < i \leq 5} (i-j)^2 = 4 \times 1^2 + 3 \times 2^2 + 2 \times 3^2 + 4^2 = 50$$

也可写成

$$4 \sum_{i=1}^{5} a_i^2 - 2 \sum_{1 \leq j < i \leq 5} a_i a_j \geq 50$$

与等式

$$\sum_{i=1}^{5} a_i^2 + 2 \sum_{1 \leq j < i \leq 5} a_i a_j = \left(\sum_{i=1}^{5} a_i \right)^2 = 4k^2$$

和已知条件结合，推得

$$10k^2 = 5 \sum_{i=1}^{5} a_i^2 \geqslant 50 + 4k^2$$

于是 $k^2 \geqslant \dfrac{25}{3}$，这就是所要证的.

10. 证明：如果 a,b,c,d 是非零实数，且各不相等，如果

$$a + \frac{1}{b} = b + \frac{1}{c} = c + \frac{1}{d} = d + \frac{1}{a}$$

那么 $|abcd| = 1$.

证明 把第一个方程写成

$$a - b = \frac{1}{c} - \frac{1}{b} = \frac{b-c}{bc}$$

对另几个等式同样处理，得

$$b - c = \frac{c-d}{cd}, c - d = \frac{d-a}{da}, d - a = \frac{a-b}{ab}$$

现在将所有这些式子相乘，得

$$(a-b)(b-c)(c-d)(d-a) = \frac{(a-b)(b-c)(c-d)(d-a)}{a^2 b^2 c^2 d^2} \tag{1}$$

如果 $(a-b)(b-c)(c-d)(d-a)$ 非零，则由式 (1) 得到 $(abcd)^2 = 1$，于是 $|abcd| = 1$. 假定 $(a-b)(b-c)(c-d)(d-a) = 0$，例如，$a = b$，那么由 $a - b = \dfrac{b-c}{bc}$ 得 $b = c$. 类似地，得 $c = d$，于是 $a = b = c = d$，这与已知 a,b,c,d 各不相等矛盾. 于是 $(a-b)(b-c)(c-d) \cdot (d-a) \neq 0$，问题解决.

11. 已知三角形三边的长是一个有理系数的三次多项式的根. 证明：该三角形的三条高是一个有理系数的六次多项式的根.

证明 设 h_a 是长为 a 的边上的高，关键的公式是 $h_a = \dfrac{2S}{a}$，其中 S 是三角形的面积. 另一方面，由海伦 (Heron) 公式，我们有

$$16S^2 = (a+b+c)(b+c-a)(c+a-b)(a+b-c)$$

设 $f(x) = x^3 + Ax^2 + Bx + C$ 是根为 a,b,c 的有理系数的多项式. 于是由韦达公式，得 $a + b + c = -A$. 所以

$$(b+c-a)(c+a-b)(a+b-c)$$

$$= (-A-2a)(-A-2b)(-A-2c)$$

$$= 8f\left(-\frac{A}{2}\right) \in \mathbf{Q}$$

于是，推得 $S^2 \in \mathbf{Q}$. 另一方面，由 $f(a) = 0$，所以 $f\left(\dfrac{2S}{h_a}\right) = 0$，可写成

$$8S^3 + 4S^2 Ah_a + 2SBh_a^2 + Ch_a^3 = 0$$

改写为

$$2S(4S^2 + Bh_a^2) = -(4S^2 Ah_a + Ch_a^3)$$

两边平方，得 h_a 是多项式

$$G(x) = (4S^2 Ax + Cx^3)^2 - 4S^2(4S^2 + x^2 B)^2$$

的根，因为 $S^2, A, B, C \in \mathbf{Q}$，所以 $G(x)$ 的系数是有理数. 此外，由对称性，也可得到 G 在 h_b，h_c 处也为零，于是问题得到解决（注意 G 是非零多项式，因为 x^6 的系数 $C^2 \neq 0$）.

12. 当 $x \in \mathbf{R}$ 时，求

$$\frac{(1+x)^8 + 16x^4}{(1+x^2)^4}$$

的最大值.

解 解题关键的思路是化简表达式

$$\begin{aligned}
\frac{(1+x)^8 + 16x^4}{(1+x^2)^4} &= \frac{(1+x)^8}{(1+x^2)^4} + \frac{(2x)^4}{(1+x^2)^4} \\
&= \left[\frac{(1+x)^2}{1+x^2} \right]^4 + \left(\frac{2x}{1+x^2} \right)^4 \\
&= \left(1 + \frac{2x}{1+x^2} \right)^4 + \left(\frac{2x}{1+x^2} \right)^4
\end{aligned}$$

设 $t(x) = \dfrac{2x}{1+x^2}$，于是问题归结为当 x 走遍实数时，$[1 + t(x)]^4 + t(x)^4$ 的最大值. 从求 $t(x)$ 的最大值这个最容易的问题开始. 这相当简单，因为 $x^2 + 1 \geq 2x$，所以

$$t(x) = \frac{2x}{1+x^2} \leq 1$$

另一方面，$t(1) = 1$，所以 t 的最大值是 1. 于是得到当 $x = 1$ 时，$[1 + t(x)]^4 + t(x)^4$ 的最大值是 $2^4 + 1 = 17$. 因此本题的答案是 17.

13. 设 x, y, z 是大于 -1 的实数，证明

$$\frac{1+x^2}{1+y+z^2} + \frac{1+y^2}{1+z+x^2} + \frac{1+z^2}{1+x+y^2} \geq 2$$

证明 从已知条件可知，分母都是正数，关键在于确定只有 y^2 的表达式中 y 的上界. 这是利用 AM - GM 不等式容易得到的，因为 $y \leq \dfrac{1+y^2}{2}$，所以

$$\frac{1+x^2}{1+y+z^2} \geq \frac{1+x^2}{1+z^2 + \dfrac{1+y^2}{2}} = \frac{2(1+x^2)}{2(1+z^2) + (1+y^2)}$$

取 $a = 1+x^2, b = 1+y^2, c = 1+z^2$ 作为新的变量，只要证明不等式

$$\frac{a}{2c+b}+\frac{b}{2a+c}+\frac{c}{2b+a}\geqslant 1$$

这是 Cauchy-Schwarz 不等式

$$\frac{a^2}{2ac+ab}+\frac{b^2}{2ab+bc}+\frac{c^2}{2bc+ac}\geqslant\frac{(a+b+c)^2}{3(ab+bc+ca)}\geqslant 1$$

的一个很容易的结论. 最后一个不等式等价于 $a^2+b^2+c^2\geqslant ab+bc+ca$,或

$$(a-b)^2+(b-c)^2+(c-a)^2\geqslant 0$$

14. 设 a,b 是实数,证明:当且仅当 $a+b=2$ 时,有

$$a^3+b^3+(a+b)^3+6ab=16$$

证明 设 $s=a+b,p=ab$,则

$$
\begin{aligned}
a^3+b^3 &= (a+b)(a^2-ab+b^2)\\
&= s\big[(a+b)^2-3ab\big]\\
&= s(s^2-3p)\\
&= s^3-3ps
\end{aligned}
$$

关系式 $a^3+b^3+(a+b)^3+6ab=16$ 等价于

$$s^3-3ps+s^3+6p=16$$

或等价于 $2(s^3-8)=3p(s-2)$. 因为两边都有因式 $s-2$,所以上面的式子等价于

$$(s-2)\big[2(s^2+2s+4)-3p\big]=0$$

如果我们能设法证明 $2(s^2+2s+4)\neq 3p$,那么就大功告成了.

用反证法,假定 $2(s^2+2s+4)=3p$,即

$$2(a+b)^2+4(a+b)+8=3ab$$

展开后等价于以下形式

$$2a^2+2b^2+ab+4a+4b+8=0$$

可改写为

$$a^2+ab+b^2+a^2+4a+4+b^2+4b+4=0$$

即

$$a^2+ab+b^2+(a+2)^2+(b+2)^2=0$$

但是

$$a^2+ab+b^2=a^2+ab+\frac{1}{4}b^2+\frac{3}{4}b^2=\left(a+\frac{b}{2}\right)^2+\frac{3b^2}{4}\geqslant 0$$

于是 $a^2+ab+b^2+(a+2)^2+(b+2)^2=0$ 必有 $a=-2,b=-2,a^2+ab+b^2=0$. 这显然是不可能的,于是证明完毕.

15. 如果 a,b 是非零实数,且

$$20a+21b=\frac{a}{a^2+b^2},21a-20b=\frac{b}{a^2+b^2}$$

求 $a^2 + b^2$ 的值.

解 这是一个巧用拉格朗日恒等式的问题

$$(20a + 21b)^2 + (21a - 20b)^2 = (20^2 + 21^2)(a^2 + b^2)$$

右边等于 $841(a + b)$，而由已知条件，左边等于

$$\frac{a^2}{(a^2 + b^2)^2} + \frac{b^2}{(a^2 + b^2)^2} = \frac{a^2 + b^2}{(a^2 + b^2)^2} = \frac{1}{a^2 + b^2}$$

于是

$$\frac{1}{a^2 + b^2} = 841(a^2 + b^2)$$

因为 $a^2 + b^2$ 为正，所以

$$a^2 + b^2 = \sqrt{\frac{1}{841}} = \frac{1}{29}$$

16. 设 a, b 是方程 $x^4 + x^3 - 1 = 0$ 的解，证明：ab 是方程 $x^6 + x^4 + x^3 - x^2 - 1 = 0$ 的解.

证法 1 因为 a, b 是方程 $x^4 + x^3 - 1 = 0$ 的解，所以可分解因式

$$x^4 + x^3 - 1 = (x - a)(x - b)(x^2 - wx + t)$$

其中 w, t 是某实数. 引进新的变量 $u = a + b$ 和 $v = ab$，展开后比较系数，得

$$u + w = -1, uw + v + t = 0, vw + ut = 0, vt = -1$$

需要在这些等式中消去 u, w, t，并证明 v 是方程 $x^6 + x^4 + x^3 - x^2 - 1 = 0$ 的解. 消去这些变量很容易：从最后一个等式，得 $t = -\dfrac{1}{v}$，然后从第三个等式，得 $w = \dfrac{u}{v^2}$. 最后把两个值代入前两个等式，得

$$u + \frac{u}{v^2} = -1, \frac{u^2}{v^2} + v - \frac{1}{v} = 0$$

最后将 $u = -\dfrac{v^2}{v^2 + 1}$ 代入第二个等式，稍微进行一些计算就得到所需的结果.

证法 2 如果 c, d 是原方程的另两个解，那么由韦达关系式得

$$a + b + c + d = -1, ab + bc + cd + da + ac + bd = 0$$
$$abc + bcd + cda + dab = 0, abcd = -1$$

将第三个关系式改写为

$$ab(c + d) + cd(a + b) = 0$$

再引进新的变量 $u = a + b, v = ab, w = c + d, t = cd$. 因为

$$ab + bc + cd + da + ac + bd = ad + ac + bc + bd + ab + cd$$
$$= (a + b)(c + d) + ab + cd$$

可以只用 u, v, w, t 表示上面的关系式

$$u + w = -1, uw + v + t = 0, vw + ut = 0, vt = -1$$

17. 求一切实数 x,使

$$\sqrt{x+2\sqrt{x+2\sqrt{x+2\sqrt{3x}}}} = x$$

解法 1　首先寻找整数解. 尝试后得到解 $x=3$. 我们说这是原方程的唯一解,两边除以 x,得到等价的方程

$$\sqrt{\frac{1}{x}+2\sqrt{\frac{1}{x^3}+2\sqrt{\frac{1}{x^7}+2\sqrt{\frac{3}{x^{15}}}}}} = 1$$

左边是 x 的减函数,所以原方程至多有一个正数解. 因为我们已经找出一个了,所以问题解决:满足原方程的唯一实数就是 $x=3$.

解法 2　此解法的依据是推论 8.1. 如果 $x<0$,那么左边没有定义,于是确定了 $x \geqslant 0$,可定义 $f(t) = \sqrt{x+2t}$. 容易看出对于 $t \geqslant 0$,$f(t)$ 是增函数. 于是由推论 8.1 当 $t \geqslant 0$ 时,$f(f(f(f(t)))) = t$ 的解就是 $f(t)=t$ 的解. 但原方程是说 $f(f(f(f(x)))) = x$. 于是只需要解 $f(x)=x$,或 $\sqrt{3x}=x$. 容易看出 $x=0$ 或 $x=3$.

18. 设 a_1,a_2,a_3,a_4,a_5 是实数,且对 $1 \leqslant k \leqslant 5$,满足

$$\frac{a_1}{k^2+1} + \frac{a_2}{k^2+2} + \frac{a_3}{k^2+3} + \frac{a_4}{k^2+4} + \frac{a_5}{k^2+5} = \frac{1}{k^2}$$

求 $\dfrac{a_1}{37} + \dfrac{a_2}{38} + \dfrac{a_3}{39} + \dfrac{a_4}{40} + \dfrac{a_5}{41}$ 的值.

解　这是一个关于 a_1,a_2,a_3,a_4,a_5 的线性方程组,所以只要有足够的耐心原则上能解决,找出 a_1,a_2,a_3,a_4,a_5 的值,然后计算所求表达式的值. 这显然不是我们所期望的. 所以考虑

$$F(x) = \frac{a_1}{x+1} + \frac{a_2}{x+2} + \cdots + \frac{a_5}{x+5} - \frac{1}{x}$$

由已知可见,$F(x)$ 在 $1^2,2^2,\cdots,5^2$ 处为零. 另一方面,通分后必能写成以下形式

$$F(x) = \frac{P(x)}{x(x+1)(x+2)(x+3)(x+4)(x+5)}$$

其中 $P(x)$ 是次数最高是 5 的某个多项式,且 $P(x)$ 在 $1^2,2^2,\cdots,5^2$ 处为零,而这 5 个数各不相同,所以 $P(x)$ 的次数至多是 5. 于是必有一个常数 c,使

$$P(x) = c(x-1^2)(x-2^2)\cdots(x-5^2)$$

怎么找 c 呢? 观察

$$\frac{P(x)}{(x+1)\cdots(x+5)} = xF(x) = \frac{xa_1}{x+1} + \cdots + \frac{xa_5}{x+5} - 1$$

所以

$$\frac{P(0)}{5!} = -1$$

于是 $-c \cdot 5!^2 = -5!$，$c = \dfrac{1}{5!}$. 现在，所求的表达式

$$\frac{a_1}{37} + \frac{a_2}{38} + \frac{a_3}{39} + \frac{a_4}{40} + \frac{a_5}{41} = \frac{a_1}{6^2+1} + \cdots + \frac{a_5}{6^2+5}$$

$$= \frac{1}{6^2} + \frac{P(6^2)}{6^2(6^2+1)\cdots(6^2+5)}$$

$$= \frac{1}{36} + \frac{(6^2-1)\cdots(6^2-5^2)}{5! \cdot (6^2+1)\cdots(6^2+5)}$$

上面的表达式可稍稍化简

$$\frac{(6^2-1)\cdots(6^2-5^2)}{5! \cdot (6^2+1)\cdots(6^2+5)} = \frac{(6-1)\cdots(6-5) \cdot 7 \cdot 8 \cdot 9 \cdot 10 \cdot 11}{5! \; 36 \cdot 37 \cdot \cdots \cdot 41}$$

$$= \frac{7 \cdot 8 \cdot 9 \cdot 10 \cdot 11}{36 \cdot 37 \cdot 38 \cdot 39 \cdot 40 \cdot 41}$$

$$= \frac{7 \cdot 11}{12 \cdot 37 \cdot 19 \cdot 13 \cdot 41}$$

19. 是否存在非零实数 a, b, c，对一切 $n > 3$，存在一个恰有 n 个（不必不同的）整数根的多项式 $P_n(x) = x^n + \cdots + ax^2 + bx + c$？

解 答案是否定的. 假定 $r_1, \cdots, r_n$ 是 P_n 的所有根，而且都是整数. 由韦达关系式

$$r_1 r_2 \cdots r_n = (-1)^n c, \quad r_2 r_3 \cdots r_n + \cdots + r_1 \cdots r_{n-1} = (-1)^{n-1} b$$

和

$$r_3 \cdots r_n + \cdots + r_1 \cdots r_{n-2} = (-1)^{n-2} a$$

考虑到第一个关系式，第二个和第三个关系式可改写为

$$\frac{1}{r_1} + \cdots + \frac{1}{r_n} = -\frac{b}{c}, \quad \sum_{i<j} \frac{1}{r_i r_j} = \frac{a}{c}$$

结合恒等式

$$(x_1 + x_2 + \cdots + x_n)^2 = x_1^2 + \cdots + x_n^2 + 2\sum_{i<j} x_i x_j$$

得

$$\sum_{i=1}^{n} \frac{1}{r_i^2} = \frac{b^2}{c^2} - \frac{2a}{c}$$

另一方面，由 AM – GM 不等式得到

$$\sum_{i=1}^{n} \frac{1}{r_i^2} \geqslant \frac{n}{\sqrt[n]{r_1^2 \cdots r_n^2}} = \frac{n}{\sqrt[n]{c^2}}$$

因此，如果 $u = \dfrac{b^2}{c^2} - \dfrac{2a}{c}$，那么对一切 $n > 3$，有 $u \sqrt[n]{c^2} \geqslant n$. 事实上，对一切 $n > 3$，有 $n \leqslant$ $u|c|$. 这显然是荒谬的，于是得到结果. 注意，我们只用到假定根都是实数，不是整数.

20. 设 $n > 1$ 是整数, $a_0, a_1, \cdots, a_n$ 是实数, 且 $a_0 = \dfrac{1}{2}$, 有

$$a_{k+1} = a_k + \frac{a_k^2}{n} \quad (k = 1, 2, \cdots, n-1)$$

证明: $1 - \dfrac{1}{n} < a_n < 1$.

证明　关键在于观察到

$$\frac{1}{a_{k+1}} = \frac{1}{a_k + \dfrac{a_k^2}{n}} = \frac{n}{a_k(n + a_k)} = \frac{1}{a_k} - \frac{1}{n + a_k}$$

取 $k = 0, 1, \cdots, n-1$, 再将这 n 个关系式相加, 得到缩减的和式

$$\frac{1}{a_n} = \frac{1}{a_0} - \sum_{k=0}^{n-1} \frac{1}{n + a_k} = 2 - \sum_{k=0}^{n-1} \frac{1}{n + a_k}$$

从定义 $a_0, a_1, \cdots, a_n$ 的关系可清楚地看出该数列单调递增, 于是对于 $0 \leqslant k \leqslant n$, 有

$$\frac{1}{n} > \frac{1}{n + a_k} > \frac{1}{n + a_n}$$

将这些不等式相加, 得

$$1 > \sum_{k=0}^{n-1} \frac{1}{n + a_k} > \frac{n}{n + a_n}$$

将这些不等式与刚才得到的关系式

$$\sum_{k=0}^{n-1} \frac{1}{n + a_k} = 2 - \frac{1}{a_n}$$

结合, 得

$$1 > 2 - \frac{1}{a_n} > \frac{n}{n + a_n}$$

左边的不等式可得 $a_n < 1$, 所以右边的不等式可减弱为

$$2 - \frac{1}{a_n} > \frac{n}{n + 1}$$

最后得

$$a_n > \frac{n + 1}{n + 2} = 1 - \frac{1}{n + 2} > 1 - \frac{1}{n}$$

21. 设 $x_i = \dfrac{i}{101}$, 计算

$$\sum_{i=0}^{101} \frac{x_i^3}{1 - 3x_i + 3x_i^2}$$

解　关键是看出 $1 - 3x + 3x^2$ 是 $(1 - x)^3$ 的展开式的大部分项, 更准确地说是, 有

$$1 - 3x + 3x^2 = (1 - x)^3 + x^3$$

另一方面

$$1 - x_i = \frac{101 - i}{101} = x_{101-i}$$

于是

$$\sum_{i=0}^{101} \frac{x_i^3}{1 - 3x_i + 3x_i^2} = \sum_{i=0}^{101} \frac{x_i^3}{x_i^3 + x_{101-i}^3}$$

现在把上述和式分成两部分

$$\sum_{i=0}^{101} \frac{x_i^3}{x_i^3 + x_{101-i}^3} = \sum_{i=0}^{50} \frac{x_i^3}{x_i^3 + x_{101-i}^3} + \sum_{i=51}^{101} \frac{x_i^3}{x_i^3 + x_{101-i}^3}$$

在第二个和式中改变为变量 $j = 101 - i$，得

$$\sum_{i=0}^{50} \frac{x_i^3}{x_i^3 + x_{101-i}^3} + \sum_{i=51}^{101} \frac{x_i^3}{x_i^3 + x_{101-i}^3} = \sum_{i=0}^{50} \frac{x_i^3}{x_i^3 + x_{101-i}^3} + \sum_{j=0}^{50} \frac{x_{101-j}^3}{x_j^3 + x_{101-j}^3}$$

$$= \sum_{i=0}^{50} \frac{x_i^3 + x_{101-i}^3}{x_i^3 + x_{101-i}^3}$$

$$= \sum_{i=0}^{50} 1$$

$$= 51$$

22. 设 a, b 是实数，$f(x) = x^2 + ax + b$. 假定 $f(f(x)) = 0$ 有四个不同的实数解，且其中两个解的和是 -1. 证明：$b \leqslant -\dfrac{1}{4}$.

证明 首先我们确认方程 $f(x) = 0$ 有 2 个不同的实数根 x_1, x_2. 如果 r 是方程 $f(f(x)) = 0$ 的实数解，那么 $f(r)$ 是方程 $f(x) = 0$ 的实数解，余下的是弄清楚方程 $f(x) = 0$ 没有相等的实数解. 如果 x_1 是方程 $f(x) = 0$ 的二重根，那么方程 $f(f(x)) = 0$ 的所有解 r 将满足 $f(r) = x_1$，于是二次方程 $f(t) = x_1$ 将有四个不同的解，产生矛盾. 这就证明了我们所确认的事实.

方程 $f(f(x)) = 0$ 的根的集合是方程 $f(x) = x_1$ 和 $f(x) = x_2$ 的根的集合的并集. 设 y_1, y_2 是方程 $f(f(x)) = 0$ 的两根，且 $y_1 + y_2 = -1$. 如果 y_1, y_2 都是方程 $f(x) = x_1$ 或 $f(x) = x_2$ 之一的根，例如是第一个方程的根，那么由韦达关系式将得到 $a = 1$. 此外，因为方程 $f(x) = x_1$ 和 $f(x) = x_2$ 都有实数解，那么相应的方程的判别式非负，于是 $\dfrac{1}{4} \geqslant b - x_1$ 以及 $\dfrac{1}{4} \geqslant b - x_2$. 将这两个不等式相加，并考虑到 $x_1 + x_2 = -1$，得 $b \leqslant -\dfrac{1}{4}$，这就是我们所要求的.

假定 y_1 是方程 $f(x) = x_1$ 的解，y_2 是方程 $f(x) = x_2$ 的解. 于是又由韦达关系式，得

$$f(y_1) + f(y_2) = x_1 + x_2 = -a$$

但是因为 $y_1 + y_2 = -1$,所以
$$f(y_1) + f(y_2) = y_1^2 + y_2^2 - a + 2b$$

于是
$$b = -\frac{y_1^2 + y_2^2}{2}$$

接下来要弄清楚的是 b 最多是 $-\dfrac{1}{4}$.与此等价的是需要证明 $y_1^2 + y_2^2 \geqslant \dfrac{1}{2}$,这显然成立,因为 $y_1^2 + y_2^2 \geqslant \dfrac{(y_1 + y_2)^2}{2} = \dfrac{1}{2}$.

23.设实数 a, b, c 满足
$$\frac{a}{a^2 - bc} + \frac{b}{b^2 - ca} + \frac{c}{c^2 - ab} = 0 \tag{1}$$

证明
$$\frac{a}{(a^2 - bc)^2} + \frac{b}{(b^2 - ca)^2} + \frac{c}{(c^2 - ab)^2} = 0 \tag{2}$$

证法 1 式(1)两边乘以 $\dfrac{1}{a^2 - bc}$,得
$$\frac{a}{(a^2 - bc)^2} + \frac{b}{(a^2 - bc)(b^2 - ca)} + \frac{c}{(c^2 - ab)(a^2 - bc)} = 0$$

式(2)两边乘以两个类似的式子 $\dfrac{1}{b^2 - ca}$ 和 $\dfrac{1}{c^2 - ab}$,将这三个式子相加,得
$$\frac{a}{(a^2 - bc)^2} + \frac{b}{(b^2 - ca)^2} + \frac{c}{(c^2 - ab)^2} + S = 0$$

其中
$$S = \frac{a}{(a^2 - bc)(b^2 - ca)} + \frac{a}{(a^2 - bc)(c^2 - ab)} + \frac{b}{(b^2 - ca)(c^2 - ab)} +$$
$$\frac{b}{(b^2 - ca)(a^2 - bc)} + \frac{c}{(c^2 - ab)(a^2 - bc)} + \frac{c}{(c^2 - ab)(b^2 - ca)}$$

通分后得
$$S = \frac{a(c^2 - ab + b^2 - ac) + b(a^2 - bc + c^2 - ab) + c(a^2 - bc + b^2 - ca)}{(a^2 - bc)(b^2 - ca)(c^2 - ab)}$$

最后
$$a(c^2 - ab + b^2 - ac) + b(a^2 - bc + c^2 - ab) + c(a^2 - bc + b^2 - ac)$$
$$= a(c^2 + b^2) + b(a^2 + c^2) + c(a^2 + b^2) - a^2(b + c) - b^2(c + a) - c^2(a + b)$$
$$= 0$$

于是 $S = 0$.回到原来的关系式,得到结果

$$\frac{a}{(a^2-bc)^2}+\frac{b}{(b^2-ca)^2}+\frac{c}{(c^2-ab)^2}+S=0$$

注意,在证明过程中,实际上建立了以下有趣的恒等式:

对满足 $a^2 \neq bc, b^2 \neq ca, c^2 \neq ab$ 的一切实数 a,b,c 有

$$\left(\frac{1}{a^2-bc}+\frac{1}{b^2-ca}+\frac{1}{c^2-ab}\right)\left(\frac{a}{a^2-bc}+\frac{b}{b^2-ca}+\frac{c}{c^2-ab}\right)$$

$$=\frac{a}{(a^2-bc)^2}+\frac{b}{(b^2-ca)^2}+\frac{c}{(c^2-ab)^2}$$

证法 2 对所有满足本题已知条件的三数组 (a,b,c) 进行处理:注意到如果 $a+b+c=0$,那么 $a^2-bc=b^2-ca=c^2-ab=a^2+ab+b^2$.

于是在这种情况下,对任何 m,有

$$\frac{a}{(a^2-bc)^m}+\frac{b}{(b^2-ca)^m}+\frac{c}{(c^2-ab)^m}=\frac{a+b+c}{(a^2+ab+b^2)^m}=0$$

特别地

$$\frac{a}{a^2-bc}+\frac{b}{b^2-ca}+\frac{c}{c^2-ab}$$

有因式 $a+b+c$. 通分后分解因式(一些繁复的运算留给读者完成),得

$$\frac{a}{a^2-bc}+\frac{b}{b^2-ca}+\frac{c}{c^2-ab}=\frac{(a+b+c)\left[a^2(b-c)^2+b^2(c-a)^2+c^2(a-b)^2\right]}{(a^2-bc)(b^2-ca)(c^2-ab)}$$

只有当 $a=b=c$ 时,分子中第二个因式为零,但此时所有三个分母都为零. 于是这种情况必须排除. 于是当且仅当 $a+b+c=0$ 时,有

$$\frac{a}{a^2-bc}+\frac{b}{b^2-ca}+\frac{c}{c^2-ab}=0$$

在这种情况下也有

$$\frac{a}{(a^2-bc)^2}+\frac{b}{(b^2-ca)^2}+\frac{c}{(c^2-ab)^2}=0$$

24. 设 n 是正整数,$a_k=2^{2^{k-n}}+k$,证明

$$(a_1-a_0)(a_2-a_1)\cdots(a_n-a_{n-1})=\frac{7}{a_0+a_1}$$

证明 为简化上述记号,设 $x=2^{2^{-n}}$,于是 $a_k=x^{2^k}+k, a_k-a_{k-1}=x^{2^k}-x^{2^{k-1}}+1$.

利用因式分解的公式

$$a^4+a^2+1=(a^2+a+1)(a^2-a+1)$$

有

$$x^{2^k}-x^{2^{k-1}}+1=\frac{x^{2^{k+1}}+x^{2^k}+1}{x^{2^k}+x^{2^{k-1}}+1}$$

于是

$$(a_1 - a_0)(a_2 - a_1) \cdots (a_n - a_{n-1}) = \prod_{k=1}^{n} (a_k - a_{k-1}) = \prod_{k=1}^{n} \frac{x^{2^{k+1}} + x^{2^k} + 1}{x^{2^k} + x^{2^{k-1}} + 1}$$

上面的乘积可缩写为

$$\frac{x^{2^{n+1}} + x^{2^n} + 1}{x^2 + x + 1}$$

别忘了, $x = 2^{2^{-n}}$,于是 $x^{2^n} = 2, x^{2^{n+1}} = 4$. 因为 $a_0 = x, a_1 = 1 + x^2$,所以

$$(a_1 - a_0)(a_2 - a_1) \cdots (a_n - a_{n-1}) = \frac{7}{x^2 + x + 1} = \frac{7}{a_0 + a_1}$$

这就是结果.

25. 求

$$1 + \frac{1}{\sqrt[3]{2^2}} + \frac{1}{\sqrt[3]{3^2}} + \cdots + \frac{1}{\sqrt[3]{(10^9)^2}} \tag{1}$$

的整数部分.

解　设 S 表示式(1),则我们要求的是 S 的整数部分. 关键的想法是寻求某些容易计算的数列,使

$$a_n - a_{n-1} < \frac{1}{\sqrt[3]{n^2}} < b_n - b_{n-1}$$

从而对 $\dfrac{1}{\sqrt[3]{n^2}}$ 做很好的估计. 如果我们设法这样做的话,那么将这些关系式相加,利用和式中的一些项能够抵消,将会得到很好的估计. 下面寻找 a_n 和 b_n . 关键的式子是

$$a - b = (\sqrt[3]{a} - \sqrt[3]{b})(\sqrt[3]{a^2} + \sqrt[3]{ab} + \sqrt[3]{b^2})$$

如果 $a > b > 0$,那么

$$\frac{\sqrt[3]{a} - \sqrt[3]{b}}{a - b} = \frac{1}{\sqrt[3]{a^2} + \sqrt[3]{ab} + \sqrt[3]{b^2}} \in \left(\frac{1}{3\sqrt[3]{a^2}}, \frac{1}{3\sqrt[3]{b^2}} \right)$$

即

$$\frac{1}{3\sqrt[3]{a^2}} < \frac{\sqrt[3]{a} - \sqrt[3]{b}}{a - b} < \frac{1}{3\sqrt[3]{b^2}}$$

取 $a = n + 1, b = n$,得

$$\frac{1}{3\sqrt[3]{(n+1)^2}} < \sqrt[3]{(n+1)^2} - \sqrt[3]{n^2} < \frac{1}{3\sqrt[3]{n^2}}$$

对左边的不等式取 $n = 1, \cdots, 10^9 - 1$,然后相加,得到

$$S - 1 < 3(10^3 - 1) = 2\ 997$$

即 $S < 2\ 998$. 另一方面,对右边的不等式取 $n = 1, \cdots, 10^9$,然后相加,得

$$3(10^3 - 1) < 3(\sqrt[3]{10^9 + 1} - 1) < S$$

即 $S > 2\,997$. 于是 $\lfloor S \rfloor = 2\,997$.

26. 是否存在正实数数列 $\{a_n, n \geq 1\}$，对于一切正整数 n，使

$$a_1 + a_2 + \cdots + a_n \leq n^2, \text{且} \frac{1}{a_1} + \frac{1}{a_2} + \cdots + \frac{1}{a_n} \leq 2\,008$$

解 答案是否定的. 用反证法，假定这样的数列存在，则用 AM－GM 不等式，得到对一切正整数 n，有不等式

$$\frac{1}{a_{n+1}} + \cdots + \frac{1}{a_{2n}} \geq \frac{n^2}{a_{n+1} + \cdots + a_{2n}} \geq \frac{n^2}{a_1 + \cdots + a_{2n}} \geq \frac{1}{4}$$

设

$$S_n = \frac{1}{a_1} + \frac{1}{a_2} + \cdots + \frac{1}{a_n}$$

于是由已知对一切 $n \geq 1$，有 $S_n \leq 2\,008$，并由前面的讨论，对一切 n，有

$$S_{2n} - S_n \geq \frac{1}{4}$$

于是对一切 $k \geq 0$，有

$$S_{2^{k+1}} - S_{2^k} \geq \frac{1}{4}$$

取 $k = 0, 1, \cdots, n-1$，将所得的不等式相加，得到对一切 n，有

$$2\,008 \geq S_{2^n} - S_1 \geq \frac{n}{4}$$

这一简洁的反证法表明原假定错误，所以这样的数列不存在.

27. 是否存在整系数多项式 f，对于一切整数 x, y, z，使 $f(x, y, z)$ 与 $x + \sqrt[3]{2}y + \sqrt[3]{3}z$ 同号？

解 回答是肯定的，但是要寻找这样的多项式需要较高的技巧. 关键是恒等式

$$a^3 + b^3 + c^3 - 3abc = (a + b + c) \cdot \frac{(a-b)^2 + (b-c)^2 + (c-a)^2}{2}$$

表明对一切不全相等的实数 a, b, c，$a + b + c$ 与 $a^3 + b^3 + c^3 - 3abc$ 同号.

因为 $\sqrt[3]{2}$ 和 $\sqrt[3]{3}$ 是无理数，所以当且仅当 $x = y = z$ 时，$x, \sqrt[3]{2}y, \sqrt[3]{3}z$ 这三个数相等. 所以除非 $x = y = z = 0$，$x + \sqrt[3]{2}y + \sqrt[3]{3}z$ 与 $x^3 + 2y^3 + 3z^3 - 3\sqrt[3]{6}xyz$ 同号. 注意到 $x = y = z = 0$ 这一特殊的情况也成立. 为了除去 $\sqrt[3]{6}$，观察到对于一切 a, b，$a - b$ 与 $a^3 - b^3$ 同号，这是因为映射 $x \to x^3$ 单调递增. 于是 $x^3 + 2y^3 + 3z^3 - 3\sqrt[3]{6}xyz$ 与 $(x^3 + 2y^3 + 3z^3)^3 - 27 \cdot 6(xyz)^3$ 同号. 可以推得

$$f(x, y, z) = (x^3 + 2y^3 + 3z^3)^3 - 27 \cdot 6(xyz)^3$$

这就是本题的解.

28. 证明：在数列 $\lfloor n\sqrt{2} \rfloor + \lfloor n\sqrt{3} \rfloor$ $(n \geq 1)$ 中存在无穷多个奇数.

证明 设

$$x_n = \lfloor n\sqrt{2} \rfloor + \lfloor n\sqrt{3} \rfloor = y_n + z_n$$

其中 $y_n = \lfloor n\sqrt{2} \rfloor, z_n = \lfloor n\sqrt{3} \rfloor$. 假定 N 是某个正整数,且对于一切 $n \geqslant N$, x_n 是偶数,那么对 $n \geqslant N$, y_n 和 z_n 的奇偶性相同. 另一方面

$$y_{n+1} - y_n = \lfloor n\sqrt{2} + \sqrt{2} \rfloor - \lfloor n\sqrt{2} \rfloor, \quad z_{n+1} - z_n = \lfloor n\sqrt{3} + \sqrt{3} \rfloor - \lfloor n\sqrt{3} \rfloor$$

都是 1 或 2(这是由 $\sqrt{2}, \sqrt{3} \in (1,2)$ 得到的). 因为 y_n 和 z_n, y_{n+1} 和 z_{n+1} 的奇偶性相同,所以 $y_{n+1} - y_n$ 和 $z_{n+1} - z_n$ 的奇偶性相同,于是对 $n \geqslant N$,它们必定相等. 这就是说

$$y_{n+1} - z_{n+1} = y_n - z_n$$

于是数列 $y_n - z_n$ 从某一处开始变为常数. 这肯定不可能,因为

$$y_n - z_n < n\sqrt{2} - n\sqrt{3} + 1 = n(\sqrt{2} - \sqrt{3}) + 1$$

最后一个等式对于充分大的 n,小于任何给定的数(特别是小于 $yN - zN$). 这就产生了矛盾,说明原假定错误,于是结果正确.

29. 证明:如果 $x_1 > 0, x_2 > 0, \cdots, x_n > 0$,满足 $x_1 x_2 \cdots x_n = 1$,那么

$$\left(\frac{x_1 + x_2 + \cdots + x_n}{n} \right)^{2n} \geqslant \frac{x_1^2 + x_2^2 + \cdots + x_n^2}{n}$$

证明 这里的关键是恒等式

$$x_1^2 + x_2^2 + \cdots + x_n^2 = (x_1 + x_2 + \cdots + x_n)^2 - 2 \sum_{i<j} x_i x_j$$

利用 AM - GM 不等式和已知 $x_1 x_2 \cdots x_n = 1$ 表明

$$\sum_{i<j} x_i x_j \geqslant \binom{n}{2}$$

于是

$$x_1^2 + x_2^2 + \cdots + x_n^2 \leqslant (x_1 + x_2 + \cdots + x_n)^2 - (n^2 - n)$$

所以只要证明

$$\left(\frac{x_1 + x_2 + \cdots + x_n}{n} \right)^{2n} \geqslant \frac{(x_1 + x_2 + \cdots + x_n)^2 - (n^2 - n)}{n}$$

这里的优点是只要一个变量,不再需要 n 个变量了,即设 $S = x_1 + x_2 + \cdots + x_n$.

注意到 $S \geqslant n$,再利用 AM - GM 不等式和已知 $x_1 x_2 \cdots x_n = 1$. 所以我们需要证明对一切 $S \geqslant n$,有

$$\left(\frac{S}{n} \right)^{2n} \geqslant \frac{S^2}{n} - (n-1)$$

这对一切 $S > 0$ 确实成立,因为很容易利用 AM - GM 不等式,得

$$\left(\frac{S}{n} \right)^{2n} + n - 1 = \left(\frac{S}{n} \right)^{2n} + 1 + \cdots + 1 \geqslant n \sqrt[n]{\left(\frac{S}{n} \right)^{2n}} = \frac{S^2}{n}$$

30. 方程 $x^3 + x^2 - 2x - 1 = 0$ 有三个实数根 x_1, x_2, x_3，求 $\sqrt[3]{x_1} + \sqrt[3]{x_2} + \sqrt[3]{x_3}$ 的值.

解 设 $a = \sqrt[3]{x_1} + \sqrt[3]{x_2} + \sqrt[3]{x_3}$，$b = \sqrt[3]{x_1 x_2} + \sqrt[3]{x_2 x_3} + \sqrt[3]{x_3 x_1}$.

则由恒等式

$$u^3 + v^3 + w^3 - 3uvw = (u + v + w)\left[(u + v + w)^2 - 3(uv + vw + wu)\right]$$

得

$$x_1 + x_2 + x_3 - 3\sqrt[3]{x_1 x_2 x_3} = a(a^2 - 3b)$$

和

$$x_1 x_2 + x_2 x_3 + x_3 x_1 - 3\sqrt[3]{(x_1 x_2 x_3)^2} = b(b^2 - 3\sqrt[3]{x_1 x_2 x_3}\, a)$$

利用韦达关系式，以上两式可写为

$$-4 = a(a^2 - 3b) \text{ 和 } -5 = b(b^2 - 3a)$$

于是 $a^3 = 3ab - 4$，$b^3 = 3ab - 5$，将这两式相乘，得

$$(ab)^3 = 9(ab)^2 - 27ab + 20 \text{ 或 } (ab - 3)^3 = -7$$

于是 $ab = 3 - \sqrt[3]{7}$，最后

$$a = \sqrt[3]{3ab - 4} = \sqrt[3]{5 - 3\sqrt[3]{7}}$$

31. 证明：对一切 $a \geq 0, b \geq 0, c \geq 0, x \geq 0, y \geq 0, z \geq 0$，有

$$(a^2 + x^2)(b^2 + y^2)(c^2 + z^2) \geq (ayz + bzx + cxy - xyz)^2$$

证明 因为变量较多，所以首先要减少一些变量. 注意如果 $xyz = 0$，为简单起见，设 $x = 0$，那么不等式变为

$$a^2(b^2 + y^2)(c^2 + z^2) \geq a^2 y^2 z^2$$

因为 $b^2 + y^2 \geq y^2$，$c^2 + z^2 \geq z^2$，这显然成立. 于是可以假定 $xyz \neq 0$，设

$$u = \frac{a}{x}, v = \frac{b}{y}, w = \frac{c}{z}$$

原不等式的两边除以 $(xyz)^2 = 0$，得

$$(u^2 + 1)(v^2 + 1)(w^2 + 1) \geq (u + v + w - 1)^2$$

展开后，得

$$(uvw)^2 + (uv)^2 + (vw)^2 + (uw)^2 + u^2 + v^2 + w^2 + 1$$
$$\geq u^2 + v^2 + w^2 + 2(uv + vw + wu) - 2(u + v + w) + 1$$

或等价于

$$(uvw)^2 + (uv)^2 + u + v + (vw)^2 + v + w + (uw)^2 + u + w \geq 2(uv + vw + wu)$$

这可以从不等式 $(uvw)^2 \geq 0$，以及（利用 AM - GM 不等式）

$$(uv)^2 + u + v \geq 3\sqrt[3]{(uv)^3} = 3uv \geq 2uv$$

得到. 将这些不等式相加，得到所求的结果.

32. 定义数列 $a_1 = \dfrac{1}{2}$，当 $n \geqslant 1$ 时，有

$$a_{n+1} = \frac{a_n^2}{a_n^2 - a_n + 1}$$

证明：对一切正整数 n，有 $a_1 + a_2 + \cdots + a_n < 1$.

证明　因为数列 $\{a_1 + a_2 + a_3 + \cdots + a_n\}$ 是单调递增数列，所以这里用归纳法肯定没有什么帮助. 于是把递推关系改写为

$$\frac{1}{a_{n+1}} = 1 - \frac{1}{a_n} + \frac{1}{a_n^2}$$

强烈建议考虑数列 $x_n = \dfrac{1}{a_n}$. 我们有

$$x_{n+1} = x_n^2 - x_n + 1$$

于是

$$x_{n+1} - 1 = x_n(x_n - 1)$$

这表示

$$\frac{1}{x_n - 1} - \frac{1}{x_{n+1} - 1} = \frac{1}{x_n} = a_n$$

这使我们可以用缩减的和式计算 $a_1 + a_2 + \cdots + a_n$

$$a_1 + a_2 + \cdots + a_n = \sum_{k=1}^{n} \left(\frac{1}{x_k - 1} - \frac{1}{x_{k+1} - 1} \right) = \frac{1}{x_1 - 1} - \frac{1}{x_{n+1} - 1}$$

由于已知 $x_1 = 2$，所以为了得到结论只要弄清 $x_{n+1} \geqslant 1$ 即可. 为此只要对 n 用归纳法证明对于一切 n 有 $x_n > 1$. 这可以很快证出，因为当 $n = 1$ 时，显然正确. 如果对 n 正确，那么

$$x_{n+1} - 1 = x_n(x_n - 1) > 0$$

于是 $x_{n+1} > 1$. 问题得到解决.

33. 证明：对于一切 $a > 0, b > 0, c > 0$，有

$$\frac{a+b+c}{\sqrt[3]{abc}} + \frac{8abc}{(a+b)(b+c)(c+a)} \geqslant 4$$

证明　这里的情况很麻烦，因为我们很想对每一项使用 AM – GM 不等式，但是问题很难处理. 事实上，对于第一项的分子和分母都能处理，但是无法确定第二项的下界（除非说它是非负的以外，就没什么办法了）. 于是我们需要有更巧妙的办法. 对第二个分式的分母使用 AM – GM 不等式

$$(a+b)(b+c)(c+a) \leqslant \left(\frac{a+b+b+c+c+a}{3} \right)^3 = \frac{8}{27}(a+b+c)^3$$

于是只要证明

$$\frac{a+b+c}{\sqrt[3]{abc}} + \frac{27abc}{(a+b+c)^3} \geq 4$$

这就好了，因为不是三个变量，而是只有一个变量了.

如果设

$$x = \frac{a+b+c}{\sqrt[3]{abc}}$$

那么

$$\frac{27abc}{(a+b+c)^3} = \frac{27}{x^3}$$

于是只要证明

$$x + \frac{27}{x^3} \geq 4$$

这可以轻松地利用 AM – GM 不等式得

$$\frac{x}{3} + \frac{x}{3} + \frac{x}{3} + \frac{27}{x^3} \geq 4\sqrt[4]{\frac{x^3}{27} \cdot \frac{27}{x^3}} = 4$$

34. 求一切实数 x，使

$$\frac{x^2}{x-1} + \sqrt{x-1} + \frac{\sqrt{x-1}}{x^2} = \frac{x-1}{x^2} + \frac{1}{\sqrt{x-1}} + \frac{x^2}{\sqrt{x-1}}$$

解 关键是要看到这三个数

$$a = \frac{x^2}{x-1}, b = \sqrt{x-1}, c = \frac{\sqrt{x-1}}{x^2}$$

的乘积等于 1，于是原方程可改写为

$$a + b + c = \frac{1}{a} + \frac{1}{b} + \frac{1}{c} \tag{1}$$

因为 $abc = 1$，所以式（1）变为

$$a + b + c = ab + bc + ca$$

设 $S = a + b + c$，则 a, b, c 是方程

$$t^3 - St^2 + St - 1 = 0 \tag{2}$$

的解. 式（2）很容易分解因式，因为

$$t^3 - St^2 + St - 1 = (t-1)(t^2 + t + 1) - St(t-1) = (t-1)[t^2 + t(1-S) + 1]$$

于是 a, b, c 三数中有一个等于 1. 反之，如果 a, b, c 三数中有一个等于 1，例如 $a = 1$，那么

$$\frac{1}{a} + \frac{1}{b} + \frac{1}{c} = 1 + b + c = a + b + c$$

于是原方程的任何一个解都是方程

$$x^2 = x - 1, \quad \sqrt{x-1} = 1, \quad \sqrt{x-1} = x^2$$

之一的一个解. 第一个方程无解,因为判别式为负. 第二个方程有唯一解 $x = 2$. 最后一个方程可写成 $x^4 = x - 1$. 现在,由于 $x > 1$,所以 $x^4 > x$,得到 $x - 1 = x^4 > x$,产生矛盾,于是第三个方程无解,最后得到本题的答案是 $x = 2$.

35. 设 $x > 30$ 是实数,且 $\lfloor x \rfloor \cdot \lfloor x^2 \rfloor = \lfloor x^3 \rfloor$. 证明: $\{x\} < \dfrac{1}{2\,700}$.

证明 设 $x = n + a$,其中 $n = \lfloor x \rfloor$,$a = \{x\}$. 注意 $a \in [0, 1)$ 和已知 $n \geqslant 30$. 另一方面, $\lfloor x \rfloor \cdot \lfloor x^2 \rfloor = \lfloor x^3 \rfloor$ 可改写为

$$n \lfloor n^2 + 2na + a^2 \rfloor = \lfloor n^3 + 3n^2 a + 3na^2 + a^3 \rfloor$$

或消去 n^3,得

$$n \lfloor 2na + a^2 \rfloor = \lfloor 3n^2 a + 3na^2 + a^3 \rfloor$$

事实上,我们必有

$$2n^2 a + na^2 \geqslant n \lfloor 2na + a^2 \rfloor > 3n^2 a + 3na^2 + a^3 - 1$$

特别地,必有 $a < \dfrac{1}{n^2} \leqslant \dfrac{1}{900}$. 这比我们需要证明的弱一些. 关键是

$$2na + a^2 < \frac{2n}{n^2} + \frac{1}{n^4} < 1$$

所以 $\lfloor 2na + a^2 \rfloor = 0$,由上面的关系式得

$$\lfloor 3n^2 a + 3na^2 + a^3 \rfloor = 0$$

所以

$$3n^2 a + 3na^2 + a^3 < 1$$

实际上,我们得到

$$a < \frac{1}{3n^2} \leqslant \frac{1}{2\,700}$$

这就是我们要证明的.

36. 证明:对一切 $x > 0, y > 0$,有 $x^y + y^x > 1$.

证明 如果 x, y 中有一个大于或等于 1,那么结果显然成立,所以假定 $x < 1, y < 1$. 这种情况证明需要一定的技巧,并利用伯努利不等式.

如果 $a \geqslant -1, 0 < b < 1$,那么 $(1 + a)^b < 1 + ab$. 于是推得

$$x^{1-y} = (1 + x - 1)^{1-y} \leqslant 1 + (x - 1)(1 - y) = x + y - xy < x + y$$

这可改写为

$$x^y > \frac{x}{x + y}$$

同理,$y^x > \dfrac{y}{x + y}$,将这两个不等式相加,就得到所求的结果.

37. 求方程组

$$\begin{cases} x^3 + x(y-z)^2 = 2 \\ y^3 + y(z-x)^2 = 30 \\ z^3 + z(x-y)^2 = 16 \end{cases}$$

的实数解.

解 首先将原方程组改写为

$$\begin{cases} x(x^2 + y^2 + z^2) - 2xyz = 2 \\ y(x^2 + y^2 + z^2) - 2xyz = 30 \\ z(x^2 + y^2 + z^2) - 2xyz = 16 \end{cases}$$

设 $x^2 + y^2 + z^2 = S, xyz = P$, 则方程组变为

$$\begin{cases} x = \dfrac{2P+2}{S} \\ y = \dfrac{2P+30}{S} \\ z = \dfrac{2P+16}{S} \end{cases}$$

将每个方程平方后相加, 得

$$S = x^2 + y^2 + z^2 = \frac{(2P+2)^2 + (2P+16)^2 + (2P+30)^2}{S^2}$$

即

$$S^3 = (2P+2)^2 + (2P+16)^2 + (2P+30)^2$$

另一方面, 将前面的方程组的三个方程相乘, 得

$$P = xyz = \frac{(2P+2)(2P+16)(2P+30)}{S^3}$$

于是

$$(2P+2)(2P+16)(2P+30) = PS^3$$

比较最后两个关系式, 得

$$(2P+2)(2P+16)(2P+30) = P\left[(2P+2)^2 + (2P+16)^2 + (2P+30)^2\right]$$

两边除以 4, 再展开, 并化简所得的结果, 得

$$P^3 + 4P - 240 = 0$$

幸运的是这个方程有整数解 $P = 6$. 因为映射 $x \to x^3 + 4x$ 在 **R** 上单调递增, 所以是满射, 于是这是方程的唯一解. 回到原来的关系式, 得

$$S^3 = \frac{14 \times 28 \times 42}{6} = 14^3$$

于是 $S = 14$. 最后回到方程组

$$\begin{cases} x = \dfrac{2P+2}{S} \\ y = \dfrac{2P+30}{S} \\ z = \dfrac{2P+16}{S} \end{cases}$$

得到原方程组的唯一解 $(x,y,z) = (1,3,2)$.

38. 设 a,b,c,d 是正实数,且 $a+b+c+d=4$. 证明

$$\frac{a^4}{(a+b)(a^2+b^2)} + \frac{b^4}{(b+c)(b^2+c^2)} + \frac{c^4}{(c+d)(c^2+d^2)} + \frac{d^4}{(d+a)(d^2+a^2)}$$

至少等于 1.

证明 用 A 表示不等式的左边,B 表示式(1)

$$\frac{b^4}{(a+b)(a^2+b^2)} + \frac{c^4}{(b+c)(b^2+c^2)} + \frac{d^4}{(c+d)(c^2+d^2)} + \frac{a^4}{(d+a)(d^2+a^2)} \tag{1}$$

证明的主要部分是等式 $A=B$,它可以由

$$A - B = \sum \frac{a^4-b^4}{(a+b)(a^2+b^2)} = \sum (a-b) = 0$$

得到. 事实上,的确有

$$\frac{a^4-b^4}{(a+b)(a^2+b^2)} = \frac{(a^2-b^2)(a^2+b^2)}{(a+b)(a^2+b^2)} = \frac{a^2-b^2}{a+b} = a-b$$

于是所求的不等式 $A \geqslant 1$ 等价于 $A+B \geqslant 2$. 另一方面

$$A + B = \sum \frac{a^4+b^4}{(a+b)(a^2+b^2)}$$

于是只要证明

$$\frac{a^4+b^4}{(a+b)(a^2+b^2)} \geqslant \frac{a+b}{4} \tag{2}$$

式(2)等价于

$$a^4+b^4 \geqslant \frac{(a+b)^2}{4} \cdot \frac{a^2+b^2}{2}$$

这是从不等式 $(a+b)^2 \leqslant 2(a^2+b^2)$ 和 $(a^2+b^2)^2 \leqslant 2(a^4+b^4)$ 推出的.

39. 非负数 a,b,c,d,e,f 加起来是 6,求

$$abc + bcd + cde + def + efa + fab$$

的最大值.

解法 1 将原式改写为

$$abc + bcd + cde + def + efa + fab$$
$$= abc + abf + cde + def + bcd + efa$$

$$= ab(c+f) + de(c+f) + bcd + efa$$

$$= (ab+de)(c+f) + bcd + efa$$

$$= [(a+d)(b+e) - ae - bd](c+f) + bcd + efa$$

$$= (a+d)(b+e)(c+f) - aec - aef - bcd - bdf + bcd + efa$$

$$= (a+d)(b+e)(c+f) - aec - bdf$$

显然 $aec + bdf$ 的下界为 0，下面利用 AM – GM 不等式确定 $(a+d)(b+e)(c+f)$ 的上界

$$(a+d)(b+e)(c+f) \leqslant \left(\frac{a+d+b+e+c+f}{3}\right)^3 = 8$$

最后一个等式是由已知条件得到的. 我们得出结论

$$abc + bcd + cde + def + efa + fab \leqslant 8$$

我们还必须弄清 8 这个值是否能取到. 下面看等式成立的情况，我们需要

$$aec = bdf = 0, a + d = b + e = c + f = 2$$

只要取 $a = b = c = 2, d = e = f = 0$. 于是答案是 8.

解法 2 看看如果固定 $b, c, e, f, a + d$，当 $a + d$ 的总量不变，只允许 a 和 d 增加和减少时，会发生什么情况. 我们将所求的不等式改写为

$$abc + bcd + cde + def + efa + fab = (a+d)(bc+ef) + (fb)a + (ce)d$$

只有最后两项是变化的. 如果 $fb > ce$，那么当 a 尽量大，使 $d = 0$ 时，就能取到最大值. 如果 $fb < ce$，那么情况相反，即当 $a = 0$ 时，取到最大值. 如果 $fb = ce$，那么在变化中总和不变，也可以假定 $d = 0$. 由对称性，所以就设 $d = 0$.

同理，我们既可以设 b 或 e 等于零，又可以设 c 或 f 等于零. 由对称性，我们将把问题归结为在 $a + b + c = 6$ 的前提下，求 abc 的最大值的问题. 但这只要利用 AM – GM 不等式 $abc \leqslant \left(\frac{a+b+c}{3}\right)^3 = 8$ 就容易做到的. 当且仅当 $a = b = c = 2$ 时，等号成立. 于是最大值是 8.

40. 解以下方程

$$\lfloor x \rfloor + \lfloor 2x \rfloor + \lfloor 4x \rfloor + \lfloor 8x \rfloor + \lfloor 16x \rfloor + \lfloor 32x \rfloor = 12\ 345$$

解 设 $n = \lfloor x \rfloor$，则

$$\lfloor 2^k x \rfloor = \lfloor 2^k n + 2^k \{x\} \rfloor = 2^k n + \lfloor 2^k \{x\} \rfloor$$

于是方程变为

$$(1 + 2 + \cdots + 32)n + \sum_{k=1}^{5} \lfloor 2^k \{x\} \rfloor = 12\ 345$$

另一方面

$$1 + 2 + \cdots + 32 = 2^6 - 1 = 63$$

和

$$0 \leqslant \sum_{k=1}^{5} \lfloor 2^k \{x\} \rfloor \leqslant \sum_{k=1}^{5} (2^k - 1) = 1 + 3 + 7 + 15 + 31 = 57$$

于是

$$12\ 345 - 63n \in [0, 57)$$

但这不可能,因为容易验证 $12\ 345 \equiv 60 \pmod{63}$. 于是原方程无解.

41. 设 x, y, z 是实数, $x + y + z = 0$. 证明

$$\frac{x(x+2)}{2x^2+1} + \frac{y(y+2)}{2y^2+1} + \frac{z(z+2)}{2z^2+1} \geqslant 0$$

证明　首先将每个分式都乘以 2,然后加 1. 由于

$$2x(x+2) + 2x^2 + 1 = 4x^2 + 4x + 1 = (2x+1)^2$$

所以原不等式等价于

$$\frac{(2x+1)^2}{2x^2+1} + \frac{(2y+1)^2}{2y^2+1} + \frac{(2z+1)^2}{2z^2+1} \geqslant 3$$

因为已知 $x = -(y+z)$,所以 $x^2 = (y+z)^2$,故可将各分母都改写为

$$2x^2 + 1 = \frac{4}{3}x^2 + \frac{2}{3}(y+z)^2 + 1 \leqslant \frac{4}{3}x^2 + \frac{4}{3}(y^2+z^2) + 1 = \frac{4}{3}(x^2+y^2+z^2) + 1$$

于是

$$\frac{(2x+1)^2}{2x^2+1} + \frac{(2y+1)^2}{2y^2+1} + \frac{(2z+1)^2}{2z^2+1} \geqslant \frac{(2x+1)^2 + (2y+1)^2 + (2z+1)^2}{\frac{4}{3}(x^2+y^2+z^2) + 1}$$

余下来要证明的是上面这个量至少是 3. 由已知可以得到

$$(2x+1)^2 + (2y+1)^2 + (2z+1)^2 = 4(x^2+y^2+z^2) + 4(x+y+z) + 3$$

$$= 4(x^2+y^2+z^2) + 3$$

于是

$$\frac{(2x+1)^2 + (2y+1)^2 + (2z+1)^2}{\frac{4}{3}(x^2+y^2+z^2) + 1} = 3$$

证毕.

42. 求方程组

$$\begin{cases} \dfrac{1}{x} + \dfrac{1}{2y} = (x^2+3y^2)(3x^2+y^2) \\ \dfrac{1}{x} - \dfrac{1}{2y} = 2(y^4 - x^4) \end{cases}$$

的实数解.

解　将这两个方程相加减,得

$$\begin{cases} \dfrac{2}{x} = x^4 + 10x^2y^2 + 5y^4 \\ \dfrac{1}{y} = 5x^4 + 10x^2y^2 + y^4 \end{cases}$$

最后得

$$\begin{cases} 2 = x^5 + 10x^3y^2 + 5xy^4 \\ 1 = 5x^4y + 10x^2y^3 + y^5 \end{cases}$$

如果你幸运并且(或)受到鼓舞的话，那我们来看看以下式子展开后的项

$$(x+y)^5 = x^5 + 5x^4y + 10x^3y^2 + 10x^2y^3 + 5xy^4 + y^5$$

和

$$(x-y)^5 = x^5 - 5x^4y + 10x^3y^2 - 10x^2y^3 + 5xy^4 - y^5$$

于是方程组等价于

$$\begin{cases} (x+y)^5 = 3 \\ (x-y)^5 = 1 \end{cases}$$

由此得到唯一解

$$x = \frac{\sqrt[5]{3}+1}{2}, y = \frac{\sqrt[5]{3}-1}{2}$$

43. 求一切同时满足不等式

$$x + y + z - 2xyz \leqslant 1 \ \text{和} \ xy + yz + zx + \frac{1}{xyz} \leqslant 4$$

的一切正实数三数组 (x, y, z).

解法 1　将第一个不等式的两边除以 $xyz > 0$，得

$$\frac{1}{xy} + \frac{1}{yz} + \frac{1}{zx} - 2 \leqslant \frac{1}{xyz}$$

与第二个不等式相加后重组，得

$$\left(xy + \frac{1}{xy}\right) + \left(yz + \frac{1}{yz}\right) + \left(zx + \frac{1}{zx}\right) \leqslant 6$$

容易看到当 $t > 0$ 时，有 $t + \dfrac{1}{t} \geqslant 2$，当且仅当 $t = 1$ 时，等号成立. 将 t 用于 xy, yz, zx，得

$$6 \leqslant \left(xy + \frac{1}{xy}\right) + \left(yz + \frac{1}{yz}\right) + \left(zx + \frac{1}{zx}\right) \leqslant 6$$

于是等号必全部成立，且 $xy = yz = zx = 1$. 这依次给出 $x = y = z = 1$ 是唯一解.

解法 2　这种解法使用(复杂的)已知条件和经典不等式对 xyz 有所控制. 设 $a = xyz$，由 AM – GM 不等式和已知条件，得

$$4 \geqslant \frac{1}{xyz} + xy + yz + zx \geqslant 4\sqrt[4]{x^2y^2z^2 \cdot \frac{1}{xyz}} = 4\sqrt[4]{xyz}$$

于是 $xyz \leqslant 1$. 下面将证明 $xyz = 1$. 假定 $xyz < 1$, 再用 AM – GM 不等式, 得

$$4 \geqslant \frac{1}{xyz} + xy + yz + zx \geqslant \frac{1}{xyz} + 3\sqrt[3]{(xyz)^2}$$

设 $xyz = a^3$, 于是 $a \leqslant 1$, 上面的不等式变为

$$4 \geqslant \frac{1}{a^3} + 3a^2, \text{ 或 } 4a^3 \geqslant 3a^5 + 1$$

改写为 $a^3 - 1 \geqslant 3a^5 - 3a^3$, 再除以 $a - 1$ (是负的), 得

$$a^2 + a + 1 \leqslant 3a^3(a + 1)$$

最后, 将已知条件和 AM – GM 不等式结合, 得

$$2a^3 + 1 = 2xyz + 1 \geqslant x + y + z \geqslant 3a$$

可写成 $2a^3 - 2a \geqslant a - 1$, 于是 $2a(a + 1) \leqslant 1$, 得

$$a^2 + a + 1 \leqslant 3a^3(a + 1) = 3a^2 \cdot a(a + 1) \leqslant \frac{3}{2}a^2 < 2a^2$$

于是 $a^2 > a + 1 > 1$, 这与 $a \leqslant 1$ 矛盾.

则原假定 $xyz < 1$ 错误, 得到 $xyz = 1$. 第一个已知条件变为 $x + y + z \leqslant 3$. 于是 AM – GM 不等式

$$x + y + z \geqslant 3\sqrt[3]{xyz}$$

中必有等号成立, 即 $x = y = z$. 因为 $xyz = 1$, 最后得到唯一解 $x = y = z = 1$.

44. 设 a, b, c 是正实数, 且 $x = a + \dfrac{1}{b}, y = b + \dfrac{1}{c}, z = c + \dfrac{1}{a}$. 证明

$$xy + yz + zx \geqslant 2(x + y + z)$$

解　本题相当难. 首先利用鸽笼原理, 得到 x, y, z 三数中的两个数同时属于 $(0, 2)$ 或同时属于 $[2, +\infty)$. 例如, 这两个数是 x, y, 于是 $(x - 2)(y - 2) \geqslant 0$, 由此得 $xy + 4 \geqslant 2(x + y)$. 于是需要证明的是 $yz + zx \geqslant 2z + 4$, 即

$$z(x + y - 2) \geqslant 4$$

另一方面, 有

$$z(x + y - 2) = \left(c + \frac{1}{a}\right)\left(a + \frac{1}{c} + b + \frac{1}{b} - 2\right) \geqslant \left(c + \frac{1}{a}\right)\left(a + \frac{1}{c}\right)$$

因为 $b + \dfrac{1}{b} - 2 \geqslant 0$ (这由 AM – GM 不等式所得), 所以只要证明

$$\left(c + \frac{1}{a}\right)\left(a + \frac{1}{c}\right) \geqslant 4$$

该不等式可写成 $(ac + 1)^2 \geqslant 4ac$, 或 $(ac - 1)^2 \geqslant 0$, 这是显然的. 注意, 我们也可以用 Cauchy – Schwarz 不等式

$$\left(c + \frac{1}{a}\right)\left(a + \frac{1}{c}\right) \geqslant ac + \frac{1}{ac} + \frac{a}{c} + \frac{c}{a} \geqslant 2 + 2 = 4$$

45. 设 a,b 是非零实数,且对一切正整数 n,$\lfloor an+b \rfloor$ 是偶数. 证明:a 是偶数.

证明 设 $x_n = \lfloor an+b \rfloor$,$y_n = \{an+b\}$,于是 $x_n + y_n = an + b$. 已知条件就变为对一切 n,$x_{n+1} - x_n$ 是偶数. 另一方面,有

$$x_{n+1} - x_n = \lfloor x_n + y_n + \lfloor a \rfloor + \{a\} \rfloor - x_n = \lfloor y_n + \{a\} \rfloor + \lfloor a \rfloor$$

我们将根据 $\lfloor a \rfloor$ 的奇偶性讨论两种情况. 如果 $\lfloor a \rfloor$ 是偶数,那么上面的讨论表明 $\lfloor y_n + \{a\} \rfloor$ 是偶数,但因为 $\lfloor y_n + \{a\} \rfloor$ 是 0 或 1,所以必是 0. 于是对一切 n,有 $x_{n+1} - x_n = \lfloor a \rfloor$,即对一切 n,有 $x_n = x_0 + n \lfloor a \rfloor$,于是对一切 n,有

$$an + b < \lfloor b \rfloor + n \lfloor a \rfloor + 1$$

也可改写为对一切 n,有 $n\{a\} < 1 - \{b\}$. 显然必有 $\{a\} = 0$,所以 a 是整数. 因为假定 $\lfloor a \rfloor$ 是偶数,所以 a 也是偶数.

现在假定 $\lfloor a \rfloor$ 是奇数,同样可证对一切 n,必有 $\lfloor y_n + \{a\} \rfloor = 1$,于是对一切 n,有 $x_{n+1} = x_n + 1 + \lfloor a \rfloor$,$x_n = x_0 + n(1 + \lfloor a \rfloor)$. 但这意味着对一切 n,有

$$an + b \geq \lfloor b \rfloor + n(1 + \lfloor a \rfloor)$$

所以 $n(1 - \{a\}) \leq \{b\}$.

因为 $1 - \{a\} > 0$,所以上式不可能,于是就得到结果.

46. 设 a,b,c 是正实数,求一切实数 x,y,z,使

$$\begin{cases} ax + by = (x-y)^2 \\ by + cz = (y-z)^2 \\ cz + ax = (z-x)^2 \end{cases}$$

解 首先把方程组看作是关于 ax, by, cz 的线性方程组. 因此,将这三个方程相加,得

$$ax + by + cz = \frac{(x-y)^2 + (y-z)^2 + (z-x)^2}{2}$$

然后回到原方程组的每个方程. 例如,第一个方程变为

$$\frac{(x-y)^2 + (y-z)^2 + (z-x)^2}{2} - cz = (x-y)^2$$

即

$$\begin{aligned} cz &= \frac{(y-z)^2 + (z-x)^2 - (x-y)^2}{2} \\ &= \frac{(y-z)^2 + (z-x)^2 - \left[(y-z) + (z-x) \right]^2}{2} \\ &= -(y-z)(z-x) \\ &= (z-y)(z-x) \end{aligned}$$

对每个方程都进行同样的变形,得到方程组

$$\begin{cases} ax = (x-y)(x-z) \\ by = (y-x)(y-z) \\ cz = (z-x)(z-y) \end{cases}$$

接着,将第一个方程乘以 $-(y-z)$,第二个方程乘以 $-(z-x)$,第三个方程乘以 $-(x-y)$,
得

$$\begin{cases} -x(y-z) = \dfrac{(x-y)(y-z)(z-x)}{a} \\[2mm] -y(z-x) = \dfrac{(x-y)(y-z)(z-x)}{b} \\[2mm] -z(x-y) = \dfrac{(x-y)(y-z)(z-x)}{c} \end{cases}$$

将这三个方程相加,得到左边为

$$x(y-z) + y(z-x) + z(x-y) = 0$$

于是

$$(x-y)(y-z)(z-x)\left(\frac{1}{a} + \frac{1}{b} + \frac{1}{c}\right) = 0$$

由于已知 $\frac{1}{a} + \frac{1}{b} + \frac{1}{c}$ 是正的,特别是非零的,于是必有 $(x-y)(y-z)(z-x) = 0$. 例如,假定 $x=y$. 那么原方程组的第一个方程就变为 $(a+b)x = 0$,于是 $x = y = 0$(因为 $a > 0$, $b > 0$). 另外两个方程等价于 $cz = z^2$,于是 $z = 0$,或 $z = c$,因此,在 $x = y$ 的情况下给出两个解 $(0,0,0)$ 和 $(0,0,c)$. 类似地,在处理 $y = z, z = x$ 的情况下给出得到原方程组的其他解 $(a,0,0)$ 和 $(0,b,0)$.

注 本题的关键步骤是得到关系式

$$ax = (x-y)(x-z), by = (y-x)(y-z), cz = (z-x)(z-y)$$

一旦得到了这些关系式,我们也能以下面的方式解决问题:假定 x,y,z 中没有两个数相等. 如果 x 是这三个数中最大的数或最小的数,那么等式 $ax = (x-y)(x-z)$ 说明 $x > 0$. 但是,如果 x 是中等的,那么就是说 $x < 0$. 因为对 y 和 z 可以同样这样说,所以这三个数中最大的或最小的都是正的,但中间的是负的,这毫无疑问是荒唐的,因此就得到了矛盾. 于是 x,y,z 中必有两个相等. 如果 $x = y$,那就得到 $ax = by = 0$,所以 $x = y = 0$. 于是 $cz = z^2$,于是 $z = 0$,或 $z = c$. 另外两种情况也类似. 于是解是 $(x,y,z) = (0,0,0), (a,0,0), (0,b,0)$ 和 $(0,0,c)$.

47. 正实数 a, b, c 加起来是 1,证明

$$(ab + bc + ca)\left(\frac{a}{b^2+b} + \frac{b}{c^2+c} + \frac{c}{a^2+a}\right) \geqslant \frac{3}{4}$$

证明 我们将用 Hölder 不等式处理分母

$$\left[a(b+1) + b(c+1) + c(a+1)\right](ab+bc+ca)\left(\frac{a}{b^2+b} + \frac{b}{c^2+c} + \frac{c}{a^2+a}\right)$$

$$\geqslant \left(\sqrt[3]{a(b+1) \cdot ab \cdot \frac{a}{b^2+b}} + \sqrt[3]{b(c+1) \cdot bc \cdot \frac{b}{c^2+c}} + \sqrt[3]{c(a+1) \cdot ca \cdot \frac{c}{a^2+a}}\right)^3$$

右边的式子很隐蔽，实际上它化简后就是 $(a+b+c)^3 = 1$. 于是可以得

$$(ab+bc+ca)\left(\frac{a}{b^2+b}+\frac{b}{c^2+c}+\frac{c}{a^2+a}\right) \geqslant \frac{1}{a(b+1)+b(c+1)+c(a+1)}$$

余下来要弄清楚的是最后一个式子是否大于或等于 $\frac{3}{4}$. 这可以从式（1）得到

$$a(b+1)+b(c+1)+c(a+1) = a+b+c+ab+bc+ca$$

$$\leqslant 1+\frac{(a+b+c)^2}{3}$$

$$= 1+\frac{1}{3}$$

$$= \frac{4}{3} \tag{1}$$

48. 非负实数数列 $\{a_n, n \geqslant 1\}$ 对一切不同的正整数 m, n，满足

$$|a_m - a_n| \geqslant \frac{1}{m+n}$$

证明：如果对一切 $n \geqslant 1$，实数 c 大于 a_n，那么 $c \geqslant 1$.

证明 确定某个 $n > 1$，并设 $i_1, \cdots, i_n$ 是 $1, 2, \cdots, n$ 的一个排列，且 $a_{i_1} \leqslant a_{i_2} \leqslant \cdots \leqslant a_{i_n}$. 于是由已知条件，对 $j = 2, \cdots, n$，有

$$a_{i_j} - a_{i_{j-1}} \geqslant \frac{1}{i_j + i_{j-1}}$$

将所有这些不等式相加，得

$$c \geqslant a_{i_n} - a_{i_1} \geqslant \sum_{j=2}^{n} \frac{1}{i_j + i_{j-1}}$$

下面将利用 AM – GM 不等式求式（1）右边的下界

$$\sum_{j=2}^{n} \frac{1}{i_j + i_{j-1}} \geqslant \frac{(n-1)^2}{i_2 + \cdots + i_n + i_1 + \cdots + i_{n-1}} \geqslant \frac{(n-1)^2}{2(i_1 + \cdots + i_n)} \tag{1}$$

因为 $i_1, \cdots, i_n$ 是 $1, 2, \cdots, n$ 的一个排列，所以

$$2(i_1 + \cdots + i_n) = 2(1 + 2 + \cdots + n) = n(n+1)$$

于是推得对一切 $n > 1$，有

$$c > \frac{(n-1)^2}{n(n+1)} \tag{2}$$

式（2）也可写成：对一切 $n > 1$，有

$$n^2(c-1) + n(c+2) - 1 > 0$$

直接得到 $c - 1 \geqslant 0$（否则当 n 足够大时，该式会变负）. 于是 $c \geqslant 1$，这就是我们所需证明的.

49. 设 a, b, c, d 是实数，且 $a+b+c+d = 0, a^7+b^7+c^7+d^7 = 0$. 求

$$a(a+b)(a+c)(a+d)$$

的一切可能的值.

解　设 $x^4 + Ax^3 + Bx^2 + Cx + D$ 是以 a,b,c,d 为根的多项式. 由韦达关系式, 我们有 $A = 0$. 设 $S_n = a^n + b^n + c^n + d^n$, 由牛顿关系式, 得

$$S_1 = 0, S_2 = -2B, S_3 = -3C$$

于是

$$S_4 = -BS_2 - CS_1 - 4D = 2B^2 - 4D, S_5 = -BS_3 - CS_2 - DS_1 = 5BC$$

还有

$$S_7 = -BS_5 - CS_4 - DS_3 = -5B^2C - C(2B^2 - 4D) - D(-3C) = 7C(D - B^2)$$

由已知 $S_7 = 0$, 于是 $C = 0$, 或 $D = B^2$.

下面分别考虑这两种情况. 首先假定 $C = 0$, 那么 a,b,c,d 是多项式 $x^4 + Bx^2 + D$ 的根. 但这是偶次多项式, 那么 $-a$ 也是根. 于是 $-a \in \{a, b, c, d\}$, 显然有

$$a(a+b)(a+c)(a+d) = 0$$

假定 $D = B^2$, 于是

$$abcd = D = (ab + bc + cd + da + ca + bd)^2 = \frac{1}{4}(a^2 + b^2 + c^2 + d^2)^2$$

最后一个等式是用了以下恒等式

$$(a+b+c+d)^2 = a^2 + b^2 + c^2 + d^2 + 2(ab + bc + cd + da + ca + bd)$$

以及已知 $a + b + c + d = 0$ 推得的

$$4abcd = (a^2 + b^2 + c^2 + d^2)^2 \geqslant (4\sqrt[4]{a^2 b^2 c^2 d^2})^2 = 16|abcd|$$

所以得到 $abcd = 0$, 然后 $a^2 + b^2 + c^2 + d^2 = 0$, 于是在这种情况下, $a = b = c = d = 0$.

现在结论很清楚了:0 是 $a(a+b)(a+c)(a+d)$ 所取的唯一值.

50. 设 a,b,c 是实数, 且 $a^2 + b^2 + c^2 = 9$. 证明

$$2(a + b + c) - abc \leqslant 10$$

证明　本题使用 Cauchy-Schwarz 不等式很有技巧. 因为不等式是对称的, 我们可以对 a,b,c 排序, 使 $|c| = \max(|a|, |b|, |c|)$. 因为 $a^2 + b^2 + c^2 = 9$, 且 c^2 是 a^2, b^2, c^2 中最大的, 所以 $c^2 \geqslant 3$, 于是 $a^2 + b^2 = 9 - c^2 \leqslant 6$. 现在使用 Cauchy-Schwarz 不等式

$$[2(a + b + c) - abc]^2 = [2(a + b) + c(2 - ab)]^2$$
$$\leqslant [4 + (2 - ab)^2][(a + b)^2 + c^2]$$

现在有

$$(a + b)^2 + c^2 = a^2 + b^2 + c^2 + 2ab = 9 + 2ab$$

设 $x = ab$, 只要证明

$$[4 + (2 - x)^2](9 + 2x) \leqslant 100$$

将左边展开, 得

$$\left[4+(2-x)^2\right](9+2x)=(8-4x+x^2)(9+2x)=72-20x+x^2+2x^3$$

只要证明

$$2x^3+x^2-20x-28\leqslant 0$$

当 $x=-2$ 时，左边为零，所以可以提出因式 $x+2$，得

$$2x^3+x^2-20x-28=2x^3+4x^2-3x^2-6x-14(x+2)=(x+2)(2x^2-3x-14)$$

当 $x=-2$ 时，$2x^2-3x-14$ 还是为零，所以又可以提出因式 $x+2$，得到等价的不等式

$$(x+2)^2(2x-7)\leqslant 0$$

于是需要证明的是 $x\leqslant \dfrac{2}{7}$。这可以由式(1)得

$$|x|\leqslant \frac{a^2+b^2}{2}\leqslant 3 \tag{1}$$

51. 实数 $x>1$ 有以下性质：对一切 $n\geqslant 2\,013$，有 $x^n\{x^n\}<\dfrac{1}{4}$。证明：x 是整数。

证明 我们从计算 $\lfloor x^{2n}\rfloor$ 开始

$$\lfloor x^{2n}\rfloor=\lfloor(\lfloor x^n\rfloor+\{x^n\})^2\rfloor=\lfloor x^n\rfloor^2+\lfloor\{x^n\}^2+2\lfloor x^n\rfloor\cdot\{x^n\}\rfloor$$

由已知可得对一切 $n\geqslant 2\,013$，有 $\{x^n\}<\dfrac{1}{4x^n}<\dfrac{1}{4}$，所以

$$\{x^n\}^2+2\lfloor x^n\rfloor\cdot\{x^n\}<\frac{1}{16}+2x^n\{x^n\}<\frac{1}{16}+\frac{1}{2}<1$$

将这两个关系式结合，得到对一切 $n\geqslant 2\,013$，有 $\lfloor x^{2n}\rfloor=\lfloor x^n\rfloor^2$。固定这样的 n，注意到对一切 $k\geqslant 1$，有 $\lfloor x^{2^k n}\rfloor=\lfloor x^n\rfloor^{2^k}$（利用对一切 $m\geqslant 2\,013$，有 $\lfloor x^{2m}\rfloor=\lfloor x^m\rfloor^2$ 的前面的关系式，对 k 用归纳法）。于是对 $n\geqslant 2\,013$ 和 $k\geqslant 1$，有

$$(x^n)^{2^k}<\lfloor x^n\rfloor^{2^k}+1 \text{ 或 }\left(\frac{x^n}{\lfloor x^n\rfloor}\right)^{2^k}<1+\frac{1}{\lfloor x^n\rfloor^{2^k}}<2$$

如果 $x^n>\lfloor x^n\rfloor$，那么将 k 选得足够大，与上面的不等式产生矛盾。于是 $x^n=\lfloor x^n\rfloor$，这对一切 $n\geqslant 2\,013$ 都成立。实际上 $x^{2\,013}$ 和 $x^{2\,014}$ 是整数。但是这样一来，$x=\dfrac{x^{2\,014}}{x^{2\,013}}$ 是有理数。设 $x=\dfrac{p}{q}$（其中 p,q 是互素的正整数）。因为 $x^{2\,013}$ 是整数，所以 $q^{2\,013}$ 整除 $p^{2\,013}$。但是 q 与 $p^{2\,013}$ 互素，所以 $q=1$，于是 x 是整数。

52. 是否存在实数数列 $\{a_n,n\geqslant 1\}$，对一切 $n\geqslant 1$，有 $a_n\in[0,4]$ 以及对一切不同的正整数 m,n，有

$$|a_m-a_n|\geqslant \frac{1}{m-n}$$

证明 答案是肯定的。我们将证明由 $a_n=4\{n\sqrt{2}\}$ 定义的数列是本题的解。显然对一

切 n，$a_n \in [0,4)$. 另一方面，有

$$|a_m - a_n| = 4|(m-n)\sqrt{2} - (\lfloor m\sqrt{2} \rfloor - \lfloor n\sqrt{2} \rfloor)|$$

只要证明对一切整数 $p,q,q \neq 0$ 有

$$|\sqrt{2} - \frac{p}{q}| \geq \frac{1}{4q^2}$$

（因为这一不等式是设 $q = m-n, p = \lfloor m\sqrt{2} \rfloor - \lfloor n\sqrt{2} \rfloor$ 后得到的），可以假定 $q > 0$. 注意到如果 $p < 0$，那么不等式显然成立. 所以可以假定 $p \geq 0$. 下面用反证法，假定

$$|\sqrt{2} - \frac{p}{q}| < \frac{1}{4q^2}$$

那么

$$\frac{1}{4q^2} > \frac{|\sqrt{2}q - p|}{q} = \frac{|2q^2 - p^2|}{q(\sqrt{2}q + p)} \geq \frac{1}{q(\sqrt{2}q + p)}$$

最后一个不等式是由 $2q^2 - p^2$ 是非零整数得到的（因为 $\sqrt{2}$ 是无理数），从最后一个不等式得到 $p \geq (4 - \sqrt{2}q) > 2q$. 但是利用三角形不等式，得

$$2 < \frac{p}{q} \leq \sqrt{2} + |\sqrt{2} - \frac{p}{q}| < \sqrt{2} + \frac{1}{4}$$

这肯定不可能，这个矛盾结束了我们的证明.

53. 设 $a,b,c,d \in [\frac{1}{2}, 2]$，且 $abcd = 1$，求

$$(a + \frac{1}{b})(b + \frac{1}{c})(c + \frac{1}{d})(d + \frac{1}{a})$$

的最大值.

解　本题很难. 首先，我们要设法处理所给的表达式，将它变得简单些. 为此，注意到

$$(a + \frac{1}{b})(c + \frac{1}{d}) = ac + \frac{1}{bd} + \frac{a}{d} + \frac{c}{b} = 2ac + \frac{a}{d} + \frac{c}{b}$$

这是因为 $(ac)(bd) = 1$. 类似地，有

$$(b + \frac{1}{c})(d + \frac{1}{a}) = 2bd + \frac{b}{a} + \frac{d}{c}$$

上面两式合在一起，得

$$(a + \frac{1}{b})(b + \frac{1}{c})(c + \frac{1}{d})(d + \frac{1}{a})$$

$$= (2ac + \frac{a}{d} + \frac{c}{b})(2bd + \frac{b}{a} + \frac{d}{c})$$

$$= 4abcd + 2bc + 2ad + 2ab + \frac{b}{d} + \frac{a}{c} + 2cd + \frac{c}{a} + \frac{d}{b}$$

$$= \frac{a}{c} + \frac{c}{a} + \frac{b}{d} + \frac{d}{b} + 2(ab + bc + cd + da) + 4$$

这里再一次用了 $abcd=1$. 下面，将上面的式子写成平方的形式

$$(\sqrt{\frac{a}{c}}+\sqrt{\frac{c}{a}})^2+(\sqrt{\frac{b}{d}}+\sqrt{\frac{d}{b}})^2+2(ab+bc+cd+da)$$

奇妙的是我们还要计算一次平方，因为

$$(\sqrt{\frac{a}{c}}+\sqrt{\frac{c}{a}})(\sqrt{\frac{b}{d}}+\sqrt{\frac{d}{b}})=ab+bc+cd+da$$

的确，例如，我们有

$$\sqrt{\frac{a}{c}\cdot\frac{b}{d}}=\sqrt{\frac{ab}{cd}}=ab$$

这是因为 $abcd=1$，所以

$$(a+\frac{1}{b})(b+\frac{1}{c})(c+\frac{1}{d})(d+\frac{1}{a})=(\sqrt{\frac{a}{c}}+\sqrt{\frac{c}{a}}+\sqrt{\frac{b}{d}}+\sqrt{\frac{d}{b}})^2$$

这是相当奇妙的恒等式.

一旦我们得到这个恒等式处境就很好了，因为我们可以研究 $a,b,c,d\in[\frac{1}{2},2]$ 这种情况了. 这表示 $\frac{a}{c}\in[\frac{1}{4},1]$，于是

$$\sqrt{\frac{a}{c}}+\sqrt{\frac{c}{a}}\leqslant 2+\frac{1}{2}=\frac{5}{2}$$

类似地，有

$$\sqrt{\frac{b}{d}}+\sqrt{\frac{d}{b}}\leqslant\frac{5}{2}$$

所以

$$(a+\frac{1}{b})(b+\frac{1}{c})(c+\frac{1}{d})(d+\frac{1}{a})\leqslant 25$$

余下的是要弄清楚这个上界是否能取到，这很容易.

取 $a=2,b=2,c=\frac{1}{2},d=\frac{1}{2}$. 本题的答案是 25.

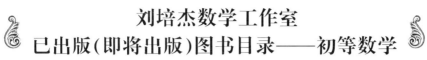

刘培杰数学工作室
已出版(即将出版)图书目录——初等数学

书　名	出版时间	定　价	编号
新编中学数学解题方法全书(高中版)上卷(第2版)	2018-08	58.00	951
新编中学数学解题方法全书(高中版)中卷(第2版)	2018-08	68.00	952
新编中学数学解题方法全书(高中版)下卷(一)(第2版)	2018-08	58.00	953
新编中学数学解题方法全书(高中版)下卷(二)(第2版)	2018-08	58.00	954
新编中学数学解题方法全书(高中版)下卷(三)(第2版)	2018-08	68.00	955
新编中学数学解题方法全书(初中版)上卷	2008-01	28.00	29
新编中学数学解题方法全书(初中版)中卷	2010-07	38.00	75
新编中学数学解题方法全书(高考复习卷)	2010-01	48.00	67
新编中学数学解题方法全书(高考真题卷)	2010-01	38.00	62
新编中学数学解题方法全书(高考精华卷)	2011-03	68.00	118
新编平面解析几何解题方法全书(专题讲座卷)	2010-01	18.00	61
新编中学数学解题方法全书(自主招生卷)	2013-08	88.00	261
数学奥林匹克与数学文化(第一辑)	2006-05	48.00	4
数学奥林匹克与数学文化(第二辑)(竞赛卷)	2008-01	48.00	19
数学奥林匹克与数学文化(第二辑)(文化卷)	2008-07	58.00	36'
数学奥林匹克与数学文化(第三辑)(竞赛卷)	2010-01	48.00	59
数学奥林匹克与数学文化(第四辑)(竞赛卷)	2011-08	58.00	87
数学奥林匹克与数学文化(第五辑)	2015-06	98.00	370
世界著名平面几何经典著作钩沉——几何作图专题卷(共3卷)	2022-01	198.00	1460
世界著名平面几何经典著作钩沉(民国平面几何老课本)	2011-03	38.00	113
世界著名平面几何经典著作钩沉(建国初期平面三角老课本)	2015-08	38.00	507
世界著名解析几何经典著作钩沉——平面解析几何卷	2014-01	38.00	264
世界著名数论经典著作钩沉(算术卷)	2012-01	28.00	125
世界著名数学经典著作钩沉——立体几何卷	2011-02	28.00	88
世界著名三角学经典著作钩沉(平面三角卷Ⅰ)	2010-06	28.00	69
世界著名三角学经典著作钩沉(平面三角卷Ⅱ)	2011-01	38.00	78
世界著名初等数论经典著作钩沉(理论和实用算术卷)	2011-07	38.00	126
世界著名几何经典著作钩沉(解析几何卷)	2022-10	68.00	1564
发展你的空间想象力(第3版)	2021-01	98.00	1464
空间想象力进阶	2019-05	68.00	1062
走向国际数学奥林匹克的平面几何试题诠释.第1卷	2019-07	88.00	1043
走向国际数学奥林匹克的平面几何试题诠释.第2卷	2019-09	78.00	1044
走向国际数学奥林匹克的平面几何试题诠释.第3卷	2019-03	78.00	1045
走向国际数学奥林匹克的平面几何试题诠释.第4卷	2019-09	98.00	1046
平面几何证明方法全书	2007-08	35.00	1
平面几何证明方法全书习题解答(第2版)	2006-12	18.00	10
平面几何天天练上卷·基础篇(直线型)	2013-01	58.00	208
平面几何天天练中卷·基础篇(涉及圆)	2013-01	28.00	234
平面几何天天练下卷·提高篇	2013-01	58.00	237
平面几何专题研究	2013-07	98.00	258
平面几何解题之道.第1卷	2022-05	38.00	1494
几何学习题集	2020-10	48.00	1217
通过解题学习代数几何	2021-04	88.00	1301
圆锥曲线的奥秘	2022-06	88.00	1541

刘培杰数学工作室
已出版(即将出版)图书目录——初等数学

书　名	出版时间	定　价	编号
最新世界各国数学奥林匹克中的平面几何试题	2007—09	38.00	14
数学竞赛平面几何典型题及新颖解	2010—07	48.00	74
初等数学复习及研究(平面几何)	2008—09	68.00	38
初等数学复习及研究(立体几何)	2010—06	38.00	71
初等数学复习及研究(平面几何)习题解答	2009—01	58.00	42
几何学教程(平面几何卷)	2011—03	68.00	90
几何学教程(立体几何卷)	2011—07	68.00	130
几何变换与几何证题	2010—06	88.00	70
计算方法与几何证题	2011—06	28.00	129
立体几何技巧与方法(第2版)	2022—10	168.00	1572
几何瑰宝——平面几何500名题暨1500条定理(上、下)	2021—07	168.00	1358
三角形的解法与应用	2012—07	18.00	183
近代的三角形几何学	2012—07	48.00	184
一般折线几何学	2015—08	48.00	503
三角形的五心	2009—06	28.00	51
三角形的六心及其应用	2015—10	68.00	542
三角形趣谈	2012—08	28.00	212
解三角形	2014—01	28.00	265
探秘三角形:一次数学旅行	2021—10	68.00	1387
三角学专门教程	2014—09	28.00	387
图天下几何新题试卷.初中(第2版)	2017—11	58.00	855
圆锥曲线习题集(上册)	2013—06	68.00	255
圆锥曲线习题集(中册)	2015—01	78.00	434
圆锥曲线习题集(下册·第1卷)	2016—10	78.00	683
圆锥曲线习题集(下册·第2卷)	2018—01	98.00	853
圆锥曲线习题集(下册·第3卷)	2019—10	128.00	1113
圆锥曲线的思想方法	2021—08	48.00	1379
圆锥曲线的八个主要问题	2021—10	48.00	1415
论九点圆	2015—05	88.00	645
近代欧氏几何学	2012—03	48.00	162
罗巴切夫斯基几何学及几何基础概要	2012—07	28.00	188
罗巴切夫斯基几何学初步	2015—06	28.00	474
用三角、解析几何、复数、向量计算解数学竞赛几何题	2015—03	48.00	455
用解析法研究圆锥曲线的几何理论	2022—05	48.00	1495
美国中学几何教程	2015—04	88.00	458
三线坐标与三角形特征点	2015—04	98.00	460
坐标几何学基础.第1卷,笛卡儿坐标	2021—08	48.00	1398
坐标几何学基础.第2卷,三线坐标	2021—09	28.00	1399
平面解析几何方法与研究(第1卷)	2015—05	18.00	471
平面解析几何方法与研究(第2卷)	2015—06	18.00	472
平面解析几何方法与研究(第3卷)	2015—07	18.00	473
解析几何研究	2015—01	38.00	425
解析几何学教程.上	2016—01	38.00	574
解析几何学教程.下	2016—01	38.00	575
几何学基础	2016—01	58.00	581
初等几何研究	2015—02	58.00	444
十九和二十世纪欧氏几何学中的片段	2017—01	58.00	696
平面几何中考.高考.奥数一本通	2017—07	28.00	820
几何学简史	2017—08	28.00	833
四面体	2018—01	48.00	880
平面几何证明方法思路	2018—12	68.00	913
折纸中的几何练习	2022—09	48.00	1559
中学新几何学(英文)	2022—10	98.00	1562
线性代数与几何	2023—04	68.00	1633

刘培杰数学工作室
已出版(即将出版)图书目录——初等数学

书　　　名	出版时间	定　价	编号
平面几何图形特性新析.上篇	2019－01	68.00	911
平面几何图形特性新析.下篇	2018－06	88.00	912
平面几何范例多解探究.上篇	2018－04	48.00	910
平面几何范例多解探究.下篇	2018－12	68.00	914
从分析解题过程学解题:竞赛中的几何问题研究	2018－07	68.00	946
从分析解题过程学解题:竞赛中的向量几何与不等式研究(全2册)	2019－06	138.00	1090
从分析解题过程学解题:竞赛中的不等式问题	2021－01	48.00	1249
二维、三维欧氏几何的对偶原理	2018－12	38.00	990
星形大观及闭折线论	2019－03	68.00	1020
立体几何的问题和方法	2019－11	58.00	1127
三角代换论	2021－05	58.00	1313
俄罗斯平面几何问题集	2009－08	88.00	55
俄罗斯立体几何问题集	2014－03	58.00	283
俄罗斯几何大师——沙雷金论数学及其他	2014－01	48.00	271
来自俄罗斯的5000道几何习题及解答	2011－03	58.00	89
俄罗斯初等数学问题集	2012－05	38.00	177
俄罗斯函数问题集	2011－03	38.00	103
俄罗斯组合分析问题集	2011－01	48.00	79
俄罗斯初等数学万题选——三角卷	2012－11	38.00	222
俄罗斯初等数学万题选——代数卷	2013－08	68.00	225
俄罗斯初等数学万题选——几何卷	2014－01	68.00	226
俄罗斯《量子》杂志数学征解问题100题选	2018－08	48.00	969
俄罗斯《量子》杂志数学征解问题又100题选	2018－08	48.00	970
俄罗斯《量子》杂志数学征解问题	2020－05	48.00	1138
463个俄罗斯几何老问题	2012－01	28.00	152
《量子》数学短文精粹	2018－09	38.00	972
用三角、解析几何等计算解来自俄罗斯的几何题	2019－11	88.00	1119
基谢廖夫平面几何	2022－01	48.00	1461
基谢廖夫立体几何	2023－04	48.00	1599
数学:代数、数学分析和几何(10—11年级)	2021－01	48.00	1250
立体几何.10—11年级	2022－01	58.00	1472
直观几何学:5—6年级	2022－04	58.00	1508
平面几何:9—11年级	2022－10	48.00	1571
谈谈素数	2011－03	18.00	91
平方和	2011－03	18.00	92
整数论	2011－05	38.00	120
从整数谈起	2015－10	28.00	538
数与多项式	2016－01	38.00	558
谈谈不定方程	2011－05	28.00	119
质数漫谈	2022－07	68.00	1529
解析不等式新论	2009－06	68.00	48
建立不等式的方法	2011－03	98.00	104
数学奥林匹克不等式研究(第2版)	2020－07	68.00	1181
不等式研究(第二辑)	2012－02	68.00	153
不等式的秘密(第一卷)(第2版)	2014－02	38.00	286
不等式的秘密(第二卷)	2014－01	38.00	268
初等不等式的证明方法	2010－06	38.00	123
初等不等式的证明方法(第二版)	2014－11	38.00	407
不等式·理论·方法(基础卷)	2015－07	38.00	496
不等式·理论·方法(经典不等式卷)	2015－07	38.00	497
不等式·理论·方法(特殊类型不等式卷)	2015－07	48.00	498
不等式探究	2016－03	38.00	582
不等式探秘	2017－01	88.00	689
四面体不等式	2017－01	68.00	715
数学奥林匹克中常见重要不等式	2017－09	38.00	845

刘培杰数学工作室
已出版(即将出版)图书目录——初等数学

书　名	出版时间	定　价	编号
三正弦不等式	2018－09	98.00	974
函数方程与不等式:解法与稳定性结果	2019－04	68.00	1058
数学不等式.第1卷,对称多项式不等式	2022－05	78.00	1455
数学不等式.第2卷,对称有理不等式与对称无理不等式	2022－05	88.00	1456
数学不等式.第3卷,循环不等式与非循环不等式	2022－05	88.00	1457
数学不等式.第4卷,Jensen不等式的扩展与加细	2022－05	88.00	1458
数学不等式.第5卷,创建不等式与解不等式的其他方法	2022－05	88.00	1459
同余理论	2012－05	38.00	163
[x]与{x}	2015－04	48.00	476
极值与最值.上卷	2015－06	28.00	486
极值与最值.中卷	2015－06	38.00	487
极值与最值.下卷	2015－06	28.00	488
整数的性质	2012－11	38.00	192
完全平方数及其应用	2015－08	78.00	506
多项式理论	2015－10	88.00	541
奇数、偶数、奇偶分析法	2018－01	98.00	876
不定方程及其应用.上	2018－12	58.00	992
不定方程及其应用.中	2019－01	78.00	993
不定方程及其应用.下	2019－02	98.00	994
Nesbitt不等式加强式的研究	2022－06	128.00	1527
最值定理与分析不等式	2023－02	78.00	1567
一类积分不等式	2023－02	88.00	1579
邦费罗尼不等式及概率应用	2023－05	58.00	1637
历届美国中学生数学竞赛试题及解答(第一卷)1950－1954	2014－07	18.00	277
历届美国中学生数学竞赛试题及解答(第二卷)1955－1959	2014－04	18.00	278
历届美国中学生数学竞赛试题及解答(第三卷)1960－1964	2014－06	18.00	279
历届美国中学生数学竞赛试题及解答(第四卷)1965－1969	2014－04	28.00	280
历届美国中学生数学竞赛试题及解答(第五卷)1970－1972	2014－06	18.00	281
历届美国中学生数学竞赛试题及解答(第六卷)1973－1980	2017－07	18.00	768
历届美国中学生数学竞赛试题及解答(第七卷)1981－1986	2015－01	18.00	424
历届美国中学生数学竞赛试题及解答(第八卷)1987－1990	2017－05	18.00	769
历届中国数学奥林匹克试题集(第3版)	2021－10	58.00	1440
历届加拿大数学奥林匹克试题集	2012－08	38.00	215
历届美国数学奥林匹克试题集:1972～2019	2020－04	88.00	1135
历届波兰数学竞赛试题集.第1卷,1949～1963	2015－03	18.00	453
历届波兰数学竞赛试题集.第2卷,1964～1976	2015－03	18.00	454
历届巴尔干数学奥林匹克试题集	2015－05	38.00	466
保加利亚数学奥林匹克	2014－10	38.00	393
圣彼得堡数学奥林匹克试题集	2015－01	38.00	429
匈牙利奥林匹克数学竞赛题解.第1卷	2016－05	28.00	593
匈牙利奥林匹克数学竞赛题解.第2卷	2016－05	28.00	594
历届美国数学邀请赛试题集(第2版)	2017－10	78.00	851
普林斯顿大学数学竞赛	2016－06	38.00	669
亚太地区数学奥林匹克竞赛题	2015－07	18.00	492
日本历届(初级)广中杯数学竞赛试题及解答.第1卷(2000～2007)	2016－05	28.00	641
日本历届(初级)广中杯数学竞赛试题及解答.第2卷(2008～2015)	2016－05	38.00	642
越南数学奥林匹克题选:1962－2009	2021－07	48.00	1370
360个数学竞赛问题	2016－08	58.00	677
奥数最佳实战题.上卷	2017－06	38.00	760
奥数最佳实战题.下卷	2017－05	58.00	761
哈尔滨市早期中学数学竞赛试题汇编	2016－07	28.00	672
全国高中数学联赛试题及解答:1981－2019(第4版)	2020－07	138.00	1176
2022年全国高中数学联合竞赛模拟题集	2022－06	30.00	1521

刘培杰数学工作室
已出版(即将出版)图书目录——初等数学

书　名	出版时间	定　价	编号
20 世纪 50 年代全国部分城市数学竞赛试题汇编	2017-07	28.00	797
国内外数学竞赛题及精解:2018~2019	2020-08	45.00	1192
国内外数学竞赛题及精解:2019~2020	2021-11	58.00	1439
许康华竞赛优学精选集.第一辑	2018-08	68.00	949
天问叶班数学问题征解 100 题.Ⅰ,2016-2018	2019-05	88.00	1075
天问叶班数学问题征解 100 题.Ⅱ,2017-2019	2020-07	98.00	1177
美国初中数学竞赛:AMC8 准备(共 6 卷)	2019-07	138.00	1089
美国高中数学竞赛:AMC10 准备(共 6 卷)	2019-08	158.00	1105
王连笑教你怎样学数学:高考选择题解题策略与客观题实用训练	2014-01	48.00	262
王连笑教你怎样学数学:高考数学高层次讲座	2015-02	48.00	432
高考数学的理论与实践	2009-08	38.00	53
高考数学核心题型解题方法与技巧	2010-01	28.00	86
高考思维新平台	2014-03	38.00	259
高考数学压轴题解题诀窍(上)(第 2 版)	2018-01	58.00	874
高考数学压轴题解题诀窍(下)(第 2 版)	2018-01	48.00	875
北京市五区文科数学三年高考模拟题详解:2013~2015	2015-08	48.00	500
北京市五区理科数学三年高考模拟题详解:2013~2015	2015-09	68.00	505
向量法巧解数学高考题	2009-08	28.00	54
高中数学课堂教学的实践与反思	2021-11	48.00	791
数学高考参考	2016-01	78.00	589
新课程标准高考数学解答题各种题型解法指导	2020-08	78.00	1196
全国及各省市高考数学试题审题要津与解法研究	2015-02	48.00	450
高中数学章节起始课的教学研究与案例设计	2019-05	28.00	1064
新课标高考数学——五年试题分章详解(2007~2011)(上、下)	2011-10	78.00	140,141
全国中考数学压轴题审题要津与解法研究	2013-04	78.00	248
新编全国及各省市中考数学压轴题审题要津与解法研究	2014-05	58.00	342
全国及各省市 5 年中考数学压轴题审题要津与解法研究(2015 版)	2015-04	58.00	462
中考数学专题总复习	2007-04	28.00	6
中考数学较难题常考题型解题方法与技巧	2016-09	48.00	681
中考数学难题常考题型解题方法与技巧	2016-09	48.00	682
中考数学中档题常考题型解题方法与技巧	2017-08	68.00	835
中考数学选择填空压轴好题妙解 365	2017-05	38.00	759
中考数学:三类重点考题的解法例析与习题	2020-04	48.00	1140
中小学数学的历史文化	2019-11	48.00	1124
初中平面几何百题多思创新解	2020-01	58.00	1125
初中数学中考备考	2020-01	58.00	1126
高考数学之九章演义	2019-08	68.00	1044
高考数学之难题谈笑间	2022-06	68.00	1519
化学可以这样学:高中化学知识方法智慧感悟疑难辨析	2019-07	58.00	1103
如何成为学习高手	2019-09	58.00	1107
高考数学:经典真题分类解析	2020-04	78.00	1134
高考数学解答题破解策略	2020-11	58.00	1221
从分析解题过程学解题:高考压轴题与竞赛题之关系探究	2020-08	88.00	1179
教学新思考:单元整体视角下的初中数学教学设计	2021-03	58.00	1278
思维再拓展:2020 年经典几何题的多解探究与思考	即将出版		1279
中考数学小压轴汇编初讲	2017-07	48.00	788
中考数学大压轴专题微言	2017-09	48.00	846
怎么解中考平面几何探索题	2019-06	48.00	1093
北京中考数学压轴题解题方法突破(第 8 版)	2022-11	78.00	1577
助你高考成功的数学解题智慧:知识是智慧的基础	2016-01	58.00	596
助你高考成功的数学解题智慧:错误是智慧的试金石	2016-04	58.00	643
助你高考成功的数学解题智慧:方法是智慧的推手	2016-04	68.00	657
高考数学奇思妙解	2016-04	38.00	610
高考数学解题策略	2016-05	48.00	670
数学解题泄天机(第 2 版)	2017-10	48.00	850

刘培杰数学工作室
已出版(即将出版)图书目录——初等数学

书　名	出版时间	定　价	编号
高考物理压轴题全解	2017—04	58.00	746
高中物理经典问题 25 讲	2017—05	28.00	764
高中物理教学讲义	2018—01	48.00	871
高中物理教学讲义:全模块	2022—03	98.00	1492
高中物理答疑解惑 65 篇	2021—11	48.00	1462
中学物理基础问题解析	2020—08	48.00	1183
初中数学、高中数学脱节知识补缺教材	2017—06	48.00	766
高考数学小题抢分必练	2017—10	48.00	834
高考数学核心素养解读	2017—09	38.00	839
高考数学客观题解题方法和技巧	2017—10	38.00	847
十年高考数学精品试题审题要津与解法研究	2021—10	98.00	1427
中国历届高考数学试题及解答.1949—1979	2018—01	38.00	877
历届中国高考数学试题及解答.第二卷,1980—1989	2018—10	28.00	975
历届中国高考数学试题及解答.第三卷,1990—1999	2018—10	48.00	976
数学文化与高考研究	2018—03	48.00	882
跟我学解高中数学题	2018—07	58.00	926
中学数学研究的方法及案例	2018—05	58.00	869
高考数学抢分技能	2018—07	68.00	934
高一新生常用数学方法和重要数学思想提升教材	2018—06	38.00	921
2018 年高考数学真题研究	2019—01	68.00	1000
2019 年高考数学真题研究	2020—05	88.00	1137
高考数学全国卷六道解答题常考题型解题诀窍:理科(全 2 册)	2019—07	78.00	1101
高考数学全国卷 16 道选择、填空题常考题型解题诀窍.理科	2018—09	88.00	971
高考数学全国卷 16 道选择、填空题常考题型解题诀窍.文科	2020—01	88.00	1123
高中数学一题多解	2019—06	58.00	1087
历届中国高考数学试题及解答:1917—1999	2021—08	98.00	1371
2000～2003 年全国及各省市高考数学试题及解答	2022—05	88.00	1499
2004 年全国及各省市高考数学试题及解答	2022—07	78.00	1500
突破高原:高中数学解题思维探究	2021—08	48.00	1375
高考数学中的"取值范围"	2021—10	48.00	1429
新课程标准高中数学各种题型解法大全.必修一分册	2021—06	58.00	1315
新课程标准高中数学各种题型解法大全.必修二分册	2022—01	68.00	1471
高中数学各种题型解法大全.选择性必修一分册	2022—06	68.00	1525
高中数学各种题型解法大全.选择性必修二分册	2023—01	58.00	1600
高中数学各种题型解法大全.选择性必修三分册	2023—04	48.00	1643
历届全国初中数学竞赛经典试题详解	2023—04	88.00	1624

新编 640 个世界著名数学智力趣题	2014—01	88.00	242
500 个最新世界著名数学智力趣题	2008—06	48.00	3
400 个最新世界著名数学最值问题	2008—09	48.00	36
500 个世界著名数学征解问题	2009—06	48.00	52
400 个中国最佳初等数学征解老问题	2010—01	48.00	60
500 个俄罗斯数学经典老题	2011—01	28.00	81
1000 个国外中学物理好题	2012—04	48.00	174
300 个日本高考数学题	2012—05	38.00	142
700 个早期日本高考数学试题	2017—02	88.00	752
500 个前苏联早期高考数学试题及解答	2012—05	28.00	185
546 个早期俄罗斯大学生数学竞赛题	2014—03	38.00	285
548 个来自美苏的数学好问题	2014—11	28.00	396
20 所苏联著名大学早期入学试题	2015—02	18.00	452
161 道德国工科大学生必做的微分方程习题	2015—05	28.00	469
500 个德国工科大学生必做的高数习题	2015—06	28.00	478
360 个数学竞赛问题	2016—08	58.00	677
200 个趣味数学故事	2018—02	48.00	857
470 个数学奥林匹克中的最值问题	2018—10	88.00	985
德国讲义日本考题.微积分卷	2015—04	48.00	456
德国讲义日本考题.微分方程卷	2015—04	38.00	457
二十世纪中叶中、英、美、日、法、俄高考数学试题精选	2017—06	38.00	783

刘培杰数学工作室
已出版(即将出版)图书目录——初等数学

书 名	出版时间	定 价	编号
中国初等数学研究　2009 卷(第 1 辑)	2009－05	20.00	45
中国初等数学研究　2010 卷(第 2 辑)	2010－05	30.00	68
中国初等数学研究　2011 卷(第 3 辑)	2011－07	60.00	127
中国初等数学研究　2012 卷(第 4 辑)	2012－07	48.00	190
中国初等数学研究　2014 卷(第 5 辑)	2014－02	48.00	288
中国初等数学研究　2015 卷(第 6 辑)	2015－06	68.00	493
中国初等数学研究　2016 卷(第 7 辑)	2016－04	68.00	609
中国初等数学研究　2017 卷(第 8 辑)	2017－01	98.00	712
初等数学研究在中国.第 1 辑	2019－03	158.00	1024
初等数学研究在中国.第 2 辑	2019－10	158.00	1116
初等数学研究在中国.第 3 辑	2021－05	158.00	1306
初等数学研究在中国.第 4 辑	2022－06	158.00	1520
几何变换(Ⅰ)	2014－07	28.00	353
几何变换(Ⅱ)	2015－06	28.00	354
几何变换(Ⅲ)	2015－01	38.00	355
几何变换(Ⅳ)	2015－12	38.00	356
初等数论难题集(第一卷)	2009－05	68.00	44
初等数论难题集(第二卷)(上、下)	2011－02	128.00	82,83
数论概貌	2011－03	18.00	93
代数数论(第二版)	2013－08	58.00	94
代数多项式	2014－06	38.00	289
初等数论的知识与问题	2011－02	28.00	95
超越数论基础	2011－03	28.00	96
数论初等教程	2011－03	28.00	97
数论基础	2011－03	18.00	98
数论基础与维诺格拉多夫	2014－03	18.00	292
解析数论基础	2012－08	28.00	216
解析数论基础(第二版)	2014－01	48.00	287
解析数论问题集(第二版)(原版引进)	2014－05	88.00	343
解析数论问题集(第二版)(中译本)	2016－04	88.00	607
解析数论基础(潘承洞,潘承彪著)	2016－07	98.00	673
解析数论导引	2016－07	58.00	674
数论入门	2011－03	38.00	99
代数数论入门	2015－03	38.00	448
数论开篇	2012－07	28.00	194
解析数论引论	2011－03	48.00	100
Barban Davenport Halberstam 均值和	2009－01	40.00	33
基础数论	2011－03	28.00	101
初等数论 100 例	2011－05	18.00	122
初等数论经典例题	2012－07	18.00	204
最新世界各国数学奥林匹克中的初等数论试题(上、下)	2012－01	138.00	144,145
初等数论(Ⅰ)	2012－01	18.00	156
初等数论(Ⅱ)	2012－01	18.00	157
初等数论(Ⅲ)	2012－01	28.00	158

刘培杰数学工作室

已出版(即将出版)图书目录——初等数学

书　名	出版时间	定　价	编号
平面几何与数论中未解决的新老问题	2013—01	68.00	229
代数数论简史	2014—11	28.00	408
代数数论	2015—09	88.00	532
代数、数论及分析习题集	2016—11	98.00	695
数论导引提要及习题解答	2016—01	48.00	559
素数定理的初等证明.第2版	2016—09	48.00	686
数论中的模函数与狄利克雷级数(第二版)	2017—11	78.00	837
数论:数学导引	2018—01	68.00	849
范氏大代数	2019—02	98.00	1016
解析数学讲义.第一卷,导来式及微分、积分、级数	2019—04	88.00	1021
解析数学讲义.第二卷,关于几何的应用	2019—04	68.00	1022
解析数学讲义.第三卷,解析函数论	2019—04	78.00	1023
分析·组合·数论纵横谈	2019—04	58.00	1039
Hall代数:民国时期的中学数学课本:英文	2019—08	88.00	1106
基谢廖夫初等代数	2022—07	38.00	1531
数学精神巡礼	2019—01	58.00	731
数学眼光透视(第2版)	2017—06	78.00	732
数学思想领悟(第2版)	2018—01	68.00	733
数学方法溯源(第2版)	2018—08	68.00	734
数学解题引论	2017—05	58.00	735
数学史话览胜(第2版)	2017—01	48.00	736
数学应用展观(第2版)	2017—08	68.00	737
数学建模尝试	2018—04	48.00	738
数学竞赛采风	2018—01	68.00	739
数学测评探营	2019—05	58.00	740
数学技能操握	2018—03	48.00	741
数学欣赏拾趣	2018—02	48.00	742
从毕达哥拉斯到怀尔斯	2007—10	48.00	9
从迪利克雷到维斯卡尔迪	2008—01	48.00	21
从哥德巴赫到陈景润	2008—05	98.00	35
从庞加莱到佩雷尔曼	2011—08	138.00	136
博弈论精粹	2008—03	58.00	30
博弈论精粹.第二版(精装)	2015—01	88.00	461
数学 我爱你	2008—01	28.00	20
精神的圣徒　别样的人生——60位中国数学家成长的历程	2008—09	48.00	39
数学史概论	2009—06	78.00	50
数学史概论(精装)	2013—03	158.00	272
数学史选讲	2016—01	48.00	544
斐波那契数列	2010—02	28.00	65
数学拼盘和斐波那契魔方	2010—07	38.00	72
斐波那契数列欣赏(第2版)	2018—08	58.00	948
Fibonacci数列中的明珠	2018—06	58.00	928
数学的创造	2011—02	48.00	85
数学美与创造力	2016—01	48.00	595
数海拾贝	2016—01	48.00	590
数学中的美(第2版)	2019—04	68.00	1057
数论中的美学	2014—12	38.00	351

刘培杰数学工作室
已出版(即将出版)图书目录——初等数学

书　　名	出版时间	定　价	编号
数学王者　科学巨人——高斯	2015—01	28.00	428
振兴祖国数学的圆梦之旅:中国初等数学研究史话	2015—06	98.00	490
二十世纪中国数学史料研究	2015—10	48.00	536
数字谜、数阵图与棋盘覆盖	2016—01	58.00	298
时间的形状	2016—01	38.00	556
数学发现的艺术:数学探索中的合情推理	2016—07	58.00	671
活跃在数学中的参数	2016—07	48.00	675
数海趣史	2021—05	98.00	1314
数学解题——靠数学思想给力(上)	2011—07	38.00	131
数学解题——靠数学思想给力(中)	2011—07	48.00	132
数学解题——靠数学思想给力(下)	2011—07	38.00	133
我怎样解题	2013—01	48.00	227
数学解题中的物理方法	2011—06	28.00	114
数学解题的特殊方法	2011—06	48.00	115
中学数学计算技巧(第2版)	2020—10	48.00	1220
中学数学证明方法	2012—01	58.00	117
数学趣题巧解	2012—03	28.00	128
高中数学教学通鉴	2015—05	58.00	479
和高中生漫谈:数学与哲学的故事	2014—08	28.00	369
算术问题集	2017—03	38.00	789
张教授讲数学	2018—07	38.00	933
陈永明实话实说数学教学	2020—04	68.00	1132
中学数学学科知识与教学能力	2020—06	58.00	1155
怎样把课讲好:大罕数学教学随笔	2022—03	58.00	1484
中国高考评价体系下高考数学探秘	2022—03	48.00	1487
自主招生考试中的参数方程问题	2015—01	28.00	435
自主招生考试中的极坐标问题	2015—04	28.00	463
近年全国重点大学自主招生数学试题全解及研究.华约卷	2015—02	38.00	441
近年全国重点大学自主招生数学试题全解及研究.北约卷	2016—05	38.00	619
自主招生数学解证宝典	2015—09	48.00	535
中国科学技术大学创新班数学真题解析	2022—03	48.00	1488
中国科学技术大学创新班物理真题解析	2022—03	58.00	1489
格点和面积	2012—07	18.00	191
射影几何趣谈	2012—04	28.00	175
斯潘纳尔引理——从一道加拿大数学奥林匹克试题谈起	2014—01	28.00	228
李普希兹条件——从几道近年高考数学试题谈起	2012—10	18.00	221
拉格朗日中值定理——从一道北京高考试题的解法谈起	2015—10	18.00	197
闵科夫斯基定理——从一道清华大学自主招生试题谈起	2014—01	28.00	198
哈尔测度——从一道冬令营试题的背景谈起	2012—08	28.00	202
切比雪夫逼近问题——从一道中国台北数学奥林匹克试题谈起	2013—04	38.00	238
伯恩斯坦多项式与贝齐尔曲面——从一道全国高中数学联赛试题谈起	2013—03	38.00	236
卡塔兰猜想——从一道普特南竞赛试题谈起	2013—06	18.00	256
麦卡锡函数和阿克曼函数——从一道前南斯拉夫数学奥林匹克试题谈起	2012—08	18.00	201
贝蒂定理与拉姆斯克莫尔定理——从一个拣石子游戏谈起	2012—08	18.00	217
皮亚诺曲线和豪斯道夫分球定理——从无限集谈起	2012—08	18.00	211
平面凸图形与凸多面体	2012—10	28.00	218
斯坦因豪斯问题——从一道二十五省市自治区中学数学竞赛试题谈起	2012—07	18.00	196

刘培杰数学工作室
已出版(即将出版)图书目录——初等数学

书　名	出版时间	定　价	编号
纽结理论中的亚历山大多项式与琼斯多项式——从一道北京市高一数学竞赛试题谈起	2012-07	28.00	195
原则与策略——从波利亚"解题表"谈起	2013-04	38.00	244
转化与化归——从三大尺规作图不能问题谈起	2012-08	28.00	214
代数几何中的贝祖定理(第一版)——从一道IMO试题的解法谈起	2013-08	18.00	193
成功连贯理论与约当块理论——从一道比利时数学竞赛试题谈起	2012-04	18.00	180
素数判定与大数分解	2014-08	18.00	199
置换多项式及其应用	2012-10	18.00	220
椭圆函数与模函数——从一道美国加州大学洛杉矶分校(UCLA)博士资格考题谈起	2012-10	28.00	219
差分方程的拉格朗日方法——从一道2011年全国高考理科试题的解法谈起	2012-08	28.00	200
力学在几何中的一些应用	2013-01	38.00	240
从根式解到伽罗华理论	2020-01	48.00	1121
康托洛维奇不等式——从一道全国高中联赛试题谈起	2013-03	28.00	337
西格尔引理——从一道第18届IMO试题的解法谈起	即将出版		
罗斯定理——从一道前苏联数学竞赛试题谈起	即将出版		
拉克斯定理和阿廷定理——从一道IMO试题的解法谈起	2014-01	58.00	246
毕卡大定理——从一道美国大学数学竞赛试题谈起	2014-07	18.00	350
贝齐尔曲线——从一道全国高中联赛试题谈起	即将出版		
拉格朗日乘子定理——从一道2005年全国高中联赛试题的高等数学解法谈起	2015-05	28.00	480
雅可比定理——从一道日本数学奥林匹克试题谈起	2013-04	48.00	249
李天岩—约克定理——从一道波兰数学竞赛试题谈起	2014-06	28.00	349
受控理论与初等不等式:从一道IMO试题的解法谈起	2023-03	48.00	1601
布劳维不动点定理——从一道前苏联数学奥林匹克试题谈起	2014-01	38.00	273
伯恩赛德定理——从一道英国数学奥林匹克试题谈起	即将出版		
布查特—莫斯特定理——从一道上海市初中竞赛试题谈起	即将出版		
数论中的同余数问题——从一道普特南竞赛试题谈起	即将出版		
范·德蒙行列式——从一道美国数学奥林匹克试题谈起	即将出版		
中国剩余定理:总数法构建中国历史年表	2015-01	28.00	430
牛顿程序与方程求根——从一道全国高考试题解法谈起	即将出版		
库默尔定理——从一道IMO预选试题谈起	即将出版		
卢丁定理——从一道冬令营试题的解法谈起	即将出版		
沃斯滕霍姆定理——从一道IMO预选试题谈起	即将出版		
卡尔松不等式——从一道莫斯科数学奥林匹克试题谈起	即将出版		
信息论中的香农熵——从一道近年高考压轴题谈起	即将出版		
约当不等式——从一道希望杯竞赛试题谈起	即将出版		
拉比诺维奇定理	即将出版		
刘维尔定理——从一道《美国数学月刊》征解问题的解法谈起	即将出版		
卡塔兰恒等式与级数求和——从一道IMO试题的解法谈起	即将出版		
勒让德猜想与素数分布——从一道爱尔兰竞赛试题谈起	即将出版		
天平称重与信息论——从一道基辅市数学奥林匹克试题谈起	即将出版		
哈密尔顿—凯莱定理:从一道高中数学联赛试题的解法谈起	2014-09	18.00	376
艾思特曼定理——从一道CMO试题的解法谈起	即将出版		

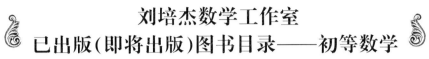

刘培杰数学工作室
已出版(即将出版)图书目录——初等数学

书 名	出版时间	定 价	编号
阿贝尔恒等式与经典不等式及应用	2018－06	98.00	923
迪利克雷除数问题	2018－07	48.00	930
幻方、幻立方与拉丁方	2019－08	48.00	1092
帕斯卡三角形	2014－03	18.00	294
蒲丰投针问题——从2009年清华大学的一道自主招生试题谈起	2014－01	38.00	295
斯图姆定理——从一道"华约"自主招生试题的解法谈起	2014－01	18.00	296
许瓦兹引理——从一道加利福尼亚大学伯克利分校数学系博士生试题谈起	2014－08	18.00	297
拉姆塞定理——从王诗宬院士的一个问题谈起	2016－04	48.00	299
坐标法	2013－12	28.00	332
数论三角形	2014－04	38.00	341
毕克定理	2014－07	18.00	352
数林掠影	2014－09	48.00	389
我们周围的概率	2014－10	38.00	390
凸函数最值定理:从一道华约自主招生题的解法谈起	2014－10	28.00	391
易学与数学奥林匹克	2014－10	38.00	392
生物数学趣谈	2015－01	18.00	409
反演	2015－01	28.00	420
因式分解与圆锥曲线	2015－01	18.00	426
轨迹	2015－01	28.00	427
面积原理:从常庚哲命的一道CMO试题的积分解法谈起	2015－01	48.00	431
形形色色的不动点定理:从一道28届IMO试题谈起	2015－01	38.00	439
柯西函数方程:从一道上海交大自主招生的试题谈起	2015－02	28.00	440
三角恒等式	2015－02	28.00	442
无理性判定:从一道2014年"北约"自主招生试题谈起	2015－01	38.00	443
数学归纳法	2015－03	18.00	451
极端原理与解题	2015－04	28.00	464
法雷级数	2014－08	18.00	367
摆线族	2015－01	38.00	438
函数方程及其解法	2015－05	38.00	470
含参数的方程和不等式	2012－09	28.00	213
希尔伯特第十问题	2016－01	38.00	543
无穷小量的求和	2016－01	28.00	545
切比雪夫多项式:从一道清华大学金秋营试题谈起	2016－01	38.00	583
泽肯多夫定理	2016－03	38.00	599
代数等式证题法	2016－01	28.00	600
三角等式证题法	2016－01	28.00	601
吴大任教授藏书中的一个因式分解公式:从一道美国数学邀请赛试题的解法谈起	2016－06	28.00	656
易卦——类万物的数学模型	2017－08	68.00	838
"不可思议"的数与数系可持续发展	2018－01	38.00	878
最短线	2018－01	38.00	879
数学在天文、地理、光学、机械力学中的一些应用	2023－03	88.00	1576
从阿基米德三角形谈起	2023－01	28.00	1578
幻方和魔方(第一卷)	2012－05	68.00	173
尘封的经典——初等数学经典文献选读(第一卷)	2012－07	48.00	205
尘封的经典——初等数学经典文献选读(第二卷)	2012－07	38.00	206
初级方程式论	2011－03	28.00	106
初等数学研究(Ⅰ)	2008－09	68.00	37
初等数学研究(Ⅱ)(上、下)	2009－05	118.00	46,47
初等数学专题研究	2022－10	68.00	1568

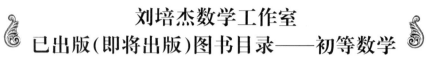

刘培杰数学工作室
已出版(即将出版)图书目录——初等数学

书　名	出版时间	定　价	编号
趣味初等方程妙题集锦	2014－09	48.00	388
趣味初等数论选美与欣赏	2015－02	48.00	445
耕读笔记(上卷):一位农民数学爱好者的初数探索	2015－04	28.00	459
耕读笔记(中卷):一位农民数学爱好者的初数探索	2015－05	28.00	483
耕读笔记(下卷):一位农民数学爱好者的初数探索	2015－05	28.00	484
几何不等式研究与欣赏.上卷	2016－01	88.00	547
几何不等式研究与欣赏.下卷	2016－01	48.00	552
初等数列研究与欣赏·上	2016－01	48.00	570
初等数列研究与欣赏·下	2016－01	48.00	571
趣味初等函数研究与欣赏.上	2016－09	48.00	684
趣味初等函数研究与欣赏.下	2018－09	48.00	685
三角不等式研究与欣赏	2020－10	68.00	1197
新编平面解析几何解题方法研究与欣赏	2021－10	78.00	1426
火柴游戏(第2版)	2022－05	38.00	1493
智力解谜.第1卷	2017－07	38.00	613
智力解谜.第2卷	2017－07	38.00	614
故事智力	2016－07	48.00	615
名人们喜欢的智力问题	2020－01	48.00	616
数学大师的发现、创造与失误	2018－01	48.00	617
异曲同工	2018－09	48.00	618
数学的味道	2018－01	58.00	798
数学千字文	2018－10	68.00	977
数贝偶拾——高考数学题研究	2014－04	28.00	274
数贝偶拾——初等数学研究	2014－04	38.00	275
数贝偶拾——奥数题研究	2014－04	48.00	276
钱昌本教你快乐学数学(上)	2011－12	48.00	155
钱昌本教你快乐学数学(下)	2012－03	58.00	171
集合、函数与方程	2014－01	28.00	300
数列与不等式	2014－01	38.00	301
三角与平面向量	2014－01	28.00	302
平面解析几何	2014－01	38.00	303
立体几何与组合	2014－01	28.00	304
极限与导数、数学归纳法	2014－01	38.00	305
趣味数学	2014－03	28.00	306
教材教法	2014－04	68.00	307
自主招生	2014－05	58.00	308
高考压轴题(上)	2015－01	48.00	309
高考压轴题(下)	2014－10	68.00	310
从费马到怀尔斯——费马大定理的历史	2013－10	198.00	Ⅰ
从庞加莱到佩雷尔曼——庞加莱猜想的历史	2013－10	298.00	Ⅱ
从切比雪夫到爱尔特希(上)——素数定理的初等证明	2013－07	48.00	Ⅲ
从切比雪夫到爱尔特希(下)——素数定理100年	2012－12	98.00	Ⅲ
从高斯到盖尔方特——二次域的高斯猜想	2013－10	198.00	Ⅳ
从库默尔到朗兰兹——朗兰兹猜想的历史	2014－01	98.00	Ⅴ
从比勃巴赫到德布朗斯——比勃巴赫猜想的历史	2014－02	298.00	Ⅵ
从麦比乌斯到陈省身——麦比乌斯变换与麦比乌斯带	2014－02	298.00	Ⅶ
从布尔到豪斯道夫——布尔方程与格论漫谈	2013－10	198.00	Ⅷ
从开普勒到阿诺德——三体问题的历史	2014－05	298.00	Ⅸ
从华林到华罗庚——华林问题的历史	2013－10	298.00	Ⅹ

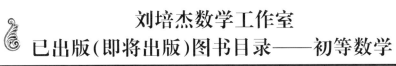

刘培杰数学工作室
已出版(即将出版)图书目录——初等数学

书　名	出版时间	定　价	编号
美国高中数学竞赛五十讲.第1卷(英文)	2014—08	28.00	357
美国高中数学竞赛五十讲.第2卷(英文)	2014—08	28.00	358
美国高中数学竞赛五十讲.第3卷(英文)	2014—09	28.00	359
美国高中数学竞赛五十讲.第4卷(英文)	2014—09	28.00	360
美国高中数学竞赛五十讲.第5卷(英文)	2014—10	28.00	361
美国高中数学竞赛五十讲.第6卷(英文)	2014—11	28.00	362
美国高中数学竞赛五十讲.第7卷(英文)	2014—12	28.00	363
美国高中数学竞赛五十讲.第8卷(英文)	2015—01	28.00	364
美国高中数学竞赛五十讲.第9卷(英文)	2015—01	28.00	365
美国高中数学竞赛五十讲.第10卷(英文)	2015—02	38.00	366
三角函数(第2版)	2017—04	38.00	626
不等式	2014—01	38.00	312
数列	2014—01	38.00	313
方程(第2版)	2017—04	38.00	624
排列和组合	2014—01	28.00	315
极限与导数(第2版)	2016—04	38.00	635
向量(第2版)	2018—08	58.00	627
复数及其应用	2014—08	28.00	318
函数	2014—01	38.00	319
集合	2020—01	48.00	320
直线与平面	2014—01	28.00	321
立体几何(第2版)	2016—04	38.00	629
解三角形	即将出版		323
直线与圆(第2版)	2016—11	38.00	631
圆锥曲线(第2版)	2016—09	48.00	632
解题通法(一)	2014—07	38.00	326
解题通法(二)	2014—07	38.00	327
解题通法(三)	2014—05	38.00	328
概率与统计	2014—01	28.00	329
信息迁移与算法	即将出版		330
IMO 50年.第1卷(1959—1963)	2014—11	28.00	377
IMO 50年.第2卷(1964—1968)	2014—11	28.00	378
IMO 50年.第3卷(1969—1973)	2014—09	28.00	379
IMO 50年.第4卷(1974—1978)	2016—04	38.00	380
IMO 50年.第5卷(1979—1984)	2015—04	38.00	381
IMO 50年.第6卷(1985—1989)	2015—04	58.00	382
IMO 50年.第7卷(1990—1994)	2016—01	48.00	383
IMO 50年.第8卷(1995—1999)	2016—06	38.00	384
IMO 50年.第9卷(2000—2004)	2015—04	58.00	385
IMO 50年.第10卷(2005—2009)	2016—01	48.00	386
IMO 50年.第11卷(2010—2015)	2017—03	48.00	646

刘培杰数学工作室
已出版(即将出版)图书目录——初等数学

书　名	出版时间	定价	编号
数学反思(2006—2007)	2020—09	88.00	915
数学反思(2008—2009)	2019—01	68.00	917
数学反思(2010—2011)	2018—05	58.00	916
数学反思(2012—2013)	2019—01	58.00	918
数学反思(2014—2015)	2019—03	78.00	919
数学反思(2016—2017)	2021—03	58.00	1286
数学反思(2018—2019)	2023—01	88.00	1593
历届美国大学生数学竞赛试题集.第一卷(1938—1949)	2015—01	28.00	397
历届美国大学生数学竞赛试题集.第二卷(1950—1959)	2015—01	28.00	398
历届美国大学生数学竞赛试题集.第二卷(1960　1969)	2015—01	28.00	399
历届美国大学生数学竞赛试题集.第四卷(1970—1979)	2015—01	18.00	400
历届美国大学生数学竞赛试题集.第五卷(1980—1989)	2015—01	28.00	401
历届美国大学生数学竞赛试题集.第六卷(1990—1999)	2015—01	28.00	402
历届美国大学生数学竞赛试题集.第七卷(2000—2009)	2015—08	18.00	403
历届美国大学生数学竞赛试题集.第八卷(2010—2012)	2015—01	18.00	404
新课标高考数学创新题解题诀窍:总论	2014—09	28.00	372
新课标高考数学创新题解题诀窍:必修1～5分册	2014—08	38.00	373
新课标高考数学创新题解题诀窍:选修2－1,2－2,1－1,1－2分册	2014—09	38.00	374
新课标高考数学创新题解题诀窍:选修2－3,4－4,4－5分册	2014—09	18.00	375
全国重点大学自主招生英文数学试题全攻略:词汇卷	2015—07	48.00	410
全国重点大学自主招生英文数学试题全攻略:概念卷	2015—01	28.00	411
全国重点大学自主招生英文数学试题全攻略:文章选读卷(上)	2016—09	38.00	412
全国重点大学自主招生英文数学试题全攻略:文章选读卷(下)	2017—01	58.00	413
全国重点大学自主招生英文数学试题全攻略:试题卷	2015—07	38.00	414
全国重点大学自主招生英文数学试题全攻略:名著欣赏卷	2017—03	48.00	415
劳埃德数学趣题大全.题目卷.1:英文	2016—01	18.00	516
劳埃德数学趣题大全.题目卷.2:英文	2016—01	18.00	517
劳埃德数学趣题大全.题目卷.3:英文	2016—01	18.00	518
劳埃德数学趣题大全.题目卷.4:英文	2016—01	18.00	519
劳埃德数学趣题大全.题目卷.5:英文	2016—01	18.00	520
劳埃德数学趣题大全.答案卷:英文	2016—01	18.00	521
李成章教练奥数笔记.第1卷	2016—01	48.00	522
李成章教练奥数笔记.第2卷	2016—01	48.00	523
李成章教练奥数笔记.第3卷	2016—01	38.00	524
李成章教练奥数笔记.第4卷	2016—01	38.00	525
李成章教练奥数笔记.第5卷	2016—01	38.00	526
李成章教练奥数笔记.第6卷	2016—01	38.00	527
李成章教练奥数笔记.第7卷	2016—01	38.00	528
李成章教练奥数笔记.第8卷	2016—01	48.00	529
李成章教练奥数笔记.第9卷	2016—01	28.00	530

刘培杰数学工作室
已出版(即将出版)图书目录——初等数学

书　　名	出版时间	定　价	编号
第19～23届"希望杯"全国数学邀请赛试题审题要津详细评注(初一版)	2014－03	28.00	333
第19～23届"希望杯"全国数学邀请赛试题审题要津详细评注(初二、初三版)	2014－03	38.00	334
第19～23届"希望杯"全国数学邀请赛试题审题要津详细评注(高一版)	2014－03	28.00	335
第19～23届"希望杯"全国数学邀请赛试题审题要津详细评注(高二版)	2014－03	38.00	336
第19～25届"希望杯"全国数学邀请赛试题审题要津详细评注(初一版)	2015－01	38.00	416
第19～25届"希望杯"全国数学邀请赛试题审题要津详细评注(初二、初三版)	2015－01	58.00	417
第19～25届"希望杯"全国数学邀请赛试题审题要津详细评注(高一版)	2015－01	48.00	418
第19～25届"希望杯"全国数学邀请赛试题审题要津详细评注(高二版)	2015－01	48.00	419
物理奥林匹克竞赛大题典——力学卷	2014－11	48.00	405
物理奥林匹克竞赛大题典——热学卷	2014－04	28.00	339
物理奥林匹克竞赛大题典——电磁学卷	2015－07	48.00	406
物理奥林匹克竞赛大题典——光学与近代物理卷	2014－06	28.00	345
历届中国东南地区数学奥林匹克试题集(2004～2012)	2014－06	18.00	346
历届中国西部地区数学奥林匹克试题集(2001～2012)	2014－07	18.00	347
历届中国女子数学奥林匹克试题集(2002～2012)	2014－08	18.00	348
数学奥林匹克在中国	2014－06	98.00	344
数学奥林匹克问题集	2014－01	38.00	267
数学奥林匹克不等式散论	2010－06	38.00	124
数学奥林匹克不等式欣赏	2011－09	38.00	138
数学奥林匹克超级题库(初中卷上)	2010－01	58.00	66
数学奥林匹克不等式证明方法和技巧(上、下)	2011－08	158.00	134,135
他们学什么:原民主德国中学数学课本	2016－09	38.00	658
他们学什么:英国中学数学课本	2016－09	38.00	659
他们学什么:法国中学数学课本.1	2016－09	38.00	660
他们学什么:法国中学数学课本.2	2016－09	28.00	661
他们学什么:法国中学数学课本.3	2016－09	38.00	662
他们学什么:苏联中学数学课本	2016－09	28.00	679
高中数学题典——集合与简易逻辑·函数	2016－07	48.00	647
高中数学题典——导数	2016－07	48.00	648
高中数学题典——三角函数·平面向量	2016－07	48.00	649
高中数学题典——数列	2016－07	58.00	650
高中数学题典——不等式·推理与证明	2016－07	38.00	651
高中数学题典——立体几何	2016－07	48.00	652
高中数学题典——平面解析几何	2016－07	78.00	653
高中数学题典——计数原理·统计·概率·复数	2016－07	48.00	654
高中数学题典——算法·平面几何·初等数论·组合数学·其他	2016－07	68.00	655

刘培杰数学工作室
已出版(即将出版)图书目录——初等数学

书　名	出版时间	定　价	编号
台湾地区奥林匹克数学竞赛试题.小学一年级	2017－03	38.00	722
台湾地区奥林匹克数学竞赛试题.小学二年级	2017－03	38.00	723
台湾地区奥林匹克数学竞赛试题.小学三年级	2017－03	38.00	724
台湾地区奥林匹克数学竞赛试题.小学四年级	2017－03	38.00	725
台湾地区奥林匹克数学竞赛试题.小学五年级	2017－03	38.00	726
台湾地区奥林匹克数学竞赛试题.小学六年级	2017－03	38.00	727
台湾地区奥林匹克数学竞赛试题.初中一年级	2017－03	38.00	728
台湾地区奥林匹克数学竞赛试题.初中二年级	2017－03	38.00	729
台湾地区奥林匹克数学竞赛试题.初中三年级	2017－03	28.00	730
不等式证题法	2017－04	28.00	747
平面几何培优教程	2019－08	88.00	748
奥数鼎级培优教程.高一分册	2018－09	88.00	749
奥数鼎级培优教程.高二分册.上	2018－04	68.00	750
奥数鼎级培优教程.高二分册.下	2018－04	68.00	751
高中数学竞赛冲刺宝典	2019－04	68.00	883
初中尖子生数学超级题典.实数	2017－07	58.00	792
初中尖子生数学超级题典.式、方程与不等式	2017－08	58.00	793
初中尖子生数学超级题典.圆、面积	2017－08	38.00	794
初中尖子生数学超级题典.函数、逻辑推理	2017－08	48.00	795
初中尖子生数学超级题典.角、线段、三角形与多边形	2017－07	58.00	796
数学王子——高斯	2018－01	48.00	858
坎坷奇星——阿贝尔	2018－01	48.00	859
闪烁奇星——伽罗瓦	2018－01	58.00	860
无穷统帅——康托尔	2018－01	48.00	861
科学公主——柯瓦列夫斯卡娅	2018－01	48.00	862
抽象代数之母——埃米·诺特	2018－01	48.00	863
电脑先驱——图灵	2018－01	58.00	864
昔日神童——维纳	2018－01	48.00	865
数坛怪侠——爱尔特希	2018－01	68.00	866
传奇数学家徐利治	2019－09	88.00	1110
当代世界中的数学.数学思想与数学基础	2019－01	38.00	892
当代世界中的数学.数学问题	2019－01	38.00	893
当代世界中的数学.应用数学与数学应用	2019－01	38.00	894
当代世界中的数学.数学王国的新疆域(一)	2019－01	38.00	895
当代世界中的数学.数学王国的新疆域(二)	2019－01	38.00	896
当代世界中的数学.数林撷英(一)	2019－01	38.00	897
当代世界中的数学.数林撷英(二)	2019－01	48.00	898
当代世界中的数学.数学之路	2019－01	38.00	899

刘培杰数学工作室
已出版(即将出版)图书目录——初等数学

书 名	出版时间	定 价	编号
105 个代数问题:来自 AwesomeMath 夏季课程	2019—02	58.00	956
106 个几何问题:来自 AwesomeMath 夏季课程	2020—07	58.00	957
107 个几何问题:来自 AwesomeMath 全年课程	2020—07	58.00	958
108 个代数问题:来自 AwesomeMath 全年课程	2019—01	68.00	959
109 个不等式:来自 AwesomeMath 夏季课程	2019—04	58.00	960
国际数学奥林匹克中的 110 个几何问题	即将出版		961
111 个代数和数论问题	2019—05	58.00	962
112 个组合问题:来自 AwesomeMath 夏季课程	2019—05	58.00	963
113 个几何不等式:来自 AwesomeMath 夏季课程	2020—08	58.00	964
114 个指数和对数问题:来自 AwesomeMath 夏季课程	2019—09	48.00	965
115 个三角问题:来自 AwesomeMath 夏季课程	2019—09	58.00	966
116 个代数不等式:来自 AwesomeMath 全年课程	2019—04	58.00	967
117 个多项式问题:来自 AwesomeMath 夏季课程	2021—09	58.00	1409
118 个数学竞赛不等式	2022—08	78.00	1526
紫色彗星国际数学竞赛试题	2019—02	58.00	999
数学竞赛中的数学:为数学爱好者、父母、教师和教练准备的丰富资源.第一部	2020—04	58.00	1141
数学竞赛中的数学:为数学爱好者、父母、教师和教练准备的丰富资源.第二部	2020—07	48.00	1142
和与积	2020—10	38.00	1219
数论:概念和问题	2020—12	68.00	1257
初等数学问题研究	2021—03	48.00	1270
数学奥林匹克中的欧几里得几何	2021—10	68.00	1413
数学奥林匹克题解新编	2022—01	58.00	1430
图论入门	2022—09	58.00	1554
澳大利亚中学数学竞赛试题及解答(初级卷)1978~1984	2019—02	28.00	1002
澳大利亚中学数学竞赛试题及解答(初级卷)1985~1991	2019—02	28.00	1003
澳大利亚中学数学竞赛试题及解答(初级卷)1992~1998	2019—02	28.00	1004
澳大利亚中学数学竞赛试题及解答(初级卷)1999~2005	2019—02	28.00	1005
澳大利亚中学数学竞赛试题及解答(中级卷)1978~1984	2019—03	28.00	1006
澳大利亚中学数学竞赛试题及解答(中级卷)1985~1991	2019—03	28.00	1007
澳大利亚中学数学竞赛试题及解答(中级卷)1992~1998	2019—03	28.00	1008
澳大利亚中学数学竞赛试题及解答(中级卷)1999~2005	2019—03	28.00	1009
澳大利亚中学数学竞赛试题及解答(高级卷)1978~1984	2019—05	28.00	1010
澳大利亚中学数学竞赛试题及解答(高级卷)1985~1991	2019—05	28.00	1011
澳大利亚中学数学竞赛试题及解答(高级卷)1992~1998	2019—05	28.00	1012
澳大利亚中学数学竞赛试题及解答(高级卷)1999~2005	2019—05	28.00	1013
天才中小学生智力测验题.第一卷	2019—03	38.00	1026
天才中小学生智力测验题.第二卷	2019—03	38.00	1027
天才中小学生智力测验题.第三卷	2019—03	38.00	1028
天才中小学生智力测验题.第四卷	2019—03	38.00	1029
天才中小学生智力测验题.第五卷	2019—03	38.00	1030
天才中小学生智力测验题.第六卷	2019—03	38.00	1031
天才中小学生智力测验题.第七卷	2019—03	38.00	1032
天才中小学生智力测验题.第八卷	2019—03	38.00	1033
天才中小学生智力测验题.第九卷	2019—03	38.00	1034
天才中小学生智力测验题.第十卷	2019—03	38.00	1035
天才中小学生智力测验题.第十一卷	2019—03	38.00	1036
天才中小学生智力测验题.第十二卷	2019—03	38.00	1037
天才中小学生智力测验题.第十三卷	2019—03	38.00	1038

刘培杰数学工作室
已出版(即将出版)图书目录——初等数学

书　名	出版时间	定　价	编号
重点大学自主招生数学备考全书:函数	2020—05	48.00	1047
重点大学自主招生数学备考全书:导数	2020—08	48.00	1048
重点大学自主招生数学备考全书:数列与不等式	2019—10	78.00	1049
重点大学自主招生数学备考全书:三角函数与平面向量	2020—08	68.00	1050
重点大学自主招生数学备考全书:平面解析几何	2020—07	58.00	1051
重点大学自主招生数学备考全书:立体几何与平面几何	2019—08	48.00	1052
重点大学自主招生数学备考全书:排列组合·概率统计·复数	2019—09	48.00	1053
重点大学自主招生数学备考全书:初等数论与组合数学	2019—08	48.00	1054
重点大学自主招生数学备考全书:重点大学自主招生真题.上	2019—04	68.00	1055
重点大学自主招生数学备考全书:重点大学自主招生真题.下	2019—04	58.00	1056
高中数学竞赛培训教程:平面几何问题的求解方法与策略.上	2018—05	68.00	906
高中数学竞赛培训教程:平面几何问题的求解方法与策略.下	2018—06	78.00	907
高中数学竞赛培训教程:整除与同余以及不定方程	2018—01	88.00	908
高中数学竞赛培训教程:组合计数与组合极值	2018—04	48.00	909
高中数学竞赛培训教程:初等代数	2019—04	78.00	1042
高中数学讲座:数学竞赛基础教程(第一册)	2019—06	48.00	1094
高中数学讲座:数学竞赛基础教程(第二册)	即将出版		1095
高中数学讲座:数学竞赛基础教程(第三册)	即将出版		1096
高中数学讲座:数学竞赛基础教程(第四册)	即将出版		1097
新编中学数学解题方法1000招丛书.实数(初中版)	2022—05	58.00	1291
新编中学数学解题方法1000招丛书.式(初中版)	2022—05	48.00	1292
新编中学数学解题方法1000招丛书.方程与不等式(初中版)	2021—04	58.00	1293
新编中学数学解题方法1000招丛书.函数(初中版)	2022—05	38.00	1294
新编中学数学解题方法1000招丛书.角(初中版)	2022—05	48.00	1295
新编中学数学解题方法1000招丛书.线段(初中版)	2022—05	48.00	1296
新编中学数学解题方法1000招丛书.三角形与多边形(初中版)	2021—04	48.00	1297
新编中学数学解题方法1000招丛书.圆(初中版)	2022—05	48.00	1298
新编中学数学解题方法1000招丛书.面积(初中版)	2021—07	28.00	1299
新编中学数学解题方法1000招丛书.逻辑推理(初中版)	2022—06	48.00	1300
高中数学题典精编.第一辑.函数	2022—01	58.00	1444
高中数学题典精编.第一辑.导数	2022—01	68.00	1445
高中数学题典精编.第一辑.三角函数·平面向量	2022—01	68.00	1446
高中数学题典精编.第一辑.数列	2022—01	58.00	1447
高中数学题典精编.第一辑.不等式·推理与证明	2022—01	58.00	1448
高中数学题典精编.第一辑.立体几何	2022—01	58.00	1449
高中数学题典精编.第一辑.平面解析几何	2022—01	68.00	1450
高中数学题典精编.第一辑.统计·概率·平面几何	2022—01	58.00	1451
高中数学题典精编.第一辑.初等数论·组合数学·数学文化·解题方法	2022—01	58.00	1452
历届全国初中数学竞赛试题分类解析.初等代数	2022—09	98.00	1555
历届全国初中数学竞赛试题分类解析.初等数论	2022—09	48.00	1556
历届全国初中数学竞赛试题分类解析.平面几何	2022—09	38.00	1557
历届全国初中数学竞赛试题分类解析.组合	2022—09	38.00	1558

联系地址:哈尔滨市南岗区复华四道街 10 号　哈尔滨工业大学出版社刘培杰数学工作室
网　　址:http://lpj.hit.edu.cn/
邮　　编:150006
联系电话:0451—86281378　　13904613167
E-mail:lpj1378@163.com